普通高等院校数据科学与大数据技术专业“十三五”规划教材

Python语言程序设计基础

主　编　文必龙　杨　永
副主编　伏玉琛　刘志刚

华中科技大学出版社
中国·武汉

内容简介

本书以零基础为起点介绍 Python 程序设计方法。各章内容由浅入深、相互衔接、前后呼应。本书一方面侧重对基础知识的讲解，另一方面侧重对 Python 应用的介绍。全书各章节选用丰富的程序设计语言和经典实例来讲解基本概念和程序设计方法。

全书共 13 章，分为基础篇、高级篇和应用篇三部分。基础篇：第 1 章为进入 Python 的世界；第 2 章介绍 Python 基础；第 3 章介绍流程控制；第 4 章介绍常用数据结构；第 5 章介绍函数与模块；第 6 章介绍类与对象；第 7 章介绍类的重用；第 8 章介绍异常处理。高级篇：第 9 章介绍文件与数据库；第 10 章介绍数据处理；第 11 章介绍数据可视化；第 12 章介绍数据分析。应用篇：第 13 章介绍应用案例——图书馆大数据分析。本书中的代码均在 Python 3.6 中测试通过。

本书语言简洁、严谨、流畅，内容通俗易懂、重点突出、实例丰富，可作为高等院校计算机专业程序设计语言课程的教材，也可作为非计算机专业公共基础课教材或 Python 爱好者的参考书。

图书在版编目(CIP)数据

Python 语言程序设计基础/文必龙，杨永主编. —武汉：华中科技大学出版社，2019.5（2024.7 重印）
普通高等院校数据科学与大数据技术专业“十三五”规划教材
ISBN 978-7-5680-5115-6

Ⅰ. ①P… Ⅱ. ①文… ②杨… Ⅲ. ①软件工具-程序设计-高等学校-教材 Ⅳ. ①TP311.561

中国版本图书馆 CIP 数据核字(2019)第 065690 号

Python 语言程序设计基础 文必龙 杨 永 主编
Python Yuyan Chengxu Sheji Jichu

策划编辑：李 露 廖佳妮
责任编辑：刘艳花
封面设计：原色设计
责任校对：李 弋
责任监印：徐 露
出版发行：华中科技大学出版社(中国·武汉) 电话：(027)81321913
武汉市东湖新技术开发区华工科技园 邮编：430223
录 排：华中科技大学惠友文印中心
印 刷：武汉开心印印刷有限公司
开 本：787mm×1092mm 1/16
印 张：17.75
字 数：441 千字
版 次：2024 年 7 月第 1 版第 3 次印刷
定 价：42.80 元

前言

PREFACE

Python是一门非常容易入门，并且功能非常强大的编程语言。Python也是免费的、开源的跨平台编程语言，支持命令式和函数式编程。它支持完全面向对象的程序设计。一方面，由于其语法简单，容易上手，同时向使用者提供了各种强大的标准库、扩展库等，因此，Python语言拥有各行各业的众多使用者。另一方面，Python还是一门近乎“全能”的编程语言，比如，可以使用Python进行数据采集，也可以使用Python进行Web开发，还可以使用Python进行数据分析与挖掘等。近年来，Python程序设计语言受到了企业界、科研单位和教育机构的广泛重视。

国外很多著名高校的计算机专业或非计算机专业已经将Python作为程序设计的入门课程。国内许多高校也纷纷开设了相关课程，尤其是随着计算思维和大数据概念的普及，Python程序设计已开始在高校中全面展开教学。大数据时代的学生需要掌握数据处理的基本技术。Python简单易学，具有强大的数据处理能力，并且是一门通用的程序设计语言。因此，Python既适合作为程序设计者的入门语言，也适合作为非计算机专业的学生用来解决数据分析等各种问题的通用工具。

本书由工作在教学第一线的高校教师编写完成。作为一本介绍Python基础知识与应用的教材，本书内容简单易懂、层次清晰、难度适中，内容、案例安排恰当，非常适合教学使用。

本书共13章，分为基础篇、高级篇和应用篇三部分，主要内容及编写分工如下。

基础篇是第1章到第8章。

第1章“进入Python的世界”由伏玉琛负责编写，主要介绍Python的特点、语法、下载与安装方法、使用方式、集成开发环境等。

第2章“Python基础”由伏玉琛负责编写，主要介绍Python语言的基础知识，包括数据类型、常量与变量和运算符等。

第3章“流程控制”由伏玉琛负责编写，主要介绍程序流程控制，包括顺序结构、分支结构和循环结构等。

第4章“常用数据结构”由伏玉琛负责编写，主要介绍Python中的常用数据结构，包括序列、字典、集合等数据结构。

第5章“函数与模块”由杨永负责编写，主要介绍函数的定义和调用、常用内置函数、模块和包等。

第6章“类与对象”由杨永负责编写，主要介绍Python的类、对象等。

第 7 章“类的重用”由杨永负责编写，主要介绍类的继承与组合两种重用方式。

第 8 章“异常处理”由杨永负责编写，主要介绍 Python 中的异常处理、断言与上下文管理等。

高级篇是第 9 章到第 12 章。

第 9 章“文件与数据库”由杨永和刘志刚负责编写，其中第 9.1 节“文件”由杨永负责编写，第 9.2 节“数据库”由刘志刚负责编写。主要介绍文件的打开与关闭、文件指针、文件读/写、数据库基础、数据库访问、数据库建立等。

第 10 章“数据处理”由刘志刚负责编写，主要介绍 NumPy 和 pandas 两大模块的使用，包括常用的数据运算、操作等。

第 11 章“数据可视化”由刘志刚负责编写，主要介绍 Matplotlib 和 pandas 的常见图形绘制方法。

第 12 章“数据分析”由刘志刚负责编写，主要介绍利用 Python 进行数据分析、解决人工智能中的一些常用算法等问题，包括数据分类、聚类、预测等分析算法。

应用篇是第 13 章。

第 13 章“应用案例——图书馆大数据分析”由文必龙负责编写，主要通过对图书馆借阅数据进行分析，介绍在实际应用中开展大数据分析的基本过程，逐步实现需求分析、数据理解、数据处理、数据分析、数据可视化等全部过程。

本书语言简洁、严谨、流畅，内容通俗易懂、重点突出、实例丰富，可作为高等院校计算机专业程序设计语言课程的教材，也可作为非计算机专业公共基础课教材或 Python 爱好者的参考书。本书中的代码均在 Python 3.6 中测试通过。

由于编者水平有限，本书难免有纰漏和不足之处，敬请广大读者批评指正。

编者

2019 年 3 月

目 录

CONTENTS

基 础 篇

高　级　篇

基 础 篇

第1章　进入 Python 的世界

本章学习目标

- 了解 Python 的历史
- 理解 Python 的特性
- 掌握搭建 Python 开发环境的方法
- 掌握编写和运行一个简单的 Python 程序的方法
- 了解 Python 语言的编程规范

1.1　Python 简介

1.1.1　Python 的诞生

Python 的设计者是荷兰人吉多·范罗苏姆(Guido van Rossum)。1989 年圣诞节期间，Guido 在阿姆斯特丹为 ABC 语言编写了一个插件。ABC 语言是由荷兰的数学与计算机科学国家研究所研发的，专为数学家、物理学家使用。Guido 在该研究所工作，并参与了 ABC 语言的开发。Guido 开发的这个插件实现了一个个脚本语言，且功能强大。Guido 以自己的名义发布了这门语言，由于 Guido 非常喜欢一个英国的流行喜剧“Monty Python(飞行马戏团)”，所以他就选择将 Python 作为新设计的程序设计语言的名字。

1.1.2　Python 的设计风格

Python 的设计哲学是“优雅、明确、简单”。“总是有多种方法来做同一件事”这一通用理念在 Python 开发者中通常是难以忍受的。Python 开发者的哲学是“用一种方法，最好是只有一种方法来做一件事”。在设计 Python 语言时，如果面临多种选择，Python 开发者一般会拒绝花哨的语法，而选择明确的、没有或者很少有歧义的语法。由于这种设计观念的差异，Python 源代码通常被认为比其他语言具备更好的可读性，并且能够支撑大规模的软件开发。这些准则被称为 Python 格言。在 Python 解释器内运行 import this 指令就可以获得

Python 格言完整的列表，如表 1-1 所示。

表 1-1 Python 格言

英 文	中文翻译
The Zen of Python, by Tim Peters	《Python 之禅》，Tim Peters
Beautiful is better than ugly.	优美胜于丑陋
Explicit is better than implicit.	明了胜于隐晦
Simple is better than complex.	简洁胜于复杂
Complex is better than complicated.	复杂胜于混乱
Flat is better than nested.	扁平胜于嵌套
Sparse is better than dense.	宽松胜于紧凑
Readability counts.	可读性很重要
Special cases aren't special enough to break the rules.	即便是特例，也不可违背这些规则
Although practicality beats purity.	虽然现实往往不那么完美
Errors should never pass silently.	但是不应该放过任何异常
Unless explicitly silenced.	除非你确定需要如此
In the face of ambiguity, refuse the temptation to guess.	如果存在多种可能，则不要猜测
There should be one—and preferably only one—obvious way to do it.	肯定有一种——通常也是唯一一种——最佳的解决方案
Although that way may not be obvious at first unless you're Dutch.	虽然这并不容易，因为你不是 Python 之父
Now is better than never.	动手比不动手要好
Although never is often better than *right* now.	不假思索就动手还不如不做
If the implementation is hard to explain, it's a bad idea.	如果你的方案很难懂，那肯定不是一个好方案
If the implementation is easy to explain, it may be a good idea.	如果你的方案很好懂，那肯定是一个好方案
Namespaces are one honking great idea—let's do more of those!	命名空间非常有用，我们应当多加利用

由于 Python 语言的简洁性、易读性以及可扩展性，在国外用 Python 做科学计算的研究机构日益增多，一些知名大学已经采用 Python 来教授程序设计课程。例如卡耐基梅隆大学的编程基础、麻省理工学院的计算机科学及编程导论就使用 Python 语言讲授。众多开源的科学计算软件包都提供了 Python 的调用接口，例如著名的计算机视觉库 OpenCV、三维可视化库 VTK、医学图像处理库 ITK。而 Python 专用的科学计算扩展库就更多了，例如

NumPy、SciPy 和 Matplotlib 科学计算扩展库，它们分别为 Python 提供了快速数组处理、数值运算以及绘图功能。因此 Python 语言及其众多的扩展库所构成的开发环境十分适合工程技术、科研人员处理实验数据、制作图表，甚至开发科学计算应用程序。

2004 年以后，Python 的使用率呈线性增长。2011 年 1 月，Python 被 TIOBE 编程语言排行榜评为 2010 年度语言。2017 年，IEEE Spectrum 发布的研究报告显示，在 2016 年排名第三的 Python 在 2017 年已经成为世界上最受欢迎的语言，C 和 Java 分别位居第二位和第三位。Google 公司自 2004 年开始普遍使用 Python，Google 公司的策略是“Python where we can，C＋＋ where we must（在操控硬件的场合使用 C＋＋，在快速开发的时候使用 Python）”。

1.1.3　Python 的发展简史

Python 的发展经历了以下几个重要的阶段。

（1）CNRI 时期。CNRI（维吉尼亚州的国家创新研究公司）是 Python 发展初期的重要资助单位，Python 1.5 版前的大部分主要成果是在此时期完成的。

（2）BeOpen 时期。Guido 与 BeOpen 公司合作，Python 1.6 与 Python 2.0 基本上同时推出，但原则上已经分别维护。Python 2.0 的许多功能与 Python 1.6 不同。

（3）DC 时期。Guido 离开 BeOpen 公司，将开发团队带到 Digital Creations（DC）公司，该公司以发展 Zope 系统闻名，由于 Guido 的加入，这个项目也颇受关注。

（4）Python 3.0 时期。Python 2.x 和 Python 3.x 差异很大，前后不兼容，虽然有 2 to 3 的工具可以转，但不能解决所有的问题。截至 2018 年 7 月的最新版本是 Python 3.7。2018 年 3 月，Guido 在邮件列表上宣布 Python 2.7 将于 2020 年 1 月 1 日终止支持。用户如果想要在这个日期之后继续得到与 Python 2.7 有关的支持，则需要付费给商业供应商。

1.2　Python 语言特性

1.2.1　Python 语言的优点

Python 语言的优点主要包含以下几个方面。

（1）简单。Python 是一种代表简单主义思想的语言。阅读一个良好的 Python 程序就像是在读英语一样，它使读者能够专注于解决问题而不是去搞明白语言本身。

（2）易学。Python 是一门非常容易入门的语言，它有一套极其简单的语法体系。

（3）速度快。Python 的底层是用 C 语言编写的，很多标准库和第三方库也都是用 C 语言编写的，运行速度非常快。

（4）免费、开源。Python 是 FLOSS（自由/开放源代码软件）的成员之一。简单来说，使用者可以自由地发布这个软件的拷贝，阅读它的源代码，并对其做出改动，或是将其一部分运用于一款新的自由程序中。FLOSS 基于一个可以分享知识的社区理念而创建。这正是 Python 为何能如此优秀的一大原因——它由一群希望看到 Python 变得更好的社区成员所创造，并持续改进至今。

(5) 高层语言。用Python语言编写程序的时候，使用者不必考虑诸如程序应当如何使用内存等底层细节。

(6) 可移植性。由于Python的开源本质，它已经被移植在许多平台上(经过改动，它能够工作在不同平台上)。这些平台包括Linux、Windows、FreeBSD、Macintosh、Solaris、OS/2、Amiga、AROS、AS/400、BeOS、OS/390、z/OS、Palm OS、QNX、VMS、Psion、Acom RISC OS、VxWorks、PlayStation、Sharp Zaurus、Windows CE、PocketPC、Symbian以及Google基于Linux开发的Android平台。如果避开了所有系统依赖性的特性，所有的Python程序可以在其中任何一个平台上工作，而不必做出任何改动。

(7) 解释性。一个用编译性语言(如C语言或C++)编写的程序可以从源文件转换到一个计算机使用的语言(二进制代码，即0和1)。这个过程通过编译器和不同的标记、选项完成。运行程序的时候，链接程序或载入程序会从硬盘中将程序拷贝至内存中并运行之。而Python语言写的程序不需要编译成二进制代码，可以直接从源代码运行程序。在计算机内部，Python解释器把源代码转换成字节码的中间形式，然后再把它翻译成计算机使用的机器语言并运行。这使得使用Python更加简单，也使得Python程序更加易于移植。

(8) 面向对象。Python既支持面向过程的编程，也支持面向对象的编程。在"面向过程"的语言中，程序是由过程或仅仅是可重用代码的函数构建起来的。在"面向对象"的语言中，程序是由数据和功能组合而成的对象构建起来的。与C++或Java这些大型语言相比，Python使用其特别的、功能强大又简单的方式来实现面向对象的编程。

(9) 可扩展性。如果需要一段关键代码运行得更快或者希望某些算法不公开，可以将部分程序用C或C++编写，然后在Python程序中使用它们。

(10) 可嵌入性。可以把Python嵌入C或C++程序，从而向用户提供脚本功能。

(11) 丰富的库。Python标准库非常庞大，它可以帮助处理各种工作，包括正则表达式、文档生成、单元测试、线程、数据库、网页浏览器、CGI、FTP、电子邮件、XML、XML-RPC、HTML、WAV文件、密码系统、GUI(图形用户界面)、Tk和其他与系统有关的操作。这被称为Python的"功能齐全"理念。除了标准库以外，还有许多其他高质量的库，如wxPython、Twisted和Python图像库等。

(12) 规范的代码。Python采用强制缩进的方式使代码具有较好的可读性。用Python语言写的程序不需要编译成二进制代码。

1.2.2　Python语言的缺点

Python语言的缺点主要包含以下几个方面。

(1) 单行语句和命令行输出问题。很多时候不能将程序连写成一行，如import sys for i in sys. path: print i。而perl和awk就无此限制，可以较为方便地在shell下完成简单程序，不需要如Python一样，必须将程序写入一个. py文件。

(2) 独特的语法。这也许不应该被称为局限，但是它用缩进来区分语句关系的方式还是给很多初学者带来了困惑。即便是很有经验的Python程序员，也可能陷入陷阱当中。

(3) 运行速度慢。这里是指与C和C++相比。

1.3　第一个 Python 程序

从编写一个简单的 Python 程序开始，本节介绍如何编写、保存与运行 Python 程序。

通过 Python 来运行程序有两种方法——使用交互式解释器提示符或直接运行一个源代码文件。下面将介绍如何使用这两种功能。

1.3.1　搭建开发环境

编写程序之前，首先需要搭建开发环境。开发环境的搭建分为两步：Python 基础开发运行环境的安装部署；集成开发环境（IDE）的选择与安装。

1. Python 基础开发运行环境的安装部署

Python 是一种跨平台的语言，可以在 Windows、Linux、MacOS 等操作系统上搭建开发环境。登录 Python 的官网（https://www.python.org/），在 Download 下单击链接下载安装程序，下载完成后，单击安装程序，安装 Python 时接受大部分的默认设置。当 Python 安装完成后，将会在开始菜单下新增几个项目，如图 1-1 所示。注意本书是基于 Python 3.x 的，所以选择安装 Python 3.x 版本，目前最新的版本是 Python 3.7。

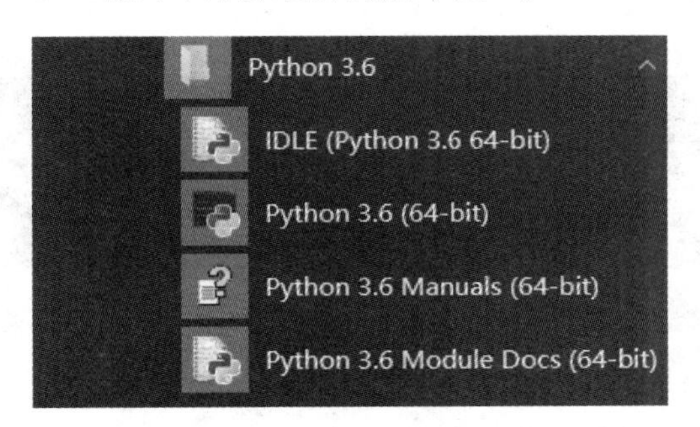

图 1-1　开始菜单下新增的项目

2. 集成开发环境的选择与安装

创建 Python 源代码文件，需要一款能够输入并保存代码的编辑器软件。有很多编辑器都可以用来编写代码，甚至是 Windows 自带的记事本都可以编写代码。俗话说："工欲善其事，必先利其器。"一款优秀的面向程序员的编辑器能够让编写源代码文件的工作变得轻松很多，所以选择一款编辑器至关重要。

常用的代码编辑器有 Vim、Atom、Sublime Text 和 Visual Studio Code，它们都可以用于 Python 语言的编写，Python 安装包自带的 IDLE 也是一个常用的 Python 语言编辑器。业界比较认可的 Python 语言集成开发工具有 PyCharm、PyScripter、Eric 以及 Wing IDE 等。

（1）PyCharm 是由 JetBrains 公司打造的一款 Python IDE，带有一整套可以帮助用户在使用 Python 语言开发时提高效率的工具，如调试、语法高亮、项目管理、代码跳转、智能提示、自动完成、单元测试、版本控制。此外，PyCharm 提供了一些高级功能，用于支持 Django

框架下的专业 Web 开发。

(2) PyScripter 是一个使用 Delphi 开发的开源的 Python 集成开发环境(IDE)。

(3) Eric 是全功能的 Python、Ruby 和 IDE 的编辑器，同时它也是使用 Python 编写的。Eric 基于跨平台的 GUI 工具包 Qt，集成了高度灵活的 Scintilla 编辑器控件。Eric 有一个插件系统，允许简单地对 IDE 进行功能性扩展。

(4) Wing IDE 是一个 Python 语言的 IDE，其中包括大量语法标签的高亮显示。与其他类似的 IDE 相比，Wing IDE 最大的特色是可以调试 Django 应用。虽然 Wing IDE 只是一款面向 Python 的工具，但它是一个相当优秀的 IDE。源代码浏览器对浏览项目或模块非常实用(表现在可导航源代码和文档行摘要中)。虽然没有监视器，但调试器设计得很好。

本书采用 PyCharm 的教育版作为集成开发环境，这个版本是专为学生、老师和其他研究人员使用的，所以不收费，即无须注册破解就可使用，但功能上要比专业版少一些，不过可以满足 Python 的初级开发需求。进入 Pycharm 教育版的网页(https://www.jetbrains.com/pycharm-edu/)，下载软件(pycharm-edu-2018.1.3.exe)，根据安装向导完成软件安装。

1.3.2 使用解释器提示符

将 Python 安装在 Windows 操作系统上，在 Windows 开始菜单上就可以找到新安装的 Python 程序。点击 Python 3.6，就可以启动 Python，如图 1-2 所示。或者在 Windows 操作系统中打开“命令提示符”程序，然后通过输入 Python 并按“Enter”键来打开 Python 3.6。

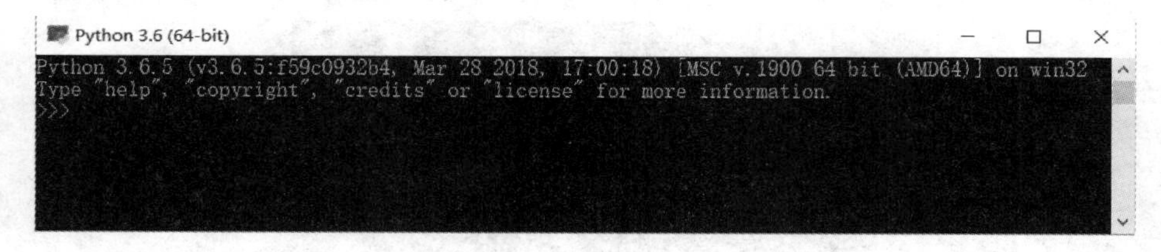

图 1-2 启动 Python

启动 Python 之后，就会看到符号“>>>”，这是 Python 解释器提示符，在提示符下直接输入代码，按“Enter”键，就可以得到代码的执行结果。

在 Python 解释器提示符后，输入“print("hello world")”，然后按“Enter”键，在计算机上就能看到结果。Python 软件的细节会因为使用的计算机操作系统的不同而有所区别，但是从提示符开始就完全相同了，不会受操作系统的影响。

【例 1-1】 输出 hello world(方式一)。

```
>python3
Python 3.6.5 (v3.6.5:f59c0932b4, Mar 28 2018, 17:00:18) [MSC v.1900 64 bit (AMD64)]
on win32
Type "help", "copyright", "credits" or "license" for more information.
>>>print("hello world")
hello world
```

在屏幕上，Python 立即输出运行结果，刚才所输入的便是一句独立的 Python 语句，使用 print 命令来打印提供的信息。在这里，print 的参数是文本 hello world，它便被迅速地打印到了屏幕上。

在 Windows 系统中，按“Ctrl＋Z”组合键或输入 exit()，并按“Enter”键来退出 Python 解释器提示符。如果使用一款 GNU/Linux 或 OS X 上的 Shell 程序，可以通过按“Ctrl＋D”组合键或输入 exit()，并按“Enter”键来退出解释器提示符。

1.3.3　输出 hello world——第一个 Python 程序

打开 PyCharm，会出现如图 1-3 所示的 PyCharm Edu 启动界面。点击 Create New Project，会出现如图 1-4 所示的 New Project 界面，Project 的名称可以自由定义，这里在 C 盘上创建了一个名为“Learn Python”的 Project。

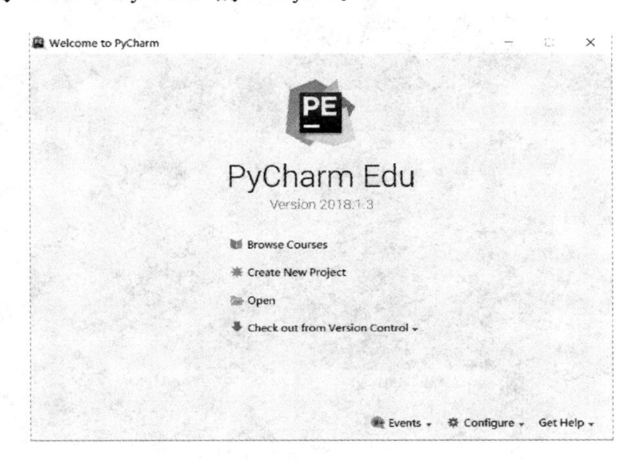

图 1-3　PyCharm Edu 启动界面

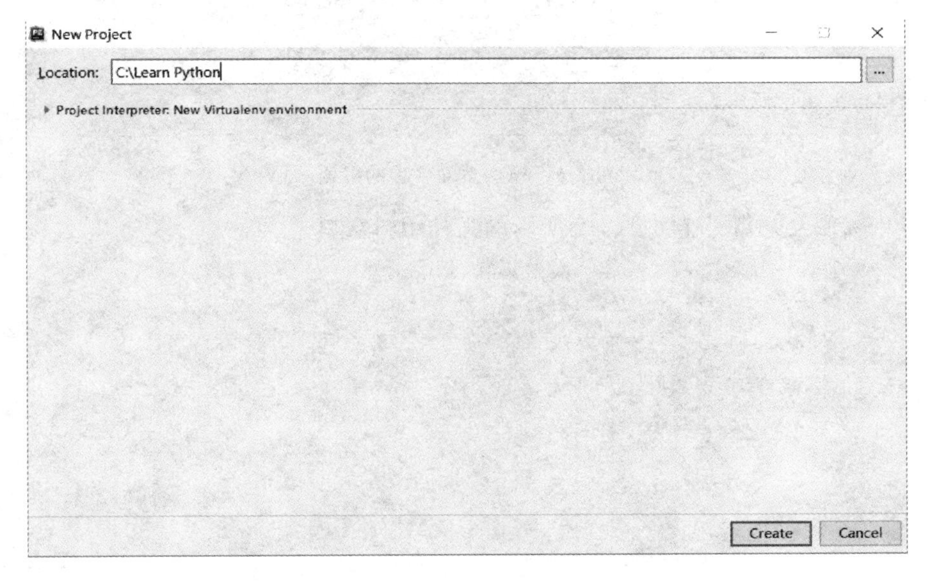

图 1-4　New Project 界面

输入适当的保存目录，点击 Create 按钮，出现如图 1-5 所示的 PyCharm IDE 主界面。在左侧栏中的 Learn Python 的 Project 处单击鼠标右键，并依次选择 New、Python File。在如图 1-6 所示的界面上输入 Python 源文件的名称。

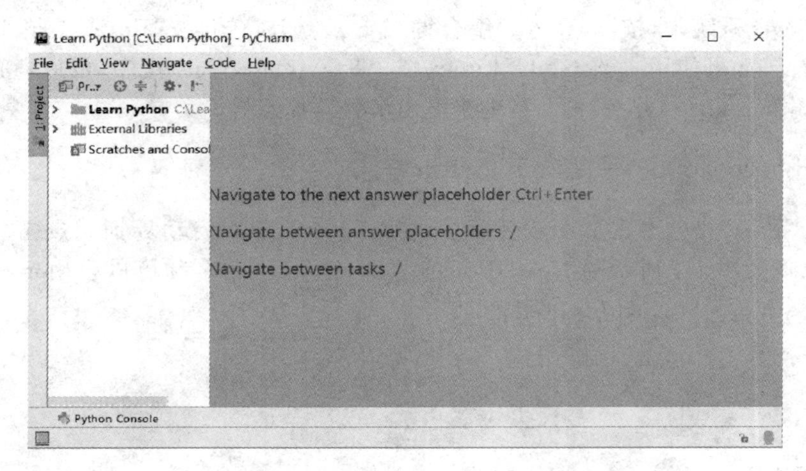

图 1-5　PyCharm IDE 主界面

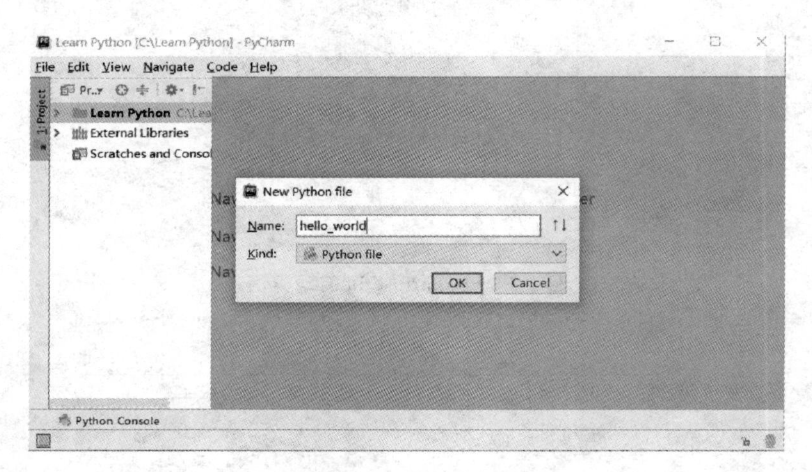

图 1-6　输入文件名称的界面

PyCharm 便会开启一个如图 1-7 所示的文件编辑窗口。

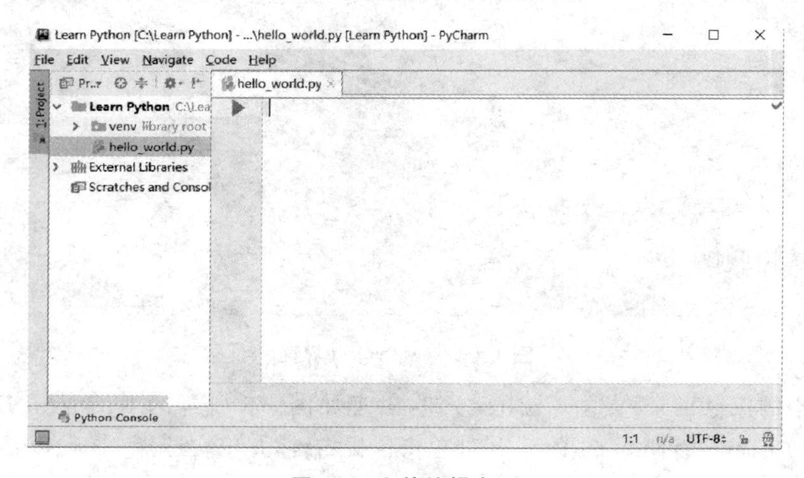

图 1-7　文件编辑窗口

【例 1-2】 输出 hello world(方式二)。

```
# hello_world.py
# 我的第一个 Python 程序

print("hello world")
```

如图 1-8 所示,在代码输入窗口单击鼠标右键,选择“Run hello_world”,在界面下方将会出现程序的运行结果。

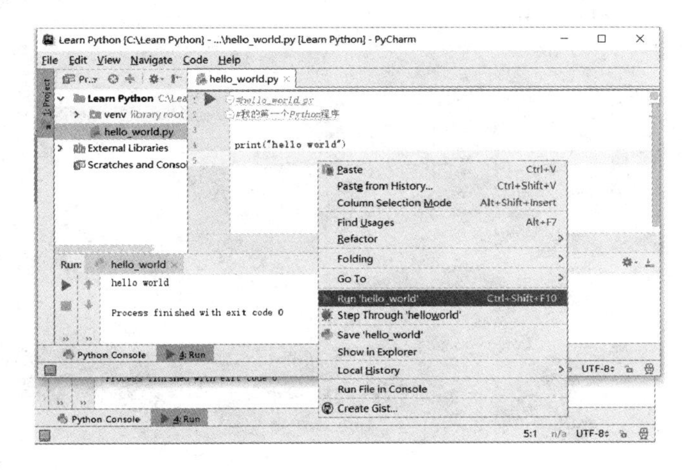

图 1-8　运行程序

一个 Python 程序是由语句构成的。第一个程序只有三条语句。第一条语句和第二条语句是注释语句,第三条语句调用 print 语句来输出字符串“hello world”。

print()是一个内置函数,以文本形式显示信息。它提供的所有表达式都从左到右求值,值以从左到右的方式显示在输出行上。默认情况下,在显示的值之间放置一个空格字符。下面是 print 语句在交互式环境中的输出示例。

【例 1-3】 Print 语句示例。

```
>>>print(3+4)
7
>>>print(3, 4, 3 +4)
3 4 7
>>>print()

>>>print("The answer is", 3 +4)
The answer is 7
```

在 hello_world. py 程序中,第一行和第二行是注释语句。Python 中的注释有单行注释和多行注释。Python 中的单行注释以 # 开头,多行注释用三个单引号'''或者三个双引号 """ 将注释括起来。

【例 1-4】 单行注释。

```
# 这是一个注释
print ("hello, world!")
```

【例 1-5】 单引号多行注释。

```
# ! /usr/bin/python3
'''
这是多行注释,用三个单引号
这是多行注释,用三个单引号
这是多行注释,用三个单引号
'''
print("hello, world!")
```

【例 1-6】 双引号多行注释。

```
# ! /usr/bin/python3
"""
这是多行注释,用三个双引号
这是多行注释,用三个双引号
这是多行注释,用三个双引号
"""
print("hello, world!")
```

1.4 Python 编程规范

PEP8 是 Python 官网推荐的编程规范，推荐使用 PyChram(https://www.jetbrains.com/pycharm/)编辑 Python 代码，它可自动提示不满足编程规范的代码，PyChram 已经默认导入 PEP8 规范。

1.4.1 代码编排

1. 缩进

4 个空格的缩进(编辑器都可以完成此功能)，不使用 Tap，更不能混合使用 Tap 和空格。以下是带括号的一些缩进原则。

推荐：

```
# 和括号开始的部分大致对齐
foo =long_function_name(var_one, var_two,
                        var_three, var_four)
```

不推荐：

```
# 禁止对齐下一层的代码
foo =long_function_name(var_one, var_two,
                        var_three, var_four)
```

不推荐：

```
# 需要进一层的缩进,区分下一层的代码
def long_function_name(
    var_one, var_two, var_three,
    var_four):
    print(var_one)
```

如果 if 语句占用多行，推荐不需要特殊的缩进：

```
# 不需要特殊的缩进
if (this
    and that):
    do_something()
```

在闭合的括号中，后面的括号与变量名对齐：

```
my_list =[
    1, 2, 3,
    4, 5, 6,
]
result =some_function_that_takes_arguments(
    'a', 'b', 'c',
    'd', 'e', 'f',
)
```

2.每行最大长度 79

换行可以使用反斜杠，最好使用圆括号。换行点要在操作符的后边敲回车。较长代码行换行的首选方法是在圆括号、方括号和花括号内使用 Python 的隐式续行方式。通过圆括号内的表达式的换行把较长的代码行换成多行，同时确保适当的续行缩进。二元运算符的首选的换行处是在运算符之后，而不是运算符之前。

```
class Rectangle(Blob):

    def__init__(self, width, height,
              color='black', emphasis=None, highlight=0):
        if (width ==0 and height ==0 and
            color =='red' and emphasis =='strong' or
            highlight >100):
            raise ValueError("sorry, you lose")
        if width ==0 and height ==0 and (color =='red' or
                                         emphasis is None):
            raise ValueError("I don't think so --values are %s, %s" %
                             (width, height))
        Blob.__init__(self, width, height,
                      color, emphasis, highlight)
```

3. 空行规则

(1) 类和顶层函数定义之间空两行。

(2) 类中方法的定义之间空一行。

(3) 函数内逻辑无关的段落之间空一行。

(4) 其他地方尽量不要再空行。

```
import xxx

class Rectangle(Blob):
    def__init__(self, width, height,
```

```
                    color='black', emphasis=None, highlight=0):
          ⋮

    def abc(self):
      ⋮
```

4. 编码方式

Python文件必须使用UTF-8格式。将IDE文件编码方式设置成UTF-8。如果在Python 2的.Py文件里写中文,则必须添加一行声明文件编码的注释。Python 3不存在这个问题,Python 3默认的文件编码就是UTF-8。

```
# -*-coding: utf-8-*-
```

代码中的字符串应该使用\x、\u、\U或\N来包含非ASCII数据。

5. import

1)在一句import中不要出现多个库

推荐:

```
import os
import sys
```

不推荐:

```
import sys, os
```

2)使用绝对路径而不是相对路径

推荐:

```
import mypkg.sibling
from mypkg import sibling
from mypkg.sibling import example
```

不推荐:

```
from .import sibling
from .sibling import example
```

1.4.2 空格的使用

总体原则,避免不必要的空格。

1. 各种右括号前不加空格

推荐:

```
spam(ham[1], {eggs: 2}, [])
```

不推荐:

```
spam( ham[ 1 ], { eggs: 2 }, [ ] )
```

2. 逗号、冒号、分号前不加空格,在它们的后面加空格

推荐:

```
if x ==4:
    print (x, y)
    x, y =y, x
```

不推荐:

```
    if x == 4 :
        print (x , y)
        x , y = y , x
```

3. 参数列表、索引或切片的左括号前不加空格

推荐：

```
    spam(1)
    dict['key'] = list[index]
```

不推荐：

```
    spam (1)
    dict ['key'] = list [index]
```

4. 在二元操作符两边都加上一个空格

比如赋值(=)，比较(==、<、>、! =、<>、<=、>=、in、not in、is、is not)，布尔(and、or、not)。

推荐：

```
    x == 1
    y = 1
```

不推荐：

```
    x<1
    x              = 1
    y              = 2
    long_variable = 3
```

5. 在算术运算符前后加一个空格

推荐：

```
    i = i + 1
    submitted += 1
    x = x*2 - 1
    hypot2 = x*x + y*y
    c = (a+b) * (a-b)
```

不推荐：

```
    i=i+1
    submitted +=1
    x = x * 2 - 1
    hypot2 = x * x + y * y
    c = (a + b) * (a - b)
```

6. 一个关键字参数或一个缺省参数值的等号前后不加空格

推荐：

```
    def complex(real, imag=0.0):
        return magic(r=real, i=imag)
```

不推荐：

```
    def complex(real, imag = 0.0):
        return magic(r = real, i = imag)
```

7. 通常不推荐使用复合语句(一行代码中有多条语句)

推荐:

```
if foo == 'blah':
    do_blah_thing()
do_one()
do_two()
do_three()
```

不推荐:

```
if foo == 'blah': do_blah_thing()
do_one(); do_two(); do_three()
```

8. 避免折叠长代码行

通常情况下,一行代码包括一个小的 if/for/while 块是可以的,但包括多个子块是绝不可以的。同样,需要避免折叠类似的长代码行。

不推荐:

```
if foo == 'blah': do_blah_thing()
else: do_non_blah_thing()

try: something()
finally: cleanup()

do_one(); do_two(); do_three(long, argument,
                             list, like, this)

if foo == 'blah': one(); two(); three()
```

1.4.3 注释

不好理解的注释不如没有注释。注释要和代码保持一致,注释应该是一个完整的句子。除特殊语法的字符和变量名以外,代码注释要用中文。

1. 块注释

块注释是在一段代码前增加的注释。在"#"后加一空格,段落之间以"#"间隔。

```
# 这是块注释段落 1
#
# 这是块注释段落 2
## 这是块注释段落 3
```

2. 行注释

行注释是在一行代码后增加的注释。

如果语句显而易见,那么内嵌注释是不必要的。

```
x = x + 1  # x加 1
```

行注释应该是有意义的注释,应避免无谓的注释。格式要求:语句后面要加 2 个空格,再加"#"号,再加一个空格,再写注释。

```
x = x + 1  # 边界弥补
```

3. 文档描述

文档描述是为所有的共有模块、函数、类、方法写文档描述，非共有的不用写文档描述，但是可以写注释(在 def 的下一行)。

注意，""" 作为多行的文档字符串的结束，应该单独作为一行，并且前面有一个空行。

```
"""返回卷对象
该卷对象为你输入 src_vol 卷的克隆
"""
```

1.4.4 命名规范

1. 命名风格

关于命名有如下规范要求。

(1) lowercase：全小写字母。

(2) lower_case_with_underscores：使用下划线分隔的小写字母。

(3) UPPERCASE：大写字母。

(4) UPPER_CASE_WITH_UNDERSCORES：使用下划线分隔的大写字母。

(5) CapitalizedWords：多个单词无分隔符连接，每个单词首字母大写，即大驼峰命名法。

名称前后的下划线有特殊的意义。

单下划线开始，指“内部使用”。如 from M import * 不会导入以下划线开始的对象。

```
_single_leading_underscore
```

单下划线结束，避免与 Python 关键字冲突。

```
Tkinter.Toplevel(master, class_='ClassName')
```

双下划线开始，该方法不会被子类继承。

```
class A(object):
    def__init__(self):
        self.__private()
        self.public()

    def__private(self):
        print 'A.__private()'

    def public(self):
        print 'A.public()'

class B(A):
    def__private(self):
        print 'B.__private()'

def public(self):
    print 'B.public()'

b =B()
```

程序运行结果：

```
A.__private()
B.public()
```

2. 避免使用的名字

永远不要使用“l”(小写的 L)，“O”(大写的 o)和“I”(大写的 i)作为单字变量名。在某些字体中，这些字很难和数字的“0”和“1”区分。当打算用“l”的时候，用“L”来代替。

3. 包和模块名称

模块应该用简短的、全小写的名字。如果能增强可读性，也可以使用下划线。Python 的包也要用全小写的短名称，但是不建议用下划线。

因为模块名称和文件名关联，而且某些文件系统对大小写不敏感，也会截断过长的名字，所以模块选用简短的名字是很重要的。在 UNIX 下模块名称不会有这样的问题，但是在早些的 Mac、Windows 或者 DOS 下会有这样的问题。

当用 C 或 C++编写一个含有 Python 模块提供更高层(如更加面向对象)接口的扩展模块时，这个 C 或 C++编写的模块要有一个前导下划线(如 _socket)。

4. 类名

类名要遵循首字母大写的规则。内部类要加上前导下划线。

```
class SiteController(object):
Class__InnerInstance(object):
    def__init__(self, a, b):
        ⋮
def __init__(self):
    self.obj =__InnerInstance(1, 2)
```

5. Exception 名

Exception 也是类，所以也要遵循类名规则。一般产生了明显错误的异常定义的后缀为 Error 的异常。

```
class APIException(Exception):
def  __init__(self):
    ⋮

class IOError(Exception):
    ⋮
```

6. 全局变量名

被设计为通过 from M import * 导入的模块，应用_all_机制来防止导出全局，或使用过去的全局变量前置下划线的规则(这是为了说明这些变量是“模块私有的”)。

7. 函数名

函数名应小写，为了增加可读性，可以用下划线分隔。

```
def add_instance(arg1, arg2):
    ⋮

def del_instance(arg1, arg2):
    ⋮
```

8. 函数和方法参数

始终用self作为实例方法的第一个参数。

始终用cls作为类方法的第一个参数。

如果函数的参数名和保留字冲突,结尾用下划线比缩写或滥用的词组更好。因此,class_比cls好。更好的避免冲突的方式是用同义词。

```
class A(object):
    # 类实例方法
    def foo(self, x):
        print "executing foo(%s, %s)" % (self, x)

    # 类方法
    @ classmethod
    def class_foo(cls, x):
        print "executing class_foo(%s, %s)" % (cls, x)

def fun1(self, class_=None):
    ⋮
```

9. 方法名和实例变量

使用函数命名规则:使用下划线分隔的小写字母能提高可读性。

只在私有方法和实例变量前使用单下划线。

```
class A(object):
    # 共用方法
def fun_foo(self, x):
    ⋮

    # 私有方法
def _fun2(self):
    ⋮
```

使用前导双下划线、调用Python的名字变化规则来避免与子类中的名字冲突。

10. 常量

常量通常在模块级别中定义,用全大写和以下划线分隔的字符来编写。

```
MAX_OVERFLOW
TOTAL
```

11. 继承设计

如果不能确定一个类方法或实例变量(总体而言:属性)是公用的还是非公用的,则设计为私有的。

公有属性,是希望被第三方使用的,并通过委托机制来避免由于属性变更导致的向后不兼容。私有属性,是不希望被第三方使用的。不能保证私有属性不会改变甚至被删除。贯穿这样的思想,如下是Python的准则。

(1) 公有属性不应该用下划线开始。

```
class A(object):
public_variable = 0

    def public_fun(self):
        print 'A.public()'
```

(2) 对于单一的公有数据属性，最好是直接用其属性名，而不是复杂的 accessor/mutator 方法。

(3) 如果类继承，并且子类不继承，那么用双下划线开头，但不要有结尾下划线。

```
class A(object):
    def __init__(self):
        self.__private()
        self.public()

    def __private(self):
        print 'A.__private()'

    def public(self):
        print 'A.public()'

class B(A):
    def __private(self):
        print 'B.__private()'

def public(self):
    print 'B.public()'

b = B()
```

程序运行结果：

```
A.__private()
B.B.public()
```

1.4.5 编码建议

代码应该用不损害其他 Python 实现的方式去编写(PyPy、Jython、IronPython、Cython、Psyco 等)。例如，不要依赖于 Python 的高效内置字符连接语句 a+=b 或 a=a+b，这些语句在 Python 中运行较慢。在性能敏感的库中，应该用“.join()”来取代。这样可以保证在不同的实现中，字符链接花费的时间都呈线性。

与如 None 这样的字符比较时，要使用 is 或 is not，永远不要用等于操作。同样，在测试一个变量或参数默认值 None 被设置为其他值时(如 if x 表示 if x is not None 时)，要注意这个值应该有一个能在布尔逻辑的上下文中为 False 的类型(如容器)。

使用 is not 操作符要比 not ... is 好。虽然它们表达的意思相同，但是前一个更好理解。

推荐：

```
if foo is not None:
```

不推荐：

```
if not foo is None:
```

当用复杂的比较实现排序操作时，最好实现全部六个操作(_eq_、_ne_、_lt_、_le_、_gt_、_ge_)，而不是依靠其他代码实现一些怪异的比较。

使用基于对象的异常，模块或包应该定义自己的异常类，这个类应该继承自内置的 Exception 类，要包含类文档语句。

```
class MessageError(Exception):
    """Base class for errors in the email package."""
```

当抛出一个异常的时候，使用 raise ValueError('message')代替旧的 raise ValueError，'message'格式。推荐使用括号的格式，当异常的参数很长或是格式化字符串的时候，由于括号的关系，不需要使用连字符。旧的格式在 Python 3.0 中被移除。

当捕获一个异常的时候，要用详细的异常声明代替光秃秃的 except 语句。

```
try:
    import platform_specific_module
except ImportError:
    platform_specific_module =None
```

一个空的 except 语句将会捕获 SystemExit 和 KeyboardInterrrupt 异常。这使得很难用 Control-C 来中断一个程序，并且还会隐藏其他的问题。

如果想捕获一个程序中的所有异常，则使用 except Exception。

try 里的东西要单纯，不要引入不可预见的其他异常被 except 捕获。

推荐：

```
try:
    value =collection[key]
except KeyError:
    return key_not_found(key)
else:
    return handle_value(value)
```

不推荐：

```
try:
    return handle_value(collection[key])
except KeyError:
    # handle_value 函数内的 KeyError 异常也会被捕获
    return key_not_found(key)
```

使用 string 方法而非 string 模块。string 方法更加快捷，并且使用和 Unicode 字符一样的 API。如果需要向后兼容 2.0 之前的版本，则可以不考虑这条规则。

推荐：

```
str ='abc'
str.upper()
```

不推荐：

```
str = 'abc'
import string
string.upper(s)
```

使用“. startswith()”和“. endswith()”而非字符切片去检测前缀或后缀。

startswith()和 endswith() 更加绿色,错误更少。

推荐:

```
if foo.startswith('bar'):
```

不推荐:

```
if foo[:3] == 'bar':
```

对象类型比较总要用 isinstance(),而非直接比较。

推荐:

```
if isinstance(obj, int):
```

不推荐:

```
if type(obj) is type(1):
```

当检测一个对象是否是字符串时,它可能是 Unicode 字符。在 Python 2. 3 中, str 和 Unicode 中有同样的基类——basestring。

```
if isinstance(obj, basestring):
```

对于序列,(strings, lists, tuples)利用空序列为 False。

推荐:

```
if not seq:
if seq:
```

不推荐:

```
if len(seq)
if not len(seq)
```

书写字面值时不要依赖后面的空格。这些后面的空格,在视觉上难以区分,而且很多编辑器会去掉它们。

别用“==”进行布尔值和 True 或 False 的比较。

推荐:

```
if greeting:
```

不推荐:

```
if greeting == True:
```

总是使用 def 语句,而不是一个 lambda 表达式,赋值给一个变量。

推荐:

```
def f(x): return 2* x
```

不推荐:

```
f = lambda x: 2* x
```

本章小结及习题

第2章 Python基础

本章学习目标

- ■ 掌握Python基本数据类型
- ■ 理解常量和变量
- ■ 掌握常用的运算符
- ■ 掌握强制类型转换方法

2.1 Python基本数据类型

Python中有六个标准的数据类型：number(数字)、string(字符串)、list(列表)、tuple(元组)、set(集合)、dictionary(字典)。

Python的六个标准数据类型中，number、string和tuple是不可变数据类型，list、dictionary和set是可变数据类型。可变数据类型是指变量可以被分配一个新的对象。

Python中的number数据类型属于简单数据类型。string、list、tuple、set，以及dictionary则为组合数据类型。

2.1.1 number(数字)

数字数据类型用于存储数值。数据类型是不允许改变的，这就意味着如果改变数字数据类型的值，则将重新分配内存空间。

Python支持int、bool、float、complex四种number数据类型。

①int(整型)。整型通常称为整型或整数，是正整数或负整数。Python 3.0整型是没有限制大小的，可以当作long类型使用，所以Python 3.0没有Python 2.0的long类型。

②bool(布尔型)。布尔型仅有两个实例对象False和True，布尔型是int类型的子类。False等同于0，True等同于1。布尔型无法再被继承使用。

③float(浮点型)。浮点型由整数部分与小数部分组成，浮点型也可以使用科学计数法表示($2.5e2=2.5\times10^2=250$)。

④complex(复数型)。复数由实数部分和虚数部分组成,一般形式为 x+yj,其中的 x 是复数的实数部分,y 是复数的虚数部分,这里的 x 和 y 都是实数。

像大多数语言一样,数值类型的赋值和计算都是很直观的。Python 内置的 type()函数可以用来查询变量所指的对象类型。

【例 2-1】 type()函数。

```
>>>a, b, c, d =20, 5.5, True, 4+3j              # 给 a, b, c, d 四个变量赋值
>>>print(type(a), type(b), type(c), type(d))    # 输出变量数据类型
<class 'int'><class 'float'><class 'bool'><class 'complex'>
```

当给一个变量指定一个数值时,number 对象就会被自动创建。

【例 2-2】 创建变量。

```
>>>var1 =1
>>>var2 =10.0
>>>type(var1)
<class 'int'>
>>>type(var2)
<class 'float'>
>>>var1
1
>>>var2
10.0
```

在 int 型和 float 型数字前添加一个"+"号,表示一个整数,这不会使数字发生任何改变。在数字前添加一个"-"号,可以定义一个负数。

【例 2-3】 正负号。

```
>>>+123
123
>>>-123
-123
>>>-100.01
-100.01
```

2.1.2 string(字符串)

字符串是 Python 中最常用的数据类型。可以使用单引号(")或者双引号(" ")来创建字符串。创建字符串很简单,只要为变量分配一个值即可。

【例 2-4】 创建字符串。

```
>>>var1 ='hello world! '
>>>type(var1)
<class 'str'>
>>>var1
'hello world! '
```

2.1.3 list(列表)

序列是 Python 中的内置数据结构,常见的序列有列表、字符串、元组。所有的序列都有

自己的索引,程序可以通过索引来访问对应的值。

list 是 Python 中的一种最常见的内置数据类型。list 是一种无序的、可重复的数据序列,可以随时添加和删除其中的元素。列表的长度一般事先未确定,可在程序执行期间发生改变。

列表的每个元素都分配一个数字索引,和 C 语言中的数组一样,从 0 开始。

列表的创建使用方括号“[ ]”,并使用逗号分隔元素。

列表并不要求其中的元素的类型相同,只需将其元素通过逗号分隔开来即可,如下所示。

【例 2-5】 创建列表。

```
>>>list_1 =[3,1,2,'c','b','a']
>>>type(list_1)
<class 'list'>
>>>list_1
[3, 1, 2, 'c', 'b', 'a']
```

2.1.4　tuple(元组)

Python 的元组与列表类似,不同之处在于元组的元素不能修改,元组使用小括号,列表使用方括号。元组的创建很简单,只需要在括号中添加元素,并使用逗号隔开即可。

【例 2-6】 创建元组。

```
>>>tup1 = ('Google', 'Runoob', 1997, 2000);
>>>type(tup1)
<class 'tuple'>
>>>tup1
('Google', 'Runoob', 1997, 2000)
```

2.1.5　set(集合)

set 是一个无序不重复元素的序列。可以使用{ }或 set()函数创建集合。注意,创建一个空集合必须用 set()而不是{ },因为{ }用来创建一个空字典。

【例 2-7】 创建集合。

```
>>>s ={'P', 'y', 't', 'h', 'o', 'n'}
>>>type(s)
<class 'set'>
>>>s
{'t', 'P', 'y', 'h', 'n', 'o'}
```

2.1.6　dictionary(字典)

字典是另一种可变容器模型,且可存储任意类型的对象。字典的每个键值(key⇒value)对用冒号(:)分隔,每个对之间用逗号(,)分隔,整个字典包括在花括号{ }中,格式如下所示。

```
d ={key1 : value1, key2 : value2 }
```

字典键必须是唯一的，但值则不必是唯一的。值可以取任何数据类型，如字符串、数字或元组。

【例 2-8】 创建字典。

```
>>>dict ={'Alice': '2341', 'Beth': '9102', 'Cecil': '3258'}
>>>type(dict)
<class 'dict'>
>>>dict
{'Alice': '2341', 'Beth': '9102', 'Cecil': '3258'}
```

2.2 常量与变量

对于基本数据类型量，按其取值是否可改变又分为常量和变量两种。在程序执行过程中，值不发生改变的量称为常量，值可变的量称为变量。它们可与数据类型结合起来分类。

2.2.1 变量

变量代表一个有名字的、具有特定属性的存储单元。它用来存放数据，也就是存放变量的值。变量在程序运行中是可变的。

Python 中的变量不需要声明。每个变量在使用前都必须赋值，变量赋值以后就会被创建。在 Python 中，变量就是变量，它没有类型（"类型"是变量所指的内存中对象的类型）。

用等号（=）来给变量赋值。等号运算符左边是一个变量名，右边是存储在变量中的值。

【例 2-9】 变量赋值。

```
# assignment.py
# ! /usr/bin/python3

counter =100          # 整型变量
miles  =1000.0        # 浮点型变量
name   ="Python"      # 字符串

print (counter)
print (miles)
print (name)
```

程序运行结果：

```
100
1000.0
Python
```

在 Python 中，变量命名规则如下。

(1) 变量名的长度不受限制，但其中的字符必须是字母、数字或下划线，而不能使用空格、连字符、标点符号、引号或其他字符。

(2) 变量名的第一个字符不能是数字，而必须是字母或下划线。

(3) Python 区分大小写。

下面是一些合法的变量名：

a;a1;a_b_c__2018;_1a。

下面这些变量名则是非法的：

1;2a;3_。

(4) 不要使用下面这些词作为变量名，它们是 Python 保留的关键字：

False; class; finally; is; return; None; continue; for; lambda; try; True; def; from; nonlocal; while; and; del; global; not; with; as; elif; if; or; yield; assert; else; import; pass; break; except; in; raise。

这些关键字和标点符号是用于描述 Python 语法的。

为了释放被占用的内存空间，也可以使用 del 语句删除一些对象引用。

del 语句的语法格式如下。

```
del var1[,var2[,var3[...,varN]]]]
```

可以通过使用 del 语句删除单个或多个对象。

【例 2-10】 del()函数的使用。

```
# del.py
# 演示 del()函数的使用
var =10
a ="python"
b=5.0

del(var)
del(a, b)
```

2.2.2 常量

在大多数程序设计语言中，常量是一旦初始化之后就不能修改的固定值，如常用的数学常数 π 就是一个常量。Python 中并没有提供定义常量的保留字，通常用全部大写的变量名表示常量，例如：

```
PI=3.14159265359
```

但事实上 PI 仍然是一个变量，Python 根本没有任何机制可以保证 PI 不会被改变，所以，用全部大写的变量名表示常量只是一个习惯上的用法，如果一定要改变 PI 的值，也是可以的。

使用常量有下面两个好处。

(1) 常量用易于理解的、清楚的名称替代含义不明确的数字或字符串，使程序更易于阅读。

(2) 常量使程序更易于修改。例如：在一个 Python 程序中有一个表示税率的 SalesTax 常量，该常量的值为 0.06。如果以后销售税率发生变化，就把新值赋给这个常量，这样就可以修改所有的税款计算结果，而不必查找整个程序，修改税率为 0.06 的每一项。

2.2.3 input()函数与print()函数

1. input()函数

Python中的input()函数用于接收一个来自控制台的输入,input() 默认接收到的是字符串类型的数据(Python 3.0 和 Python 2.0 中的 input()函数是有区别的),如果希望得到数值类型的数据,则可以对返回回的字符串进行强制类型转换函数来达到目的。

input()函数的语法格式如下。

```
input ([ prompt ])
```

参数说明如下。

prompt:提示信息。

【例 2-11】 input()函数。

```
>>>a =input("输入:")
输入:123
>>>a
'123'
>>>type(a)
<class 'str'>
>>>a=int(input("输入:"))
输入:123
>>>a
123
>>>type(a)
<class 'int'>
>>>a=float(input("输入:"))
输入:123
>>>a
123.0
>>>type(a)
<class 'float'>
```

2. print()函数

print()函数用于打印输出,是最常见的一个函数。

print()函数的语法格式如下。

```
print(* objects, sep="", end="\n", file=sys.stdout, flush=False)
```

参数说明如下。

(1) objects:是复数,表示可以一次输出多个对象,输出多个对象时,需要用逗号分隔。

(2) sep:用来间隔多个对象,默认值是一个空格,可以将其设置成其他字符。在 print()函数中,所有非关键字的参数都会被转化成字符型。

(3) end:用来设定以什么结尾,默认值是换行符,可以换成其他字符串,用这个选项可以实现不换行输出。

(4) file:file 指定的对象必须有写(write)的方法,如果指定的对象没有该方法或者不存在,就会使用默认值。

(5) flush：只有两个选项，True 或者 False。True 表示强制清除缓存，False 表示缓存的事情交给文件本身。

【例 2-12】 objects 参数的使用。

```
# print_1.py
# 演示 objects 参数的使用

a1="aaa"
a2="bbb"
print(a1,a2)
```

程序运行结果：

```
aaa bbb
```

【例 2-13】 sep 参数的使用。

```
# print_2.py
# 演示 sep 参数的使用

print("aaa","bbb",sep="***")
print("aaa","bbb",sep="PYTHON")
```

程序运行结果：

```
aaa***bbb
aaaPYTHONbbb
```

【例 2-14】 end 参数的使用。

```
# print_3.py
# 演示 end 参数的使用

a1="aaa"
a2="bbb"
print(a1,end="")
print(a2)
```

程序运行结果：

```
aaabbb
```

【例 2-15】 file 参数的使用。

```
# print_4.py
# 演示 file 参数的使用

new=open("new.txt","w")      # 新建一个对象 new,对应的是 new.txt 文本文件,属性可写
print("aaa",end="hello\n",file=new) # 输出,file 指向该对象,不能指向.txt 文本文件
new.close()                  # 关闭打开的文件
```

程序运行结果：

```
在 new.txt 文本中成功写入字符串 aaahello
```

2.3 运　算　符

运算符是一种告诉解释器执行特定的数学或逻辑操作的符号。Python 语言内置了丰富的运算符,并提供了以下类型的运算符:算术运算符、比较运算符、赋值运算符、位运算符、逻辑运算符。本章将逐一介绍这些运算符以及运算符的优先级。

2.3.1 算术运算符

Python 语言中用于基本算术运算的运算符有+、－、*、/、%、* *、//。Python 内置的算术运算符如表 2-1 所示。

表 2-1　Python 内置的算术运算符

运算符	描　述	示例	运算结果
+	加,两个数相加	5+2	7
－	减,两个数相减	13－8	5
*	乘,两个数相乘	5 * 3	15
/	除,两个数相除	7/2	3.5
%	取模,返回除法的余数	9% 2	1
* *	幂,返回 x 的 y 次幂	3 * * 3	27
//	取整除,返回商的整数部分	9//2	4

读者可以像使用计算器一样使用 Python 来进行常规运算。Python 支持的运算参见表 2-1。试试进行加法、减法和乘法运算,看看运算结果是否与预期的一样。

【例 2-16】　运算符举例。

```
>>>3+6
9
>>>6-2
4
>>>8/2
4
>>>4*2
8
>>>8/4+2
4
>>>3*3-4
5
```

除法运算和纯粹的数学意义的计算会有些不同,在 Python 中有下面两种除法。

(1)“/”用来执行浮点除法。

(2)“//”用来执行整数除法,即整除。

与其他语言不同，在 Python 中即使运算对象是两个整数，使用“/”仍会得到浮点型的结果。

【例 2-17】 “/”运算符。

```
>>>8 / 5
1.6
```

使用“//”得到的是一个整数，余数会被截去。

【例 2-18】 “//”运算符。

```
>>>8 // 5
1
```

如果除数为 0，任何一种除法运算都会产生 Python 异常。

【例 2-19】 除数不能为 0。

```
>>>8/0
Traceback (most recent call last):
  File "<pyshell# 26>", line 1, in <module>
    8/0
ZeroDivisionError: division by zero
>>>8//0
Traceback (most recent call last):
  File "<pyshell# 27>", line 1, in <module>
    8//0
ZeroDivisionError: integer division or modulo by zero
```

上面的例子都是使用立即数进行运算，也可以在运算中将立即数和已赋值过的变量混合使用，详见第 2.3.3 节的赋值运算符。

百分号(%)在 Python 里有多种用途，当它位于两个数字之间时代表求模运算，得到的结果是第一个数除以第二个数的余数。

【例 2-20】 “%”运算符。

```
>>>9 %5
4
```

使用 divmod()函数可以同时得到余数和商。

【例 2-21】 divmod()函数。

```
>>>divmod(9,5)
(1, 4)
```

它等价于以下两步运算。

【例 2-22】 divmod()函数的等价运算。

```
>>>9 // 5
1
>>>9 %5
4
```

下面给出一个算术运算符的程序示例(arithmetic_operator. py)。

【例 2-23】 算术运算符的程序示例。

```
# ! /usr/bin/python3
# arithmetic_operator.py
a =10
b =2
c =0

print("a 的值为",a)
print("b 的值为",b)
print("c 的值为",c)
c =a +b
print ("c=a+b 的计算结果为:", c)

c =a -b
print ("c=a-b 的计算结果为:", c)

c =a*b
print ("c=a*b 的计算结果为:", c)

c =a / b
print ("c =a / b 的计算结果为:", c)

c =a %b
print ("c =a %b 的计算结果为:", c)

c =a**b
print ("c =a**b 的计算结果为:", c)

c =a//b
print ("c =a//b 的计算结果为:", c)
```

程序运行结果：

```
a 的值为 10
b 的值为 2
c 的值为 0
c=a+b 的计算结果为：12
c=a-b 的计算结果为：8
c=a*b 的计算结果为：20
c =a/b 的计算结果为：5.0
c =a%b 的计算结果为：0
c =a**b 的计算结果为：100
c =a//b 的计算结果为：5
```

2.3.2　比较运算符

比较运算符，如同它们的名称所暗示的，允许对两个值进行比较。在计算机高级语言编程中，任何两个同一类型的量都可以进行比较，如两个数字可以比较、两个字符串可以比较。当用运算符比较两个值时，结果是一个布尔值：不是 True(成立)，就是 False(不成立)。比较运算符也称关系运算符。Python 内置的比较运算符如表 2-2 所示。

表 2-2　Python 内置的比较运算符

运算符	含义	实例(假设变量 a 为 5，变量 b 为 10)	返回结果
==	等于	a==b	False
!=	不等于	a!=b	True
>	大于	a>b	False
<	小于	a<b	True
>=	大于等于	a>=b	False
<=	小于等于	a<=b	True

在 Python 的交互环境中，执行以下运算，注意观察运算结果。

【例 2-24】　比较运算符。

```
>>>a=5
>>>b=10
>>>a>b
False
>>>a<b
True
>>>a==b
False
>>>a! =b
True
>>>a>=b
False
>>>a<=b
True
```

除了对数字进行比较之外，还可以对字符串进行比较。字符串的比较是按照“字典顺序”进行比较的。当然，这里说的是英文的字典，而不是前面说的字典数据类型。

【例 2-25】　字符串的比较。

```
>>>a ="Java"
>>>b ="Python"
>>>a >b
False
```

先比较第一个字符，按照字典顺序，P 大于 J(在字典中，P 排在 J 的后面)，那么就返回结果 False。当第一个字符相同时，则比较第二个字符，以此类推。

下面给出的比较运算符程序示例(comparison_operator.py)演示了Python中的所有比较运算符的操作。

【例2-26】 比较运算符程序示例。

```
# ! /usr/bin/python3
#  comparison_operator.py
a =10
b =5
c =20

print("a的值为",a)
print("b的值为",b)
print("c的值为",c)

print ("a ==b的运算结果为", a==b)

print ("a ! =b的运算结果为", a! =b)

print ("a <b的运算结果为", a<b)

print ("a >b的运算结果为", a>b)

print ("a <=c的运算结果为", a<=c)

print ("a >=c的运算结果为", a>=c)
```

程序运行结果：

```
a的值为 10
b的值为 5
c的值为 20
a ==b的运算结果为 False
a ! =b的运算结果为 True
a <b的运算结果为 False
a >b的运算结果为 True
a <=c的运算结果为 True
a >=c的运算结果为 False
```

在Python中，如果是两种不同类型的对象，虽然可以比较，但是一般这种比较是没有什么意义的。

2.3.3 赋值运算符

赋值运算符的作用是为变量制定一个具体值，Python中的赋值运算符主要有=、+=、-=、*=、/=、%=、**=、//=，Python内置的赋值运算符如表2-3所示。

表 2-3　Python 内置的赋值运算符

运算符	描　述	实　例
=	简单的赋值运算符	c=a+b 将 a+b 的运算结果赋值为 c
+=	加法赋值运算符	c+=a 等效于 c=c+a
-=	减法赋值运算符	c-=a 等效于 c=c-a
*=	乘法赋值运算符	c*=a 等效于 c=c*a
/=	除法赋值运算符	c/=a 等效于 c=c/a
%=	取模赋值运算符	c%=a 等效于 c=c%a
**=	幂赋值运算符	c**=a 等效于 c=c**a
//=	取整除赋值运算符	c//=a 等效于 c=c//a

在 Python 的交互环境中，执行以下运算，注意观察运算结果。

【例 2-27】 赋值运算符。

```
>>>var1 =83
>>>var1
83
>>>var1 -2
81
>>>var1                  # 并没有将结果赋值给 var1,因此 var1 的值并未发生改变
83
>>>var1 =var1 -2         # var1 的值改变了
>>>var1
81
>>>var2 =83
>>>var2 -=3              # 等价于 var2 =var2 -3
>>>var2
80
>>>var3 =83
>>>var3 +=8              # 等价于 var3 =var3 +8
>>>var3
91
>>var4=83
>>>var4 * =2             # 等价于 var4 =var4 *  2
>>>var4
166
>>>var5=100
>>>var5 /=3              # 等价于 var5 =var5 / 3
>>>var5
33.333333333333336
>>>var6 =13
>>>var6 //=4             # 等价于 var6 =var6 // 4
```

```
>>>var6
3
```

以下实例(Assignment_Operators.py)演示了 Python 所有赋值运算符的操作。

【例 2-28】 赋值运算符示例程序。

```
#! /usr/bin/python3
# Assignment_Operators.py
a =21
b =10
c =0
d =2

print("a 的值为",a)
print("b 的值为",b)
print("c 的值为",c)
print("d 的值为",d)

c =a +b
print ("c =a +b 的运算结果为:", c)

c +=a
print ("c +=a 的运算结果为:", c)

c *=a
print ("c *=a 的运算结果为:", c)

c /=a
print ("c /=a 的运算结果为:", c)

d %=a
print ("d %=a 的运算结果为:", d )

d**=a
print ("d**=a 的运算结果为:", d )

d //=a
print ("d //=a 的运算结果为:", d )
```

程序运行结果:

```
a 的值为 21
b 的值为 10
c 的值为 0
d 的值为 2
c =a +b 的运算结果为: 31
c +=a 的运算结果为: 52
```

```
c *=a 的运算结果为：1092
c /=a 的运算结果为：52.0
d %=a 的运算结果为：2
d **=a 的运算结果为：2097152
d //=a 的运算结果为：99864
```

2.3.4 位运算符

程序中所有的数在计算机内存中都是以二进制的形式储存的。位运算符是把数看作二进制数来进行计算的，直接对整数在内存中的二进制位进行操作。假设 a=48，b=12，用二进制表示，则 a= 0011 0000，b=0000 1100，Python 内置的位运算符如表 2-4 所示。

表 2-4　Python 内置的位运算符

运算符	描　　述	实　　例
&	按位与运算符：参与运算的两个值，如果两个相应位都为 1，则该位的结果为 1，否则为 0	(a & b)输出结果 0，二进制表示为 0000 0000
|	按位或运算符：只要对应的两个二进制位有一个为 1 时，结果位就为 1	(a | b)输出结果 60，二进制表示为 0011 1100
^	按位异或运算符：当两对应的二进制位相异时，结果为 1	(a ^ b)输出结果 60，二进制表示为 0011 1100
~	按位取反运算符：对数据的每个二进制位取反，即把 1 变为 0，把 0 变为 1。~x 类似于 -x-1	(~a) 输出结果 -49，二进制补码表示为 11001111
≪	左移动运算符：运算数的各二进制位全部左移若干位，由“≪”右边的数指定移动的位数，高位丢弃，低位补 0	(a≪1) 输出结果 96，二进制表示为 0110 0000
≫	右移动运算符：运算数的各二进制位全部右移若干位，由“≫”右边的数指定移动的位数	(a≫1) 输出结果 24，二进制表示为 0001 1000

位运算符可以起到以下作用。

(1) 通常可把按位与运算“&”作为关闭某位(即将该位置 0)的手段，例如，想要关闭 a 变量中的第 3 位，而又不影响其他位的现状，可以用二进制数 11110111 与 a 作按位与运算。

(2) 通常可把按位或运算“|”作为置位(即将该位置 1)的手段，例如，想要将 a 中的第 0 位和第 1 位置 1，而又不影响其他位的现状，可以用一个二进制数 00000011 与 a 作按位或运算。

(3) 按位异或运算“^”可以使特定的位取反，例如，想让 a 中的最低位和最高位取反，可以用二进制数 10000001 与 a 作按位异或运算。

(4) 移动运算可用于整数的快速乘除运算，左移一位等效于乘以 2，而右移一位等效于除以 2。

以下实例(Bit_Operators.py)演示了 Python 所有的位运算符的操作。

【例 2-29】　位运算符示例程序。

```
# ! /usr/bin/python3
#  Bit_Operators.py

a =60              #  60 =0011 1100
b =13              #  13 =0000 1101
c =0

print("a 的值为",a)
print("b 的值为",b)
print("c 的值为",c)

c =a & b;         #  12 =0000 1100
print ("c =a & b 的运算结果为:", c)

c =a | b;         #  61 =0011 1101
print ("c =a | b 的运算结果为:", c)

c =a ^ b;         #  49 =0011 0001
print ("c =a ^ b 的运算结果为:", c)

c =~ a;            #  -61 =1100 0011
print ("c =~ a 的运算结果为:", c)

c =a <<2;        #  240 =1111 0000
print ("a <<2 的运算结果为:", c)

c =a >>2;        #  15 =0000 1111
print ("c =a >>2 的运算结果为:", c)
```

程序运行结果：

```
a 的值为 60
b 的值为 13
c 的值为 0
c =a & b 的运算结果为: 12
c =a | b 的运算结果为: 61
c =a ^ b 的运算结果为: 49
c =~ a 的运算结果为: -61
a <<2 的运算结果为: 240
c =a >>2 的运算结果为: 15
```

2.3.5 逻辑运算符

在所有的高级程序设计语言中，都有布尔型变量，其有两个取值，即真(True)或假(False)，正好对应计算机中二进制数的 1 和 0。所以，布尔代数和计算机是天然吻合的。

布尔型变量就是返回结果为 1(True)或 0(False)的数据变量。在 Python 中，有三种逻辑运算符，可以实现布尔型变量间的运算，具体运算规则如表 2-5 所示。

表 2-5　逻辑运算符

运算符	逻辑表达式	描　述	实　例
and	x and y	逻辑"与"，如果 x 为 False，则 x and y 返回 False，否则它返回 y 的计算值	(a and b)返回 20
or	x or y	逻辑"或"，如果 x 是 True，则它返回 x 的值，否则它返回 y 的计算值	(a or b)返回 10
not	not x	逻辑"非"，如果 x 为 True，则返回 False；如果 x 为 False，则它返回 True	not(a and b)返回 False

"and"和"or"是"双目(元)运算符"，要求有两个运算量，如(a>b)and(x>y)、(a>b)or(x>y)。"not"是"一目(元)运算符"，只要求有一个运算量，如 not(a>b)。

用逻辑运算符将关系表达式或逻辑量连接起来就是逻辑表达式。在逻辑表达式的求解中，并不是所有的逻辑运算符都被执行，只是在必须执行下一个逻辑运算符才能求出表达式的解时，才执行该运算符。下面在 Python 交互环境中预算一下指令，注意观察运行结果。

【例 2-30】 逻辑运算符的使用。

```
>>> (5>4) and (3<6)
True
>>> (4>3) and (4<2)   # 计算 4<3 ,其返回值为 False,就不用再看后面的了
False
>>> (4<3) or (4<9)   # 计算 4<3,其返回值为 True,就不用再看后面的了
True
>>>not(5>4)
False
```

以下实例(Bit_Operators. py)演示了 Python 逻辑运算符的操作。

【例 2-31】 逻辑运算符示例程序。

```
# ! /usr/bin/python3
# Logic_Operators.py

x =True
y =False

print("x and y =", x and y)
print("x or y =", x or y)
print("not x =", not x)
print("not y =", not y)
```

程序运行结果：

```
x and y =   False
x or y =   True
```

```
not x =  False
not y =  True
```

2.3.6 运算符优先级

在一个表达式中可能包含多个由不同运算符连接起来的、具有不同数据类型的数据对象。由于表达式有多种运算，不同的运算顺序可能得出不同的结果，甚至出现错误运算结果，因此，当表达式中含有多种运算时，必须将运算按一定顺序进行结合，才能保证运算的合理性和结果的正确性、唯一性。

表 2-6 列出了运算符优先级排序，优先级从上到下依次递减，最上面具有最高的优先级，逗号操作符具有最低的优先级。表达式的结合次序取决于表达式中各种运算符的优先级。优先级高的运算符先结合，优先级低的运算符后结合，同一行中运算符的优先级相同。在实际编程中也可以忽略这个优先级顺序，因为可以使用括号来保证运算顺序与期望的一致。

表 2-6　运算符优先级排序

优先级	运　算　符	描　　述
1	**	指数（最高优先级）
2	~、+、-	按位翻转、一元加号和减号
3	*、/、%、//	乘、除、取模和取整除
4	+、-	加法、减法
5	≫、≪	右移、左移运算符
6	&	按位与运算符
7	^、|	位运算符
8	＜=、＜、＞、＞=	比较运算符
9	＜＞、==、!=	等于运算符
10	=、%=、/=、//=、-=、+=、*=、**=	赋值运算符
11	is、is not	身份运算符
12	in、not in	成员运算符
13	and、or、not	逻辑运算符

下面给出一个示例程序(Operator_Priority.py)演示部分运算符的优先级。

【例 2-32】 运算符优先级的示例程序。

```
#!/usr/bin/python3
# Operator_Priority.py

a =20
b =10
c =15
d =5
e =0
```

```
e = (a +b)*c / d        # ( 30*15 ) / 5
print ("(a +b)*c / d 运算结果为:",  e)

e = ((a +b)*c) / d      #  (30*15 ) / 5
print ("((a +b)*c) / d 运算结果为:",  e)

e = (a +b)* (c / d);     #  (30)* (15/5)
print ("(a +b)* (c / d) 运算结果为:",  e)

e =a + (b*c) / d;        #   20 + (150/5)
print ("a + (b*c) / d 运算结果为:",  e)
```

程序运行结果:

```
(a +b)*c / d 运算结果为: 90.0
((a +b)*c) / d 运算结果为: 90.0
(a +b)* (c / d) 运算结果为: 90.0
a + (b*c) / d 运算结果为: 50.0
```

2.4　类 型 转 换

对 Python 内置的数据类型进行转换时,可以使用内置函数,常用的 Python 数据类型转换函数如表 2-7 所示。

表 2-7　Python 数据类型转换函数

函数格式	使用示例	描　　述
int(x [,base])	int("8")	可以转换 string 和其他数字,但是会丢失精度
float(x)	float (1) 或者 float ("1")	可以转换 string 和其他数字,不足的位数用 0 补齐,如 1 会变成 1.0
complex(real ,imag)	complex ("1") 或者 complex(1,2)	第一个参数可以是 string 或者数字,第二个参数只能为数字,第二个参数没有时默认为 0
str(x)	str(1)	将数字转化为 string
repr(x)	repr(Object)	返回一个对象的 string 格式
eval(str)	eval("12+23")	执行一个字符串表达式,返回计算的结果,如例子中返回 35
tuple(seq)	tuple((1,2,3,4))	参数可以是元组、列表或者字典,如参数是 wie 字典时,返回字典的 key 组成的集合
list(s)	list((1,2,3,4))	将序列转变成一个列表,参数可为元组、字典、列表,如参数是字典时,返回字典的 key 组成的集合

续表

函数格式	使用示例	描述
set(s)	set(['b', 'r', 'u', 'o', 'n']) 或者 set("asdfg")	将一个可迭代对象转变为可变集合，并且去重复，返回结果可以用来计算差集 x－y、并集 x | y、交集 x & y
frozenset(s)	frozenset([0, 1, 2, 3, 4, 5, 6, 7, 8, 9])	将一个可迭代对象转变为不可变集合，参数为元组、字典、列表等
chr(x)	chr(0x30)	chr()用一个范围在 range(256)内（就是 0～255）的整数作参数，返回一个对应的字符，返回值是当前整数对应的 ASCII 字符
ord(x)	ord('a')	返回对应的 ASCII 数值，或者 Unicode 数值
hex(x)	hex(12)	把一个整数转换为十六进制字符串
oct(x)	oct(12)	把一个整数转换为八进制字符串

【例 2-33】 int()函数的使用。

```
>>>int(True)      # True 和 False,当转换为整数时,它们分别代表 1 和 0
1
>>>int(False)
0
>>>int(98.6)      # 将浮点数转换为整数时,所有的小数点后面的部分都会被舍去
98
>>>int('99')      # int()函数也可以将仅包含数字和正负号的字符串转换为整数
99
>>>int('-23')
-23
>>>int('+12')
12
```

【例 2-34】 float()函数的使用

```
>>>4 +7.0     # 当混合使用多种不同的数字类型进行计算时,Python 会自动地进行类型转换
11.0
>>>float(True)  # 布尔型在计算中等价于 1.0 和 0.0
1.0
>>>float(False)
0.0
>>>float(98)    # 将整数转换为浮点数时,会在整数后添加一个小数点
98.0
>>>float('99')  # 转换只含有数字的字符串
99.0
```

【例 2-35】 str()函数、chr()函数的使用。

```
>>>str(98.6)
'98.6'
>>>str(1.0e4)
'10000.0'
>>>str(True)
'True'
>>>print chr(0x30), chr(0x31), chr(0x61)   # 十六进制
0 1 a
>>>print chr(48), chr(49), chr(97)         # 十进制
0 1 a
```

【例 2-36】 ord()、hex(x)、oct()和 complex()函数的使用。

```
>>>ord('a')        # 返回一个字符对应的 ASCII 数值或 Unicode 数值
97
>>>hex(255)        # hex() 函数将十进制整数转换成十六进制字符串
'0xff'
>>>oct(10)         # oct() 函数将一个整数转换成八进制字符串
'012'
>>>complex("2+1j")  # # complex() 函数将一个字符串转换成复数
(2+1j)
```

本章小结及习题

第3章 流程控制

本章学习目标

- 理解程序的三种基本结构
- 掌握程序流程图
- 掌握程序的分支结构
- 掌握程序的循环结构

3.1 程序的基本结构

程序是一个语句序列，执行程序就是按特定的次序执行程序中的语句。程序结构是指以某种顺序执行的一系列动作，用于解决某个问题。1996年，计算机科学家Bohm和Jacopini证明了：任何简单或复杂的算法都可以由顺序结构、分支结构和循环结构这三种基本结构组合而成。每种结构仅有一个入口和出口。由这三种基本结构组成的多层嵌套程序称为结构化程序。

3.1.1 顺序结构

顺序结构是指按语句出现的先后顺序执行的程序结构，是结构化程序中最简单的结构。编程语言并不提供专门的控制流语句来表达顺序结构，而是用程序语句的自然排列顺序来表达。计算机按此顺序逐条执行语句，当一条语句执行完毕时，自动转到下一条语句。顺序结构可以独立使用，并构成一个简单的完整程序，常见的输入、计算、输出三部曲的程序就是顺序结构。例如，计算圆的面积，其程序的语句顺序就是输入圆的半径r，计算s = 3.14159×r×r，输出圆的面积s。大多数情况下，顺序结构都是作为程序的一部分，与其他结构一起构成一个复杂的程序。

3.1.2 分支结构

顺序结构的程序虽然能解决计算、输出等问题，但不能判断、选择。对于要先判断再选择的问题就要使用分支结构。分支结构的执行是依据一定的条件选择执行路径的，而不是严格按照语句出现的顺序。分支结构的程序设计的关键在于构造合适的分支条件和分析程序流程，根据不同的程序流程选择适当的分支语句。分支结构适合带有逻辑或关系比较等条件判断的计算，设计这类程序时往往都要先绘制程序流程图，然后根据程序流程图写出源程序。这样做可以把程序设计分析与语言分开，使得问题简单化，易于理解。

3.1.3 循环结构

循环结构是指在程序中需要反复执行某个功能而设置的一种程序结构。它根据循环体中的条件，判断是继续执行某个功能还是退出循环。根据判断条件，循环结构可细分为两种形式：先判断后执行的循环结构、先执行后判断的循环结构。

循环结构可以减少源程序重复书写的工作量，循环结构用来描述重复执行某段算法的问题，它是程序设计中最能发挥计算机特长的程序结构。循环结构可以看作一个条件判断语句和一个向回转向语句的组合。

3.2 程序流程图

在程序设计中，最重要的不是写程序，而是设计程序。设计算法是程序设计的核心。为了表示一个算法，可以用不同的方法。常用的有自然语言、流程图、伪代码、PAD图等。程序流程图是以特定的图形符号加上说明来表示算法的图，也称算法流程图，包括传统流程图和结构流程图两种。

3.2.1 传统流程图

用图表示的算法就是传统流程图。传统流程图利用一些图框来表示各种类型的操作，在框内写出各个步骤，然后用带箭头的线把它们连接起来，以表示执行的先后顺序。美国国家标准学会（ANSI）规定了一些常用的流程图符号，被世界各国程序工作者普遍采用。传统流程图中的元素包括起止框、输入/输出框、判断框、处理框、连接点、流程线、注释框等，传统流程图各元素的符号或形状如图3-1所示。

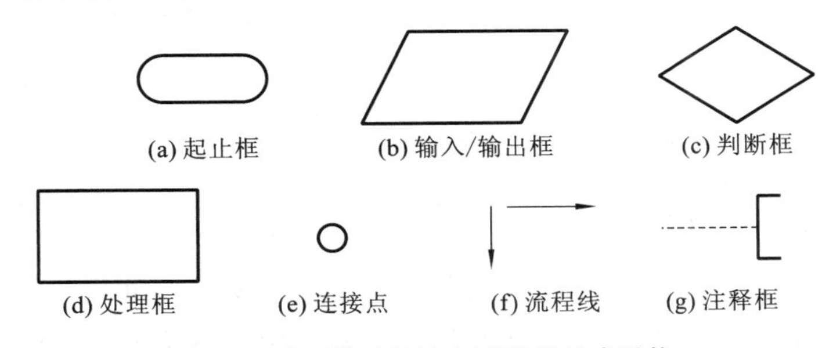

图 3-1 传统流程图各元素的符号或形状

（1）起止框：用圆角矩形表示，用于描述流程开始或结束，在流程图描述法中，一个流程图只允许有一个开始符和一个结束符。

（2）输入/输出框：用平行四边形表示，用于描述输入/输出数据。

（3）判断框：用菱形表示，用于描述选择结构的程序语句，判断框有两个输出，分别对应“是”和“否”两种条件判定的结果。

（4）处理框：用矩形表示，用于描述顺序结构的程序语句。

（5）连接点：用圆圈表示，用于将画在不同地方的流程线连接起来。

（6）流程线：用带箭头的直线表示，用于表示流程的路径和方向。

（7）注释框：对流程图中某些框的操作进行补充说明，以帮助阅读流程图的人更好地理解流程图的作用，它不是流程图中必要的部分，不反映流程和操作。

传统流程图基本结构的表示有以下三种。

（1）顺序结构如图 3-2 所示，虚线框内 A 框和 B 框是顺序执行的，顺序结构是最简单的一种基本结构。

（2）分支结构如图 3-3 所示，虚线框中包含一个判断框。根据给定的条件 p 是否成立而选择执行 A 框或 B 框。A 框或 B 框中可以有一个是空的，即不执行任何操作。

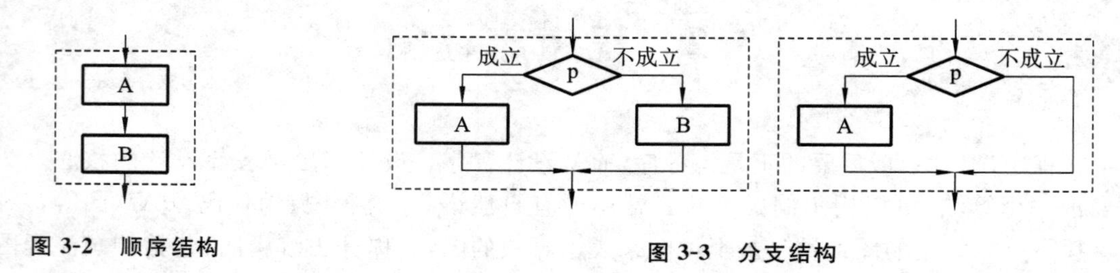

图 3-2　顺序结构

图 3-3　分支结构

（3）循环结构。循环结构又称重复结构，即反复执行某一部分的操作。循环结构有两类，如图 3-4 所示。

(a) 当型(While)循环结构　　(b) 直到型(Until)循环结构

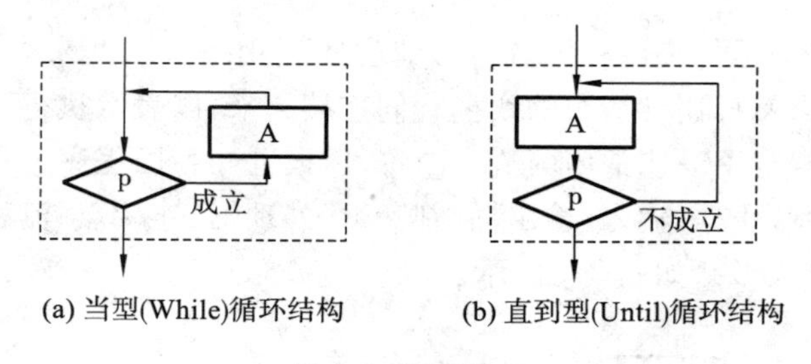

图 3-4　循环结构

①当型（While）循环结构。当给定的条件 p 成立时，执行 A 框操作，然后再判断条件 p 是否成立。如果仍然成立，再执行 A 框，如此反复，直到条件 p 不成立为止。此时不再执行 A 框而脱离循环结构。其流程图如图 3-4（a）所示。

②直到型（Until）循环结构。先执行 A 框，然后判断给定的条件 p 是否成立。如果条件 p 不成立，则再执行 A 框，然后再对条件 p 进行判断，如此反复，直到给定的条件 p 成立为止。此时不再执行 A 框而脱离本循环结构。其流程图如图 3-4（b）所示。

同一个问题，既可以用当型循环结构来处理，也可以用直到型循环结构来处理。对同一个问题，如果分别用当型循环结构和直到型循环结构来处理，那么两者判断框内的判断条件恰好为互逆条件。

【例 3-1】 对一个大于等于 3 的正整数，判断它是不是一个素数。

素数是指除 1 和该数本身之外，不能被其他任何整数整除的数。例如，13 是素数，因为它不能被 2,3,4,…,12 整除。

判断一个数 N(N＞3)是否为素数的方法：将 N 作为被除数，将 2～N－1 间的各个整数轮流作为除数，如果这些数都不能被整除，则 N 为素数。算法表示如下。

①输入 N 的值。

②I＝2。

③N 被 I 除。

④如果余数为 0，表示 N 能被 I 整除，则打印 N 不是素数，算法结束；否则继续。

⑤I＝I＋1。

⑥如果 I≤N－1，则返回③；否则打印 N 是素数，算法结束。

实际上，N 不必被 2～N－1 的整数除，只需被 2～N/2 间的整数除即可，甚至只需被 2～$\sqrt{N}$之间的整数除即可。例如，判断 13 是否是素数，只需将 13 被 2、3 除即可，如果都除不尽，则 N 必为素数。步骤⑥可改为步骤⑦。

⑦如果 I≤$\sqrt{N}$，则返回③；否则算法结束。

此时，素数判断的流程图如图 3-5 所示。

为了提高算法的质量，使算法的设计和阅读更方便，必须限制箭头的滥用，即不允许无规律地使流程乱转向。

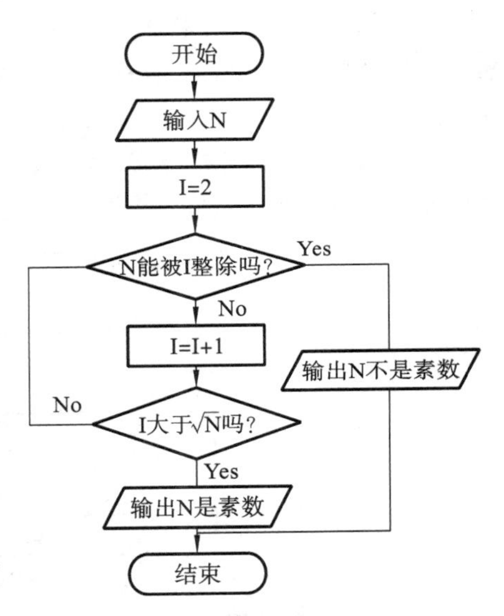

图 3-5　素数判断的流程图

3.2.2　结构流程图

1973 年，美国学者 I. Nassi 和 B. Shneiderman 提出了一种新的流程图形式。在这种流程图中，完全去掉了带箭头的流程线。全部算法写在一个矩形框内，在该框内还可以包含其他的从属于它的框，即可由一些基本的框组成一个大的框。这种适用于结构化程序设计的流程图称为 N-S 结构化流程图，简称 N-S 流程图。用 N-S 流程图表示算法的优点是它废除了流程线，比传统流程图更紧凑易画。整个算法结构由以下三种基本结构按顺序组成，其上下顺序就是执行时的顺序。

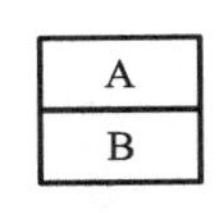

图 3-6　顺序结构

(1) 顺序结构如图 3-6 所示，A 框和 B 框组成一个顺序结构。

(2) 分支结构如图 3-7 所示，当条件 p 成立时执行 A 框，当条件 p 不成立时执行 B 框。

(3) 循环结构如图 3-8 所示，在当型循环结构下，图符表示先判断后执行，当条件 p 成立时，反复执行 A 框，直到条件 p 不成立为止。在直到型循环结构下，图符表示先执行后判断，当条件 p 不成立时，反复执行 A 框，直到条件 p 成立为止。

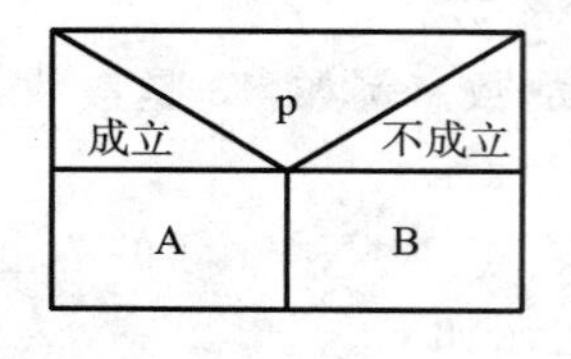

图 3-7　分支结构

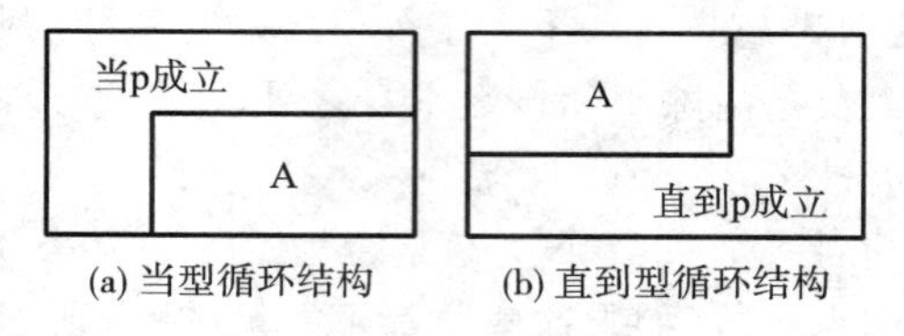

(a) 当型循环结构　(b) 直到型循环结构

图 3-8　循环结构

用以上三种 N-S 流程图中的基本框，可以组成复杂的 N-S 流程图，以表示算法。

【例 3-2】 将素数判断用 N-S 流程图表示。

上面的传统流程图不是由三种基本结构组成的，图中间的循环部分有两个出口，不符合基本结构的特点。由于不能直接分解为三种基本结构，应当先进行必要的变换再用 N-S 流程图的三种基本结构的符号来表示，即将第一个菱形框的两个出口汇合在一点。方法是设一个标志值 K，它的初始状态为 0（表示 N 为素数），当 K≠0 时为非素数。素数判断的 N-S 流程图如图 3-9 所示，注意当型循环和直到型循环的判断条件的不同。

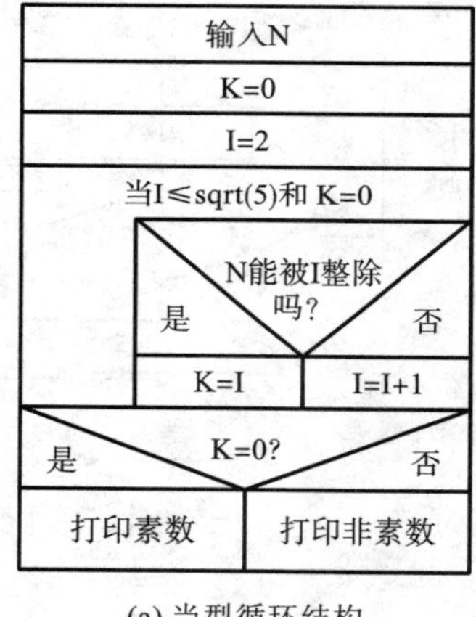

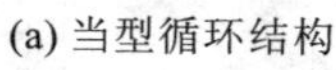

(a) 当型循环结构

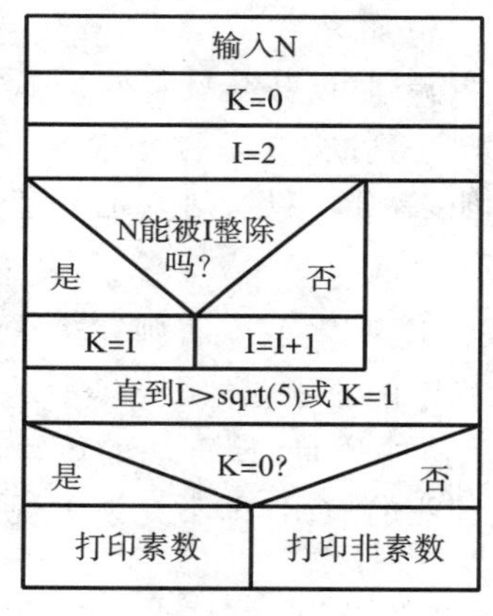

(b) 直到型循环结构

图 3-9　素数判断的 N-S 流程图

3.3　程序的分支结构

3.3.1　单分支结构 if 语句

有了用于比较的关系运算符后，就需要使用一条语句来作判断。最简单的语句就是 if 语句。if 语句的一般形式和语法表示如下，单分支 if 语句的执行过程如图 3-10 所示。

```
if 判断条件:
语句 1
    语句 2
    ⋮
后续语句
```

if 语句需要注意以下两个方面。

(1) 在第一行的判断条件之后有冒号。

(2) 判断条件成立时,则执行后面的语句,被执行的语句必须缩进,如果执行的语句有多行,则以共同缩进的方式表示这些语句属于同一语句块。

【例 3-3】 比较我和你的身高,并根据结果打印不同的句子,程序如下,流程图如图 3-11 所示。

```
my_hight =175
your_hight =180
if your_hight >my_hight :
    print("你比我高。")
if your_hight <my_hight :
    print("我比你高。\n")
if your_hight ==my_hight :
    print("我们一样高。\n")
```

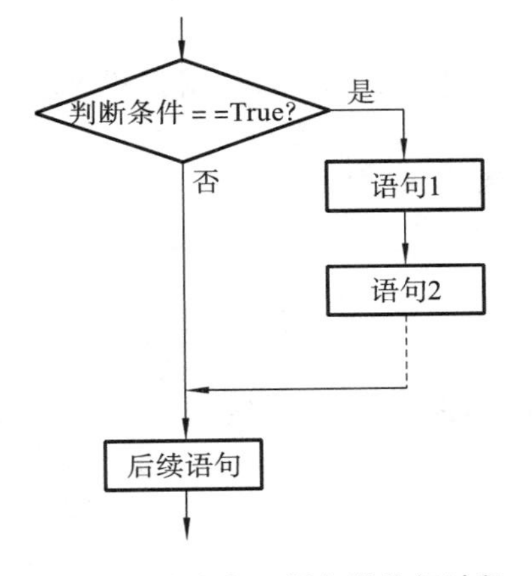

图 3-10　单分支 if 语句的执行过程

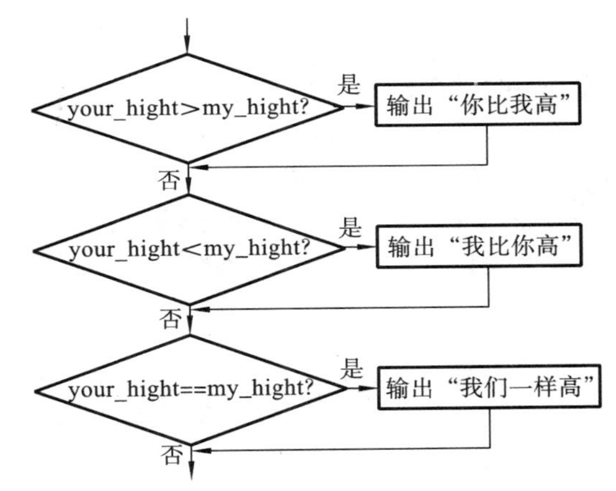

图 3-11　身高比较的流程图

这里有 3 条 if 语句。比较表达式位于 if 关键字后面的括号中。如果比较的结果是 True,就执行后面的语句。如果比较的结果是 False,就跳过 if 后面的语句。注意每个 if 后面的语句都进行了缩进。这说明这些语句取决于 if 测试的结果。第一个 if 测试 your_hight 的值是否大于 my_hight 的值,如果是,则输出"你比我高"。

3.3.2　双分支结构 if-else 语句

可以扩展 if 语句,构造双重选择,提供更多的灵活性。这就是 if-else 语句提供的判断方式。if-else 语句的语法如下。

```
if 判断条件:
    语句块 1
else:
    语句块 2
后续语句
```

根据判断条件的值是 True 还是 False,选择执行语句块 1 还是语句块 2。

(1) 如果判断条件的值是 True,就执行语句块 1,之后程序继续执行后续语句。

(2) 如果判断条件的值是 False,就执行语句块 2,之后程序继续执行后续语句。

if-else 语句的执行过程如图 3-12 所示。

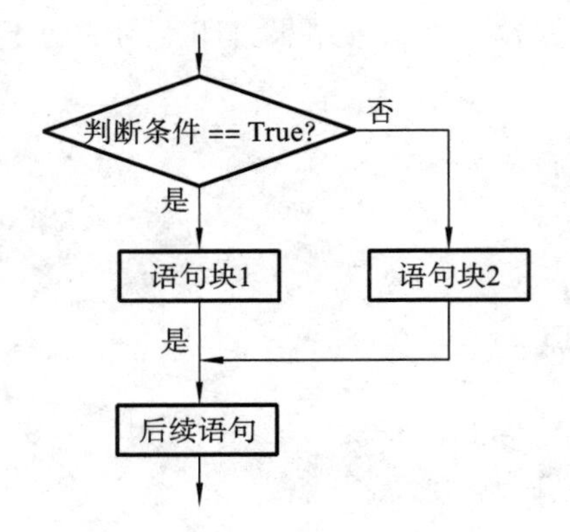

图 3-12　if-else 语句的执行过程

【例 3-4】　假定某个产品的售价是 5 元一个,当购买数量大于 10 个时,就提供 5%的折扣。使用 if-else 语句可以计算并输出给定数量的总价。

```
# if_else.py
unit_price=5        # 单价
quantity =0          # 购买数量
total=0.0            # 总价

quantity=float(input("输入你想购买的商品数量:"))
if quantity >10 :
    total =quantity *unit_price *0.95              # 大于 10 件,5%的折扣
else:
    total =quantity *unit_price
print("你购买", quantity, "件商品", "总价为:", total, "元")
```

程序运行结果如下:

```
输入你想购买的商品数量:20
你购买 20.0 件商品 总价为: 95.0 元
```

3.3.3　多分支结构 if-elif-else 语句

需要检查超过两个判断条件的情形,可使用 Python 提供的 if-elif-else 结构。

if-elif-else 语句的语法格式如下:

```
if 判断条件 1:
    语句块 1
elif 判断条件 2:
    语句块 2
else:
    语句块 3
后续语句
```

如果“判断条件 1”为 True，则将执行“语句块 1”；如果“判断条件 1”为 False，则将执行“判断条件 2”；如果“判断条件 2”为 True，则将执行“语句块 2”；如果“判断条件 2”为 False，则将执行“语句块 3”。if-elif-else 语句的执行顺序如图 3-13 所示。

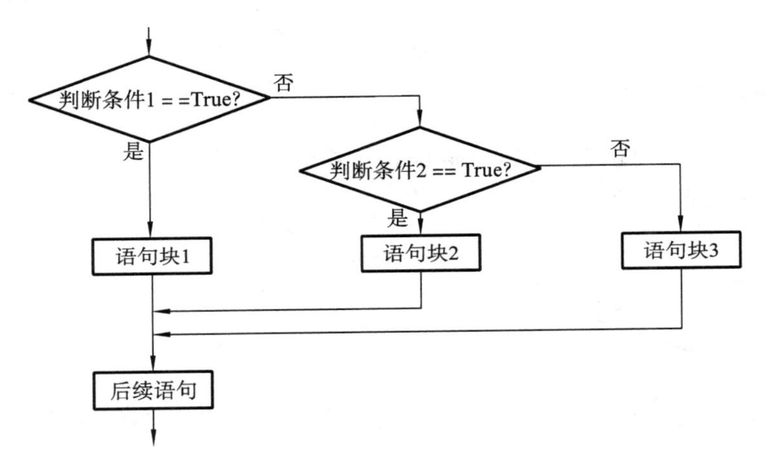

图 3-13　if-elif-else 语句的执行顺序

if-elif-else 语句需要注意以下三方面。

(1) 每个条件后面要使用冒号，表示接下来是满足条件后要执行的语句块。

(2) 使用缩进来划分语句块，相同缩进数的语句在一起组成一个语句块。

(3) 在 Python 中没有 switch-case 语句，通过设置多个 elif 判断来实现多分支结构，可以根据需要使用任意数量的 elif 代码块。

【例 3-5】 根据铁道部最新颁布的规定，儿童购高铁票规定如下：1.2 米以下的儿童可以免票乘坐列车；1.2～1.5 米的儿童享有半价优惠，车票票面上标有“孩”字样；1.5 米以上的儿童需要购买全价票。

下面的代码是用来确定一个人所属的身高段并打印一条包含高铁票价消息的程序。

```
# rail_fare.py
# if elif else 结构演示


hight =1.4


if hight <1.2:
    print("你的票价是 0 元。")
elif hight <1.5:
    print("你的票价是 50 元。")
```

```
    else:
        print("你的票价是 100 元。")
```

程序首先测试儿童的身高是否不满 1.2 米,如果是,Python 就打印一条合适的消息,并跳过余下的测试。elif 代码块其实是另一个 if 测试,它仅在前面的测试未通过时才会运行。在这个示例中,这位儿童的身高不低于 1.2 米,因为第一个测试未通过。如果身高不到 1.5 米,Python 将打印相应的消息,并跳过 else 代码块。如果 if 测试和 elif 测试都未通过,Python 将运行 else 代码块中的代码。

在这个示例中,身高为 1.4 米,if 处测试的结果为 False ,因此不执行其代码块。第二个测试的结果为 True (1.4<1.5),因此将执行其代码块。程序输出为一个句子,向用户指出了高铁票价格:

```
    你的票价是 50 元。
```

3.3.4 分支结构的嵌套

在嵌套 if 语句中,可以把 if-elif-else 结构放在另外一个 if-elif-else 结构中。嵌套的分支结构的语法格式如下,执行顺序如图 3-14 所示。

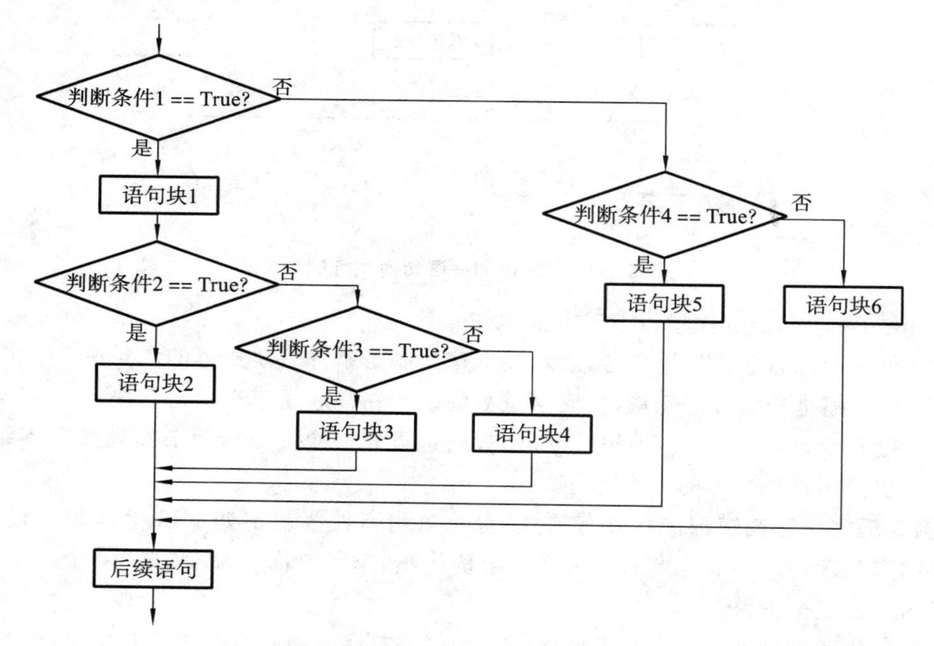

图 3-14 嵌套的分支结构的执行顺序

```
    if 判断条件 1:
        语句块 1
        if 判断条件 2:
          语句块 2
        elif 判断条件 3:
          语句块 3
        else:
```

```
    语句块 4
elif 判断条件 4:
    语句块 5
else:
    语句块 6
后续语句
```

【例 3-6】 下面的程序用于测试输入的数是偶数还是奇数，如果是偶数，就接着测试该数的一半是否还是偶数。

```
# nest_if.py
# 嵌套分支结构的演示

test=0

test=int(input("输入一个整数:"))

if test %2 ==0:                         # 判断是否为偶数
    print(test,"是偶数。")
    if (test/2) %2 ==0:                 # 如果是偶数,则判断其一半是否是偶数
        print(test,"的一半也是偶数。")
    else:
        print(test,"的一半是奇数。")
else:
    print(test,"是奇数。")
```

程序的运行结果：

```
输入一个整数:20
20 是偶数。
20 的一半也是偶数。
```

3.4　程序的循环结构

根据循环执行次数的确定性，循环可以分为确定次数循环和非确定次数循环。确定次数循环采用 for 语句实现。非确定次数循环通过条件判断是否继续执行循环体，采用 while 语句实现。Python 中并不直接提供直到型循环结构的语句，但在必要的时候可以通过一系列特殊的方法来构造直到型循环结构。

3.4.1　for 语句

Python 通过关键字 for 实现“遍历循环”，基本语法如下。

```
for  <循环变量>in <遍历结构>:
<语句块>
```

for语句的循环执行次数是根据遍历结构中元素的个数确定的。遍历循环可以理解为从遍历结构中逐一提取元素，放在循环变量中，对于所提取的每一个元素执行一次语句块。

range()函数是for循环中用来确定循环次数的常用方法之一，它返回的结果是一个整数序列的对象，而不是列表，但可以利用list()函数返回列表。range()函数的语法格式如下。

```
range(start, stop[, step])
```

参数说明如下。

①start：计数从start开始，默认是从0开始，例如，range(5)等价于range(0, 5)。

②stop：计数到stop结束，但不包括stop，例如，range(0, 5)是[0, 1, 2, 3, 4]，不包含5。

③step：步长，默认为1，例如，range(0,5)等价于range(0, 5, 1)。

【例3-7】 range()的使用。

```
>>>range(5)        #  range(5)等价于range(0, 5)
range(0, 5)
>>>list(range(5))
[0, 1, 2, 3, 4]
```

除了range()函数之外，遍历结构还可以是字符串、文件以及组合数据类型(列表、集合和字典)。for语句使用方式如表3-1所示。

表3-1　for语句使用方式

序号	遍历类型	使用方法	含义
1	range(N)	for i in range(N)： <语句块>	循环N次
2	字符串	for c in s： <语句块>	遍历字符串s
3	文件	for line in fi： <语句块>	遍历文件fi的每一行
4	组合数据类型	for item in ls： <语句块>	遍历列表ls

遍历循环还有一种扩展模式，一般格式如下。

```
for <循环变量>in <遍历结构>:
    <语句块 1>
else:
    <语句块 2>
```

在这种扩展模式中，当for循环正常执行之后，程序会继续执行else语句中的内容。else语句只在循环正常执行并结束后才执行，因此，可以在“语句块2”中放置判断循环执行情况的语句。

【例3-8】 for-else循环的使用。

```
# for_else.py
# for else 循环示例

for s in "PYTHON":
    print("循环在进行中:", s)
else:
    print("循环正常结束")
```

程序执行结果如下：

```
循环在进行中: P
循环在进行中: Y
循环在进行中: T
循环在进行中: H
循环在进行中: O
循环在进行中: N
循环正常结束
```

3.4.2　while 语句

很多应用无法在执行之初就能确定遍历结构，需要根据循环条件确定循环的次数，称为条件循环。条件循环一直保持循环操作，直到循环条件不满足才结束。Python 通过关键字 while 实现循环，一般语法格式如下。

```
while <判断条件>:
    <语句块>
后续语句
```

当判断条件为 True 时，循环体重复执行语句块中的语句；当判断条件为 False 时，循环终止，执行与 while 同级别缩进的后续语句。

【例 3-9】　利用 while 循环计算 1 到 100 的和。

```
# ! /usr/bin/env python3
#  while.py

n =100
sum =0
counter =1

while counter <=n:
    sum =sum +counter
    counter +=1

print("1 到 %d 之和为: %d" %(n,sum))
```

程序运行结果：

```
1 到 100 之和为: 5050
```

条件循环也有一种使用关键字 else 的扩展模式，使用方法如下。

```
while <判断条件>:
<语句块 1>
else:
<语句块 2>
后续语句
```

在这种扩展模式中，当 while 循环正常执行后，程序会继续执行 else 语句中的内容。else 语句只在循环正常执行后才执行，因此，可以在语句块 2 中放置判断循环执行情况的语句。

【例 3-10】 for-else 循环的使用。

```
# ! /usr/bin/python3
# while_else.py

count =0
while count <5:
  print (count, " 小于 5")
  count =count +1
else:
  print (count, " 大于或等于 5")
```

程序运行结果：

```
0  小于 5
1  小于 5
2  小于 5
3  小于 5
4  小于 5
5  大于或等于 5
```

3.4.3 break 语句与 continue 语句

循环结构中可以使用 break 语句和 continue 语句来辅助控制循环执行。

1. break 语句

break 语句用来跳出最内层 for 或 while 循环，脱离该循环后，程序从循环代码后继续执行。

【例 3-11】 break 语句在 for 循环和 while 循环中的使用。

```
# ! /usr/bin/python3
#  break.py

for letter in 'Python':      #  第一个实例
  if letter =='n':
      break
  print ('当前字母为 :', letter)

var =10                      #  第二个实例
while var >0:
```

```
    print ('当期变量值为 :', var)
    var =var -1
    if var ==5:
        break

print ("Good bye!")
```

程序运行结果如下：

```
当前字母为 : P
当前字母为 : y
当前字母为 : t
当前字母为 : h
当前字母为 : o
当期变量值为 : 10
当期变量值为 : 9
当期变量值为 : 8
当期变量值为 : 7
当期变量值为 : 6
Good bye!
```

2．continue 语句

continue 语句用来结束当前当次循环，即跳出循环体中尚未执行的语句，但不跳出当前循环。对 while 循环，程序流程继续求解循环条件。而对 for 循环，程序流程接着遍历循环列表。

【例 3-12】 continue 语句在 for 循环和 while 循环中的使用。

```
# ! /usr/bin/python3
# continue.py

for letter in 'Python':     # 第一个实例
  if letter =='y':          # 字母为 y 时跳过输出
      continue
  print ('当前字母 :', letter)

var =5                      # 第二个实例
while var >0:
  var =var -1
  if var ==3:               # 变量为 3 时跳过输出
      continue
  print ('当前变量值 :', var)
print ("Good bye!")
```

程序运行结果：

```
当前字母 : P
当前字母 : t
当前字母 : h
```

```
当前字母 : o
当前字母 : n
当前变量值 : 4
当前变量值 : 2
当前变量值 : 1
当前变量值 : 0
Good bye!
```

3.4.4 循环的嵌套

有时需要将一个循环放在另一个循环里面。例如，计算某条街上每间房子的居住人数时，需要进入每间房子，计算每间房子的居住人数，而统计所有房子的居住人数是一个外部循环，在外部循环的每次迭代中，都要使用一个内部循环来计算居住人数。下面通过一个99乘法表的打印来说明嵌套循环的使用，程序中分别使用 while 循环和 for 循环两种结构实现九九乘法表的打印。

【例 3-13】 利用循环嵌套打印九九乘法表。

```
# -*-coding:utf-8 -*-
# nest_loop.py

i =1
                                    # while 循环
while i<=9:                         # 外层循环,进行 9 次循环
    j =1
    while j<=i:                     # 内层循环,循环次数为 i 次
        print('%d×%d=%d\t' %(j,i,j*i), end='')
        j +=1
    print('')
    i +=1
                                    # for 循环
for i in range(1,10):               # 外层循环
    for j in range(1,i+1):          # 内层循环
        print('%d×%d=%d\t' %(j,i,j*i) ,end="")
    print('')
```

程序运行结果：

```
1×1=1
1×2=2  2×2=4
1×3=3  2×3=6   3×3=9
1×4=4  2×4=8   3×4=12  4×4=16
1×5=5  2×5=10  3×5=15  4×5=20  5×5=25
1×6=6  2×6=12  3×6=18  4×6=24  5×6=30  6×6=36
1×7=7  2×7=14  3×7=21  4×7=28  5×7=35  6×7=42  7×7=49
1×8=8  2×8=16  3×8=24  4×8=32  5×8=40  6×8=48  7×8=56  8×8=64
```

```
1×9=9   2×9=18   3×9=27   4×9=36   5×9=45   6×9=54   7×9=63   8×9=72   9×9=81
1×1=1
1×2=2   2×2=4
1×3=3   2×3=6    3×3=9
1×4=4   2×4=8    3×4=12   4×4=16
1×5=5   2×5=10   3×5=15   4×5=20   5×5=25
1×6=6   2×6=12   3×6=18   4×6=24   5×6=30   6×6=36
1×7=7   2×7=14   3×7=21   4×7=28   5×7=35   6×7=42   7×7=49
1×8=8   2×8=16   3×8=24   4×8=32   5×8=40   6×8=48   7×8=56   8×8=64
1×9=9   2×9=18   3×9=27   4×9=36   5×9=45   6×9=54   7×9=63   8×9=72   9×9=81
```

本章小结及习题

第4章 常用数据结构

本章学习目标

- 了解三类组合数据类型
- 理解列表的概念并掌握列表的使用
- 理解元组的概念并掌握元组的使用
- 掌握字符串的使用
- 理解字典的概念并掌握字典的使用
- 理解集合的概念并掌握集合的使用

4.1 概　　述

第2章详细介绍了数值数据类型，包括整数类型、浮点数类型和复数类型，这种单一数据的类型称为简单数据类型。在当今的大数据时代，计算机不仅需要对单个变量、单一数据进行处理，而且需要对大批量数据进行处理，这就需要用到Python组合数据类型。组合数据类型能够将多个同类型或不同类型的数据组合起来，通过单一的表示使数据操作更有序、更容易。组合数据类型包括三大类，分别是序列类型、集合类型和映射类型。

①序列类型是一个元素向量，元素之间存在先后关系，通过序号访问，元素的值可以重复。

②集合类型是一个元素集合，元素之间是无序的，集合中不能存在重复的元素。

③映射类型是一系列“键-值”对的组合。每个键都与一个值相关联，可以使用键来访问与之相关联的值。

在Python中，每一类组合数据类型都对应一个或多个具体的数据类型，组合数据类型的分类如表4-1所示。

表 4-1　组合数据类型的分类

序号	组合数据类型	对应的标准数据类型
1	序列类型	字符串(string)
		列表(list)
		元组(tuple)
2	集合类型	集合(set)
3	映射类型	字典(dictionary)

4.2 序　　列

序列是 Python 中最常见的数据结构。序列中的每个元素都分配了一个数字，表示它的位置或索引，第一个索引是 0，第二个索引是 1，以此类推。序列包含了列表、字符串和元组三种数据类型。

4.2.1 列表

列表(list)是用方括号“[]”包围的数据集合，不同成员间以“,”分隔。列表类似于 C 语言中的数组。它的特点是可以随时向里面添加或删除元素，在 Python 中经常用来存放数据。和 C 语言不同的是，列表中的数据不需要是相同的数据类型。

在交互式环境下创建、访问、修改一个列表的操作如下。

【例 4-1】 列表的创建、访问、修改。

```
>>>list1 =[]                    # 创建空列表
>>>list1
[]
>>>type(list1)
<class 'list'>
>>>list2 =['张明', '男', 1999, 19]
>>>list2
['张明', '男', 1999, 19]
>>>type(list2)
<class 'list'>
>>>sex =list2[1]               # 访问列表中的第二个元素
>>>sex
'男'
>>>list2[2] =1998
>>>list2[3] =2018-1998
>>>list2
['张明', '男', 1998, 20]
```

一些Python内置的函数可以和列表一起使用,列表的操作函数如表4-2所示。

表4-2 列表的操作函数

序号	列表操作方法	描 述
1	len(list)	列表元素个数
2	max(list)	返回列表元素最大值
3	min(list)	返回列表元素最小值
4	list(seq)	将元组转换为列表

【例4-2】 列表操作函数。

```
>>>list1 =[2,3,4,8,48]
>>>len(list1)                    # 返回元素个数
5
>>>max(list1)                    # 返回元素最大值
48
>>>min(list1)                    # 返回元素最小值
2
>>>tuple1 = (123, 'Google', 'Runoob', 'Taobao')   # 创建元组对象
>>>tuple1
(123, 'Google', 'Runoob', 'Taobao')
>>>type(tuple1)
<class 'tuple'>
>>>list2 =list(tuple1)                # 将元组对象转换为列表对象
>>>list2
[123, 'Google', 'Runoob', 'Taobao']
>>>type(list2)
<class 'list'>
```

一旦列表被创建,就可以使用list方法来操作列表,列表的操作方法如表4-3所示。

表4-3 列表的操作方法

序号	列表操作方法	描 述
1	list. append(obj)	在列表末尾添加新的对象
2	list. count(obj)	统计某个元素在列表中出现的次数
3	list. extend(seq)	在列表末尾一次性追加另一个序列中的多个值(用新列表扩展原来的列表)
4	list. index(obj)	从列表中找出某个值第一个匹配项的索引位置
5	list. insert(index, obj)	将对象插入列表
6	list. pop(obj=list[-1])	移除列表中的一个元素(默认最后一个元素),并且返回该元素的值
7	list. remove(obj)	移除列表中某个值的第一个匹配项
8	list. reverse()	反向列表中的元素
9	list. sort([func]):	对原列表进行排序

【例 4-3】 列表的操作方法。

```
>>>list1 =['曹操', '刘备', '孙权']
>>>list1.append('刘备')                    # 在列表末尾再添加一个刘备
>>>list1
['曹操', '刘备', '孙权', '刘备']
>>>list1.count('刘备')                     # 统计刘备在列表中出现的次数
2
>>>list1 =['曹操', '刘备', '孙权']
>>>list2=list(range(5))                    # 创建 0~4 的列表
>>>list1.extend(list2)                     # 扩展列表
>>>list1
['曹操', '刘备', '孙权', 0, 1, 2, 3, 4]
>>>list1 =['曹操', '刘备', '孙权']
>>>list1.index("曹操")                     # 返回"曹操"的索引值
0
>>>list1 =['曹操', '刘备', '孙权']
>>>list1.insert(1,"诸葛亮")                # 将诸葛亮插入列表中索引为 1 的位置
>>>list1
['曹操', '诸葛亮', '刘备', '孙权']
>>>list1 =['曹操', '刘备', '孙权']
>>>list1.pop()                             # 删除最后一个列表元素
'孙权'
>>>list1
['曹操', '刘备']
>>>list1.pop(0)                            # 删除 index=0 的列表元素,即第一个元素
'曹操'
>>>list1
['刘备']
>>>list1 =['曹操', '刘备', '孙权', "曹操"]
>>>list1
['曹操', '刘备', '孙权', '曹操']
>>>list1.remove("曹操")                    # 删除匹配的第一个曹操
>>>list1
['刘备', '孙权', '曹操']
>>>list1 =['曹操', '刘备', '孙权']
>>>list1.reverse()                         # 反向列表中的元素
>>>list1
['孙权', '刘备', '曹操']
>>>list1 =['Google', 'Runoob', 'Taobao', 'Facebook']
>>>list1.sort()                            # 对列表进行正向排序
>>>list1
```

```
['Facebook', 'Google', 'Runoob', 'Taobao']
>>>list1 =['Google', 'Runoob', 'Taobao', 'Facebook']
>>>list1.sort(reverse =True)            # 对列表进行反向排序
>>>list1
['Taobao', 'Runoob', 'Google', 'Facebook']
>>>list1.clear()                        # 清空列表
>>>list1
[]
>>>list1 =['曹操', '刘备', '孙权']
>>>list2=list1.copy()                   # 复制列表
>>>list2
['曹操', '刘备', '孙权']
```

Python 的列表截取使用 list 方法,语法格式如下。

```
list[start:end:step]
```

参数说明:[start:end:step],从 start 到 end－1,每 step 个字符提取一个,左侧第一个字符的位置/偏移量为 0,右侧最后一个字符的位置/偏移量为－1。

【例 4-4】 列表截取。

```
>>>list1 =[1, 2, 3, 4, 5, 6, 7]
>>>list1[0:]                 # 列出索引 0 以后的元素
[1, 2, 3, 4, 5, 6, 7]
>>>list1[1:]                 # 列出索引 1 以后的元素
[2, 3, 4, 5, 6, 7]
>>>list1[:-1]                # 列出索引-1 之前的元素
[1, 2, 3, 4, 5, 6]
>>>list[1:3]                 # 列出索引 1 到 3 之间的元素
[2,3]
>>>list1[::-1]               # 相当于逆序
>>>[7, 6, 5, 4, 3, 2, 1]
>>>list1[::-2]               # 逆序,步长为 2
>>>[7, 5, 3, 1]
```

可使用下面的运算符对列表进行运算。

①使用连接运算符(＋)来组合两个列表。

②使用复制运算符(＊)复制列表中的元素。

③使用 in/not in 运算符来判断一个元素是否在列表中。

④使用比较运算符(＞、＞＝、＜、＜＝、＝＝、! ＝)对列表进行比较。

【例 4-5】 运算符。

```
>>>list1=['曹操', '刘备', '孙权']
>>>list2=['魏', '蜀', '吴']
>>>list3=list1+list2                    # 两个列表相加
>>>list3
['曹操', '刘备', '孙权', '魏', '蜀', '吴']
```

```
>>>list1=['曹操', '刘备', '孙权']
>>>list2=list1* 2                     # 复制列表
>>>list2
['曹操', '刘备', '孙权', '曹操', '刘备', '孙权']
>>>list1=['曹操', '刘备', '孙权']
>>>'刘备' in list1
True
>>>'孙权' not in list1
False
>>>list1=['green', 'red', 'blue']
>>>list2=['red', 'blue', 'green']
>>>list1==list2
False
>>>list1! =list2
True
>>>list1>list2
False
>>>list1>=list2
False
>>>list1<list2
True
>>>list1<=list2
True
```

Python 还提供了使用 for 循环快速遍历列表的方法，它根本无须试用下标变量，示例代码如下。

```
for u in myList:
  print(u)
```

如果希望以不同的顺序遍历列表或者改变列表中的元素，那么必须使用下标变量。

4.2.2 元组

Python 的元组(tuple)与列表类似，不同之处在于元组的元素不能修改。元组使用小括号，列表使用方括号。元组在表达固定数据项、函数多返回值、多变量同步赋值、循环遍历等时十分有用。

元组的创建很简单，只需要在括号中添加元素，并用逗号隔开即可。当元组中只包含一个元素时，需要在元素后面添加逗号，否则括号会被当作运算符使用。元组是一个序列，所以可以访问元组中指定位置的元素，也可以截取索引中的一段元素，方法与列表相同。元组中的元素不允许修改，也不允许删除，但可以使用 del 语句来删除整个元组。

【例 4-6】 元组的创建与访问。

```
>>>tup1 = ('曹操', '刘备', '孙权')
>>>tup2 = (1, 2, 3, 4, 5 )
>>>tup3 = "a", "b", "c", "d"          # 不需要括号也可以
```

```
>>>type(tup3)
<class 'tuple'>
>>>tup4 = ()                    # 创建空元组
>>>tup5 = (50)
>>>type(tup5)                   # 不加逗号,类型为整型
<class 'int'>
>>>tup6 = (50,)
>>>type(tup6)                   # 加上逗号,类型为元组
<class 'tuple'>
>>>tup1[0]                      # 元组访问
'曹操'
>>>tup2[1:5]                    # 元组截取
(2, 3, 4, 5)
>>>tup1[-2]                     # 元组截取
'刘备'
>>>tup1[1:]                     # 元组截取
('刘备', '孙权')
```

一些Python内置函数可以和元组一起使用,如表4-4所示,使用方法类似于列表的。

表4-4　Python内置函数和元组一起使用示例

序号	方　法	描　述
1	count(obj)	统计某个元素在元组中出现的次数
2	index(obj[,start=0[,end=len(tuple)]])	从元组中找出某个对象第一个匹配项的索引位置
3	cmp(T1, T2)	比较两个元组元素
4	max(T)	返回元组元素最大值
5	min(T)	返回元组元素最小值
6	tuple(iterable)	将可迭代对象转换为元组

与列表一样,元组之间也可以使用连接运算符(+)、复制运算符(*)、in/not in运算符进行运算。元组运算符及其使用如表4-5所示。

表4-5　元组运算符及其使用

序号	运算符	描述	Python表达式	结　果
1	len	计算元素个数	len((1, 2, 3))	3
2	+	连接	(1, 2, 3) + (4, 5, 6)	(1, 2, 3, 4, 5, 6)
3	*	复制	('Hi!',) * 4	('Hi!', 'Hi!', 'Hi!', 'Hi!')
4	In	元素是否存在	3 in (1, 2, 3)	True
5	for循环	遍历	for x in (1, 2, 3): print x,	1 2 3

4.2.3　字符串

在Python中,字符串(string)是除数字外最重要的数据类型。字符串是一种聚合数据

结构,可充分利用索引和切片从字符串中提取子串。在第 1 章和第 2 章已经介绍了如何创建并输出一个字符串。本节介绍字符串的其他操作。

1. 通用操作

字符串属于序列类型,支持序列类型的通用操作,通用操作及其结果如表 4-6 所示。

表 4-6　通用操作及其结果

序号	操作	描　述	Python 表达式	结　果
1	in/not in	元素是否存在	‘Py’ in str ‘Python’ not in str	True True
2	+	连接	str_new = str + str	‘Python is FunPython is fun’
3	*	复制	str * 2	‘Python is FunPython is fun’
4	s[i]	下标取值	str[3]	h
5	s[i,j]	截取	str[3:8]	‘hon I’
6	len(s)	长度检查	len(str)	13
7	max(s)	最大值	max(str)	‘y’
8	min(s)	最小值	min(str)	‘ ’

2. 字符串操作的方法

字符串类提供了大量的关于字符串操作的方法,可以分为以下四类:查找与替换类方法,判断类方法,格式化类方法,拆分组合类方法。字符串操作方法及示例如表 4-7 所示。

表 4-7　字符串操作方法及示例

序号	操作方法语法格式、描述及示例	
	查找与替换类方法	
1	类方法	str.count(sub, start=0,end=len(string))
	描述	返回字符串里某个字符或子字符串出现的次数。可选参数为在字符串搜索的开始(默认为第一个字符)与结束(默认为最后一个字符)位置
	示例	>>>str = 'Python is Fun' >>>str.count('th', 2, 15) 1
2	类方法	str.find(str, beg=0, end=len(string)) str.rfind(sub[, start[, end]]) str.index(sub[, start[, end]]) str.rindex(sub[, start[, end]])
	描述	find()方法用于检测字符串中是否包含子字符串 str。如果指定 beg(开始)和 end(结束)范围,则检查是否包含在指定范围内;如果包含子字符串,则返回开始的索引值;否则返回−1。 rfind()方法用于返回字符串最后一次出现的位置(从右向左查询),如果没有匹配项,则返回−1。 index()方法与 find()方法一样,如果包含子字符串,则返回开始的索引值,但在 index()方法中,如果 str 不在 string 中,则会报一个异常

续表

<table>
<tr><th>序号</th><th colspan="2">操作方法语法格式、描述及示例</th></tr>
<tr><td>2</td><td>示例</td><td><pre>>>>str = 'Python is fun'
>>>str.find('fun', 1, len(str))
10
>>>str.rfind('string', 1, len(str))
7
>>>str.index('Python', 0, len(str))
0
>>>str.rindex('is', 0, len(str))
7</pre></td></tr>
<tr><td rowspan="3">3</td><td>类方法</td><td>str.replace(old, new[, count])</td></tr>
<tr><td>描述</td><td>返回一个新字符串，原串中的 old 被替换为 new，可选参数 count 指定替换次数</td></tr>
<tr><td>示例</td><td><pre>>>>str = 'aaalllaaannn'
>>>str.replace('a', 'd', 4)
'dddllldaannn'</pre></td></tr>
<tr><td rowspan="3">4</td><td>类方法</td><td>str.maketrans(x[, [y, z]])
str.translate(map)</td></tr>
<tr><td>描述</td><td>创建字符映射的转换表，接受两个参数 x、y 的最简单的调用方式，第一个参数是由字符串中需要映射的字符组成的字符串，第二个参数是字符串表示要映射的目标。可选参数 z 表示删除原字符串中的相应字符。两个参数字符串的长度必须相同，且为一一对应的关系</td></tr>
<tr><td>示例</td><td><pre>>>>table = str.maketrans('abcdefghijmnop', '0123456789abcd')
>>>str = 'python'
>>>str.translate(table)
'dyt7cb'   # 'python'映射成'dyt7cb',类似于加密</pre></td></tr>
<tr><td colspan="3">判断类方法</td></tr>
<tr><td rowspan="3">5</td><td>类方法</td><td>str.endswith(suffix[, start[, end]])
str.startswith(str, beg=0,end=len(string))</td></tr>
<tr><td>描述</td><td>检测字符串是否以指定子字符串结尾和开头，如果是，则返回 True，否则返回 False。如果可选参数指定值，则在指定范围内检查。默认检索字符串的开始(默认为第一个字符)与结束(默认为最后一个字符)位置</td></tr>
<tr><td>示例</td><td><pre>>>>str = 'Python is fun'
>>>str.endswith('un', 5, 30)
True
>>>str.startswith('P', 0, 10)
True</pre></td></tr>
</table>

续表

序号	操作方法语法格式、描述及示例	
6	类方法	`str.isalnum()`
	描述	检测字符串是否由字母和数字组成。如果 string 至少有一个字符并且所有字符都是字母和数字，则返回 True，否则返回 False

	示例	`>>>str = 'abc 123'`
		`>>>str.isalnum()          # 字符串中包含空格，也会返回 False`
		`False`

7	类方法	`str.isalpha()`
	描述	检测字符串是否只由字母组成。如果字符串至少有一个字符并且所有字符都是字母，则返回 True，否则返回 False

	示例	`>>>str = 'abc'`
		`>>>str.isalpha()          # 中文字符是被允许的，也会返回 True`
		`True`

8	类方法	`str.isdigit()`
		`str.isdecimal()`
		`str.isnumeric()`

	描述	检测字符串是否只由数字组成。如果字符串至少包含一个字符并且所有字符都是数字，则返回 True，否则返回 False。 str.isdecimal()：判断字符串是否只包含十进制数字字符，包括多国语言的十进制数字字符表现形式。 str.isdigit()：判断字符串是否只包含数字，这里的数字包括十进制数字和其他特殊数字（如上标数字等），一个数字是拥有如下属性值的字符：Numeric_Type＝Digit 或 Numeric_Type＝Decimal。 str.isnumeric()：判断字符串是否只包含数字字符。数字字符范围很大，一般来说，数字字符是拥有如下属性值的字符：Numeric_Type＝Digit、Numeric_Type＝Decimal 或 Numeric_Type＝Numeric

	示例	`>>>str = 'abc'`
		`>>>str.isalpha()`
		`True`
		`>>>str = '12345'`
		`>>>str.isdigit()`
		`True`
		`>>>str.isdecimal()`
		`True`
		`>>>str.isnumeric()`
		`True`

续表

序号	操作方法语法格式、描述及示例	
9	类方法	str.isspace()
	描述	检测字符串是否只由空格或制表符(\t)组成,如果字符串至少有一个字符并且所有字符都是空格或制表符,则返回 True,否则返回 False

	示例	`>>>str='  '`
		`>>>str.isspace()`
		`True`

10	类方法	str.islower() str.isupper()
	描述	islower()方法用于检测字符串中所有的字母是否都为小写。如果字符串中包含至少一个区分大小写的字符,并且所有这些(区分大小写)字符都是小写,则返回 True,否则返回 False。 isupper()方法用于检测字符串中所有的字母是否都为大写,如果字符串中包含至少一个区分大小写的字符,并且所有这些(区分大小写)字符都是大写,则返回 True,否则返回 False。 这两种方法仅判断字符串中的字母字符,不理会其他字符。字符串必须至少包含一个字母字符,否则返回 False

	示例	`>>>str='al%an'`
		`>>>str.islower()`
		`True`
		`>>>str.isupper()`
		`False`

11	类方法	str.istitle()
	描述	检测字符串中所有单词的首字母是否为大写,且其他字母为小写,是则返回 True,否则返回 False。 字符串必须至少包含一个字母字符,否则返回 False。即使首字母字符前面有非字母字符,如中文、数字、下划线等,也不影响对首字母字符的判断

	示例	`>>>str="Python Is Fun"`
		`>>>str.istitle()          # "Python Is Fun" 返回的结果是 False`
		`False`

12	类方法	str.isidentifier()
	描述	检测字符串是否是合法的标识符,字符串仅包含中文字符合法,实际上相当于判断变量名是否合法

	示例	`>>>str="_My_Python"`
		`>>>str.isidentifier()`
		`True`

续表

<table>
<tr><th>序号</th><th colspan="2">操作方法语法格式、描述及示例</th></tr>
<tr><td rowspan="3">13</td><td>类方法</td><td>str.isprintable()</td></tr>
<tr><td>描述</td><td>检测字符串所包含的字符是否可以全部打印。如果字符串包含不可以打印的字符，如转义字符，则将返回 False</td></tr>
<tr><td>示例</td><td>>>>str = 'my\n python'
>>>str.isprintable()
False</td></tr>
<tr><td colspan="3">格式化类方法</td></tr>
<tr><td rowspan="3">14</td><td>类方法</td><td>str.lower()
str.upper()
str.swapcase()</td></tr>
<tr><td>描述</td><td>str.lower()方法和 str.upper()方法用于把全部字母字符转换成小写/大写，不去管其他非字母字符。字符串全部为非字母字符也是合法的，但返回原字符串。
swapcase()方法用于把字符串中的大小写字母互换，将大写转换成小写，将小写转换成大写，不管非字母字符</td></tr>
<tr><td>示例</td><td>>>>str = '中国 Python 社区'
>>>str.lower()
'中国 python 社区'
>>>str.upper()
'中国 PYTHON 社区'
>>>str.swapcase()
'中国 pYTHON 社区'</td></tr>
<tr><td rowspan="3">15</td><td>类方法</td><td>str.capitalize()</td></tr>
<tr><td>描述</td><td>将字符串的第一个字符转换为大写，其余转换为小写。如果字符串首字符为非字母字符，则将返回原字符，但其余字符仍转换为小写。字符串仅包含非字母字符合法，但返回原字符串</td></tr>
<tr><td>示例</td><td>>>>str = '中国.Su Zhou'
>>>str.capitalize()
'中国.su zhou'</td></tr>
<tr><td rowspan="3">16</td><td>类方法</td><td>str.title()</td></tr>
<tr><td>描述</td><td>字符串中每个单词的首字母大写，其余小写。单词的首字符为非字母字符也不影响转换。字符串仅包含非字母字符合法，但返回原字符串</td></tr>
<tr><td>示例</td><td>>>>str = 'python is fun'
>>>str.title()
'Python Is Fun'</td></tr>
</table>

续表

序号	操作方法语法格式、描述及示例	
17	类方法	str.center(width[, fillchar]) str.ljust(width[, fillchar]) str.rjust(width[, fillchar])
	描述	center()方法以字符串宽度为中心，使用指定的填充字符(fillchar)填充完成，默认填充字符(fillchar)是一个空格。ljust()方法用于返回长度为 width 且左对齐的字符串，使用指定的 fillchar(默认为空格)填充完成，如果宽度小于 len(s)，则返回原始字符串。rjust()方法用于返回长度为 width 且右对齐的字符串，使用指定的 fillchar(默认为空格)填充完成，如果宽度小于 len(s)，则返回原始字符串
	示例	>>>str = 'My Python' >>>str.center(20, '*') '*****My Python******' >>>str.ljust(20, '*') 'My Python***********' >>>str.rjust(20, '*') '***********My Python'
18	类方法	str.lstrip([chars]) str.rstrip([chars]) str.strip([chars])
	描述	返回一个去除了特定字符的新字符串，chars 参数是一个字符串，它包含了所有将要被移除的字符。默认为空格从原字符串的最左边/最右边/两端开始，匹配 chars 里包含的所有字符，直至遇到第一个非 chars 字符为止，原字符串中匹配到的所有字符都被移除
	示例	>>>str = 'python is fun' >>>str.lstrip('pi') # 当遇到字符 x 不属于'pi'时结束，移除 x 前所有的字符 >>>'ython is fun' >>>str.rstrip('un') 'python is f' >>>str= 'hiahia ohoh haha ihih' >>>str.strip('hai') ' ohoh haha '
19	类方法	str.expandtabs([tabsize])
	描述	把字符串中所有的制表符替换成 0 个或多个空格，每个制表符替换成多少个空格由制表符在字符串中的位置和 tabsize 共同决定。tabsize 用于指定每个制表符被替换成的空格数，默认为 8 个
	示例	>>>str = '\t\talanhah\tis hero' >>>str.expandtabs() ' alanhah is hero'　　# 制表符的制表位是从每行开头算起的，所以第 3 个制表符的制表位是从行首开始的第 24 个位置，所以就只有 1 个空格出现

续表

序号	操作方法语法格式、描述及示例	
20	类方法	str.zfill(width)
	描述	返回一个长度为 width 的字符串，最左边填充 0。如果 width 小于等于原字符串的长度，则返回原字符串。str.zfill 主要用于数字类字符串的格式化

	示例	`>>>str ='123'`
		`>>>str.zfill(8)`
		`'00000123'`

21	类方法	str.format(*args, **kwargs) str.format_map(mapping)
	描述	增强了字符串格式化的功能，基本语法是用 {} 和 ：来代替%的。 format()函数可以接受无限个参数，参数位置可以不按顺序
	示例	详见字符串格式化
拆分组合类方法		
22	类方法	str.partition(sep) str.rpartition(sep)
	描述	拆分字符串，返回一个包含 3 个元素的元组。 如果未能在原字符串中找到 sep，则元组的 3 个元素为原字符串、空串、空串，否则，从原字符串中遇到的第一个 sep 字符开始拆分，元组的 3 个元素为 sep 前的字符串、sep 字符、sep 之后的字符串。 rpartition(sep)从原字符串的最右边开始拆分，返回倒数第一个 sep 之前的字符串、sep 字符、sep 之后的字符串

	示例	`>>>str ='aabcdefgdeh'`
		`>>>str_result =str.partition('de')          # sep 为空时，会报错`
		`('aabc', 'de', 'fgdeh')`
		`>>>str.rpartition('de')`
		`('aabcdefg', 'de', 'h')`

23	类方法	str.split([sep[, maxsplit]]) str.rsplit([sep[, maxsplit]])
	描述	返回一个以 sep 分隔的列表，maxsplit 用于指定拆分次数(列表中元素的个数为 maxsplit + 1)。sep 默认为空格，maxsplit 默认不限制拆分次数。 如果未指定 sep 或指定 sep 为 None，则 str 两端的空格将舍弃；如果指定 sep(不管能否在原字符串中找到 sep)，则 str 两端的空格将保留。 如果未能在原字符串中找到 sep，则返回仅包含一个元素的列表，这个元素就是原字符串。 str.rsplit()只是从最右边开始拆分，只有在指定 maxsplit 的情况下才会看到不同的效果

续表

序号		操作方法语法格式、描述及示例
23	示例	>>>str = ' hello python ' >>>str.split() ['hello', 'python'] >>>str.split('l', 2) [' he', '', 'o python '] >>>str.rsplit('l', 2) [' he', '', 'o python ']
24	类方法	str.join(iterable)
	描述	以指定字符串 str 作为分隔符，将 iterable 对象中所有的元素(字符串表示)合并为一个新的字符串。如果传入一个非 iterable 对象，如整数、布尔值等，将返回 Type Error
	示例	>>>str = 'ab' >>>str.join('cdef')　　　　# 结果 cabdabeabf (即:cab dab eab f) 'cabdabeabf'
25	类方法	str.splitlines([keepends])
	描述	拆分一个包含多行的字符串，以每行为一个元素返回一个列表。如果字符串不是多行，则返回原字符串。keepends 是一个 True 字符或非零整数，表示保留行尾标志(即换行符)。该方法多用于处理文件
	示例	>>>str = 'ab c\n\nde fg\rkl\r\n' >>>str.splitlines() ['ab c', '', 'de fg', 'kl']

3. 字符串格式化

Python 的字符串格式化方式有两种：%方式和 format 方式。%方式格式化与其在 C 语言中的使用方法相同，如表 4-8 所示。

表 4-8　%方式格式化

序号	符号	描　述	序号	符号	描　述
1	%c	格式化字符及其 ASCII 码	7	%x	格式化无符号十六进制数(大写)
2	%s	格式化字符串	8	%f	格式化浮点数字，可指定小数点后的精度
3	%d	格式化整数	9	%e	用科学计数法格式化浮点数
4	%u	格式化无符号整型	10	%E	作用同%e,用科学计数法格式化浮点数
5	%o	格式化无符号八进制数	11	%g	%f 和%e 的简写
6	%x	格式化无符号十六进制数	12	%G	%f 和 %E 的简写

从 Python 2.6 开始，Python 新增了一种格式化字符串的函数 str.format()，它增加了格式化字符串的功能。基本语法是通过{}和:来代替以前的%。下面是使用 format()函数的例子。

【例 4-7】　format()函数的使用。

```
>>>"{} {}".format("hello", "world")          # 不设置指定位置,按默认顺序
'hello world'
>>>"{0} {1}".format("hello", "world")        # 设置指定位置
'hello world'
>>>"{1} {0} {1}".format("hello", "world")    # 设置指定位置
'world hello world'
```

4.3 字 典

字典是 Python 中比较特别的一类数据类型,字典中每个成员是以“键:值”对的形式存在的。字典是以大括号“{}”包围的以“键:值”对的方式声明和存在的数据集合。字典与列表的最大不同在于其是无序的,其成员位置只是象征性的,在字典中通过键来访问该成员,而不能通过其位置来访问该成员。实际应用中有很多键值对的例子,例如,姓名和电话号码、用户名和密码、邮政编码和城市、国家名称和首都等。Python 字典的效率非常高,甚至可以存储几十万项内容。

4.3.1 字典的创建

Python 中字典的创建方法有两种,一种是使用花括号({})建立,另一种是使用内置函数 dict()建立。

花括号建立模式如下。

```
{<键 1>:<值 1>, <键 2>:<值 2>, ..., <键 n>:<值 n>}
```

其中,键和值通过冒号连接,不同的键值对通过逗号隔开。从 Python 设计角度考虑,由于花括号({})也可以表示集合,因此字典类型也具有与集合类似的性质,即键值对之间没有顺序且不能重复。简单地说,可以把字典看成元素是键值对的集合。

一般来说,对字典中键值对的访问采用中括号格式。

```
<值>=<字典变量>[<键>]
```

在字典中对某个键值对的修改可以通过中括号的访问和赋值实现。

Python 既可以删除单一元素,也可以删除整个字典。

【例 4-8】 字典的创建、访问与删除。

```
>>>{}                                  # 建立空字典
{}
>>>dict()                              # 使用内置函数建立空字典
{}
>>>dict1={'中国':'北京', '美国':'华盛顿', '英国': '伦敦'}
>>>dict1
{'中国': '北京', '美国': '华盛顿', '英国': '伦敦'}
>>>dict1['英国']
'伦敦'
>>>dict1['英国']='London'      # 修改
```

```
>>>dict1
{'中国': '北京', '美国': '华盛顿', '英国': 'London'}
>>>del dict1['美国']                      # 删除'美国': '华盛顿'键值对
>>>dict1
{'中国': '北京', '英国': 'London'}
>>>del dict1                               # 删除字典
>>>dict1                                   # 字典不存在,引发语法错误
Traceback (most recent call last):
  File "<pyshell# 7>", line 1, in <module>
    dict1
NameError: name 'dict1' is not defined
```

4.3.2 字典的操作

Python中提供了很多有用的字典的操作,字典操作函数及示例如表4-9所示。

表4-9 字典操作函数及示例

序号	函数	描 述	示 例

1	len(dict)	计算字典元素的个数,即键的总数	`>>>dict1={'中国':'北京', '美国':'华盛顿', '英国':'伦敦'}`
			`>>>len(dict1)`
			`3`

2	str(dict)	输出字典,用可打印的字符串表示	`>>>dict1={'中国':'北京', '美国':'华盛顿', '英国':'伦敦'}`
			`>>>str(dict1)`
			`"{'中国': '北京', '美国': '华盛顿', '英国': '伦敦'}"`

3	type(variable)	返回输入的变量类型,如果变量是字典,就返回字典类型	`>>>dict1={'中国':'北京', '美国':'华盛顿', '英国':'伦敦'}`
			`>>>type(dict1)`
			`<class 'dict'>`

4.3.3 字典方法

字典提供了大量的内置方法,字典内置方法及示例如表4-10所示。

表4-10 字典内置方法及示例

序号	方法	描 述	示 例

1	radiansdict.clear()	删除字典内所有的元素	`>>>dict1={'中国': '北京', '英国': '伦敦'}`
			`>>>dict1.clear()`
			`>>>dict1`
			`{}`

续表

序号	方法	描　述	示　例
2	radiansdict.copy()	返回一个字典的浅复制	>>>dict1={'中国': '北京', '英国': '伦敦'} >>>dict2=dict1.copy() >>>dict2 {'中国': '北京', '英国': '伦敦'}
3	radiansdict.fromkeys()	创建一个新字典，以序列 seq 中的元素作为字典的键，val 为字典所有键对应的初始值	>>>seq = ('姓名', '性别', '年龄') >>>dict1 =dict.fromkeys(seq) >>>dict1 {'姓名': None, '性别': None, '年龄': None} >>>dict2 =dict.fromkeys(seq,10) >>>dict2 {'姓名': 10, '性别': 10, '年龄': 10}
4	radiansdict. get(key, default=None)	返回指定键的值，如果值不在字典中，则返回 default 值	>>>dict1={'中国': '北京', '英国': '伦敦'} >>>dict1.get('中国') '北京'
5	key in dict	如果键在字典 dict 中，则返回 True，否则返回 False	>>>dict1={'中国': '北京', '英国': '伦敦'} >>>'美国' in dict1 False
6	radiansdict.items()	以列表返回可遍历的(键，值）元组数组	>>>dict1={'中国': '北京', '英国': '伦敦'} >>>dict1.items() dict_items([('中国', '北京'), ('英国', '伦敦')])
7	radiansdict.keys()	以列表返回一个字典所有的键	>>>dict1={'中国': '北京', '英国': '伦敦'} >>>dict1.keys() dict_keys(['中国', '英国'])
8	radiansdict.setdefault(key, default=None)	如果 key 在字典中，则返回对应的值。如果 key 不在字典中，则插入 key 及设置的默认值 default，并返回 default，default 默认值为 None	>>>dict1={'中国': '北京', '英国': '伦敦'} >>>dict1.setdefault('英国',None) '伦敦' >>>dict1.setdefault('美国',None) >>>dict1 {'中国': '北京', '英国': '伦敦', '美国': None}
9	radiansdict.update(dict 2)	把字典 dict 2 的键值对更新到 dict 中	>>>dict1={'中国': '北京', '英国': '伦敦'} >>>dict2={'美国':'华盛顿'} >>>dict1.update(dict2) >>>dict1 {'中国': '北京', '英国': '伦敦', '美国': '华盛顿'}

续表

序号	方法	描　述	示　例

10	radiansdict.values()	以列表返回字典中的所有值	`>>>dict1={'中国': '北京', '英国': '伦敦'}`
			`>>>dict1.values()`
			`dict_values(['北京', '伦敦'])`

11	pop (key [, default])	删除字典中给定键 key 所对应的值,返回值为被删除的值。key 值必须给出,否则返回 default 值	`>>>dict1={'中国': '北京', '英国': '伦敦'}`
			`>>>dict1.pop('英国')`
			`'伦敦'`
			`>>>dict1`
			`{'中国': '北京'}`

12	popitem()	随机返回并删除字典中的一对键值(一般删除末尾对)	`>>>dict1={'中国': '北京', '英国': '伦敦'}`
			`>>>dict1.popitem()`
			`('英国', '伦敦')`
			`>>>dict1`
			`{'中国': '北京'}`

4.4　集　　合

Python 中还包含集合(set)数据类型。set 是一个不包含重复元素的无序集合,其基本应用是成员资格测试和消除重复元素。set 对象也提供一些算术操作符,如并集、交集和差集等集合运算。

4.4.1　集合的创建

集合的创建有以下几种方法。

(1) 使用{ }创建集合。

(2) 使用 set() 函数创建集合,注意创建一个空集合必须使用 set(),而不可以使用{ },因为{ }被用来创建一个空字典。

(3) 使用元组创建集合。

(4) 使用字符串创建集合。

【例 4-9】 集合的创建。

```
>>>set1 =set ()                          # 创建空集合
>>>set1
set()
>>>set2 ={1,2,'Red','Green','Blue'}  # 一个集合可以包含类型相同或不同的元素
>>>set2
{1, 2, 'Red', 'Green', 'Blue'}
>>>set3 =set((1,3,5,3))              # 由元组创建集合
>>>set3
```

```
{1, 3, 5}
>>>set4=set('My Python')        # 由字符串创建集合,无序,去重
>>>set4
{'M', 'P', 'h', ' ', 'y', 't', 'n', 'o'}
```

4.4.2 集合的操作

可以通过使用 add()或者 remove()方法对一个集合添加或删除元素,可以使用函数 len()、min()、max()和 sum()对集合操作,可以使用 for 循环遍历集合中的元素,可以使用 in/not in 运算符判断一个元素是否在一个集合中。

【例 4-10】 集合的操作。

```
>>>set1={1,2,4}
>>>set1.add(6)            # 添加元素
>>>set1
{1, 2, 4, 6}
>>>len(set1)              # 集合元素
4
>>>max(set1)              # 元素最大值
6
>>>min(set1)              # 元素最小值
1
>>>sum(set1)              # 所有元素之和
13
>>>3 in set1              # 集合内是否存在一个元素
False
>>>3 not in set1
True
>>>set1.remove(4)          # 删除一个元素
>>>set1
{1, 2, 6}
```

4.4.3 集合相等性测试及子集和超集

如果集合 A 中的任意一个元素都是集合 B 中的元素,那么集合 A 称为集合 B 的子集。如果一个集合 A 中的每一个元素都在集合 B 中,且集合 B 中可能包含 A 中没有的元素,则集合 B 就是集合 A 的一个超集。可以使用 s1. issubset(s2)方法来判断 s1 是否是 s2 的子集,使用 s1. issuperset(s2)方法来判断 s1 是否是 s2 的超集。

可以使用运算符==和! =来检测两个集合是否包含相同的元素。也可以使用比较运算符(>、>=、<=和<)来判断两个集合之间的关系,这种比较与数值或字符串之间的比较有着完全不同的意义。

①如果 s1<s2 为 True,则 s1 是 s2 的一个真子集。

②如果 s1<=s2 为 True,则 s1 是 s2 的一个子集,等同于 issubset()函数的作用。

③如果 s1>s2 为 True,则 s1 是 s2 的一个真超集。

④如果 s1>=s2 为 True，则 s1 是 s2 的一个超集，等同于 issuperset()函数的作用。

【例 4-11】 集合相等性测试及子集和超集的判断。

```
>>>set1
{1, 2, 6}
>>>set1={1,2,4}
>>>set2={1,2,3,4,5,6}
>>>set1 ==set2
>>>False
>>>set1<set2
True
>>>set1.issubset(set2)
True
>>>set2.issuperset(set1)
True
```

4.4.4 集合的运算

Python 提供了求并集、交集、差集和对称差(异或)集的计算方法。

(1) 给定两个集合 A、B，把它们所有的元素合并在一起所组成的集合，叫作集合 A 与集合 B 的并集，可以使用 union()方法或者 | 运算符来实现这个操作。

(2) 设 A、B 是两个集合，由所有属于集合 A 且属于集合 B 的元素所组成的集合，叫作集合 A 与集合 B 的交集。可以使用 intersection()方法或者 & 运算符来实现这个操作。

(3) 设 A、B 是两个集合，所有属于 A 且不属于 B 的元素所组成的集合，叫作集合 A 与集合 B 的差集(或集合 A 减集合 B)。可以使用 difference()方法或者－运算符来实现这个操作。

(4) 两个集合的对称差集是指由只属于其中一个集合，而不属于另一个集合的元素所组成的集合。集合论中的这个运算相当于布尔逻辑中的异或运算。可以使用 symmertric_difference()方法或者 ^ 运算符来实现这个操作。

【例 4-12】 集合的运算。

```
>>>set1={1,2,4}
>>>set2={1,3,5}
>>>set1.union(set2)             # 求并集
{1, 2, 3, 4, 5}
>>>set1|set2                    # 求并集
{1, 2, 3, 4, 5}
>>>set1.intersection(set2)      # 求交集
{1}
>>>set1 & set2                  # 求交集
{1}
>>>set1.difference(set2)        # 求差集
{2, 4}
>>>set1 -set2                   # 求差集
```

```
{2, 4}
>>>set1.symmetric_difference(set2)     # 求对称差集
{2, 3, 4, 5}
>>>set1 ^ set2                         # 求对称差集
{2, 3, 4, 5}
```

本章小结及习题

第5章 函数与模块

本章学习目标

■ 掌握函数的定义和调用方法
■ 理解函数的参数分类并能够灵活运用
■ 掌握函数的嵌套调用
■ 掌握函数递归的定义和使用方法
■ 理解变量的作用域
■ 掌握常用的内置函数
■ 掌握模块及模块的导入方法

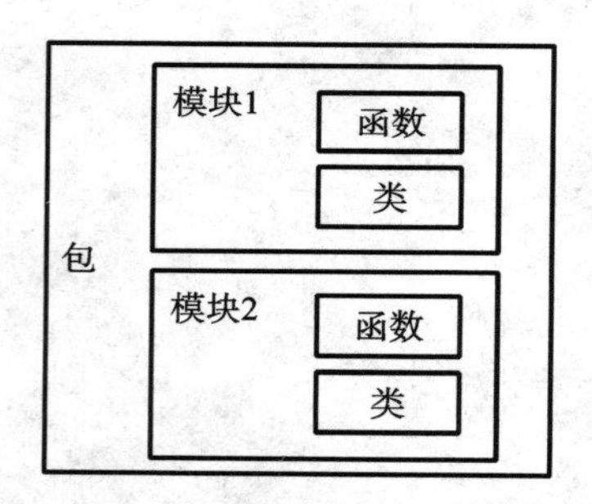

图 5-1 包、模块、函数和类之间的关系

Python 语言编写的程序是由包、模块、函数和类组成的。包是由一系列模块组成的集合，模块是处理某一类问题的函数和类的集合，函数是预先编写好的、可以完成特定功能的代码，类是对具有相同数据和方法的一组对象的描述。包用来组织不同的模块，模块中定义了函数和类，它们的关系如图 5-1 所示。

本章介绍函数、模块和包，类在第 6 章介绍。

5.1 函 数

函数是预先定义的、可重复使用的，用来实现特定功能的代码段。使用函数可以减少重复代码、节约存储空间、提高应用的模块性和程序的可维护性。Python 语言提供两种函数：一种是内建函数，如 print()；另一种是用户自定义函数。下面介绍函数的定义及其使用方法。

5.1.1 函数的定义

在 Python 语言中，定义函数的语法格式如下。

```
def 函数名([形参列表]):
'''文档字符串'''
    函数体
    rerurn [返回值列表]
```

定义函数应注意以下几方面。

(1) 在 Python 语言中，用关键字 def 进行函数定义，函数名可以是任何有效的 Python 标识符。

(2) 形参可以有零个、一个或者多个，多个参数用逗号分隔，函数参数也不用指定形参类型，因为在 Python 中变量都是弱类型的，Python 会自动根据值来维护其类型，当没有形参时，圆括号必须保留，不能省略。

(3) 圆括号后边的冒号必不可少。

(4) "文档字符串"是一个可选的函数功能说明的字符串，即注释。加上这个函数说明字符串，当调用函数时，可以通过函数名._doc_获取该函数的功能说明，即可以清晰地知道函数的功能，其中_doc_是函数的一个属性。

(5) 函数体相对于 def 关键字必须保持一定的空格缩进。

(6) Python 函数不需要指定返回值的类型。

【例 5-1】 定义一个不带参数的函数。

```
def printfun():
    print("***************")
```

【例 5-2】 定义求两个数最大值的函数。

```
def max(a,b):
    if(a>b):
        return a
    else:
        return b
```

注意，这是一个求 a 和 b 最大值的函数，max 是函数名。括号中有两个形参 a 和 b，在函数调用时把实参的值传递给形参 a 和 b。函数的第二行指定该函数的功能是"求 a 和 b 的最大值"。在函数体中把 a 和 b 的最大值通过 return 语句返回。

【例 5-3】 定义一个空函数。

```
def fun():
pass
```

注意，定义空函数时，函数体内只有一条 pass 空语句，表示什么都不执行。在编写程序的时候，可以在将来需要扩展功能的地方定义一个空函数，等编写好函数时再替换它。这样，程序的结构清晰，可读性好。

5.1.2 函数的调用

函数一经定义，就可以在程序中使用了，其调用方式非常简单，只需要知道函数名和参数即可。调用函数的基本形式如下。

```
函数名([实际参数表])
```

如果定义函数时存在形式参数,则调用时应提供实际参数。所提供的实际参数个数、位置和数据类型应与函数定义的形式参数相对应。如果函数没有参数,也必须使用空括号。

在 Python 中,函数的定义必须在主调程序语句之前出现,否则程序运行会出错。

例如,对例 5-1 建立的函数 printfun(),可以直接通过函数名调用。

```
>>>printfun()
****************
```

对例 5-2 中求两个数的最大值的函数,可以通过以下形式调用。

```
>>>max(5,6)
6
```

调用函数的方式有以下三种。

(1) 调用函数可以直接写在一行中作为语句形式出现。

(2) 调用函数可以在表达式中出现(此时函数需要有返回值)。

(3) 调用函数也可以作为另一个调用函数的实际参数出现(此时函数需要有返回值)。

例如:

```
x=int(input("请输入一个整数:")
max1=max(x,18)                 # 将 x 和 18 的最大值赋给变量 max1
print("最大值为:",max(x,-5))   # 在屏幕上打印 x 和-5 的最大值
max2=max(max(x,10),50)         # 将 x、10、50 的最大值赋给变量 max2,此处进行了函数的
                                 嵌套调用
```

【例 5-4】 不带参数的函数。

```
def printfun():
    print('* '* 20)
printfun()     # 调用函数 printfun()
print("Hello!".center(20))
printfun()     # 调用函数 printfun()
```

程序运行结果:

```
********************
    Hello!
********************
```

【例 5-5】 打印直角三角形图案,行数由主调程序给出。

```
def fun(n):
    for i in range(n):
        for j in range(i+1):
            print('*',end='')
        print("")
line=int(input("请输入打印图形的行数:"))
fun(line)
```

程序运行结果:

```
请输入打印图形的行数:5
*
**
***
****
*****
```

5.1.3 函数的返回值

一个函数的返回值是通过函数中的 return 语句获得的，return 语句可以返回一个值，也可以返回多个值。当返回多个值时，把这些值先存放在一个元组中，再把这个元组返回。一个函数中可以有多个 return 语句，但最终只有一个 return 语句起作用。实际上，没有 return 语句或 return 语句后边没有返回值列表，函数也有返回值，只是这个返回值是空值 None。

【例 5-6】 编写一个函数，判断一个数是否是素数。

```
def prime(n):
    if(n<2):
        return 0
    for i in range(2,n):
        if(n%i==0):
            return 0
    return 1
m=int(input("请输入一个正数:"))
flag=prime(m)
if(flag==1):
    print("%d是素数"%m)
else:
    print("%d不是素数"%m)
```

程序运行结果：

```
请输入一个正数:13
13是素数
```

再次运行程序，结果：

```
请输入一个正数:1
1不是素数
```

注意，素数是指仅能被 1 和自身整除的大于 1 的正数。函数 prime()根据形参 n 是否是素数决定返回值，是素数返回 1，不是素数返回 0。

如果需要从函数中返回多个值，则可以使用元组作为返回值，来间接达到返回多个值的作用。

【例 5-7】 求一个数列中的最大值和最小值。

```
def getmaxmin(a):
    max=a[0]; min=a[0]
    for i in range(1,len(a)):
        if(max<a[i]):
            max=a[i]
```

```
            if(min>a[i]):
                min=a[i]
        return(max,min)
    list=[0,7,-3,16,5]        # 测试数据为列表
    x,y=getmaxmin(list)       # 将函数返回值分别送给 x 和 y
    print("list=",list)
    print("最大值是",x,",最小值是",y)
    string="China"            # 测试数据为字符串
    x,y=getmaxmin(string)
    print("string=",string)
    print("最大值是",x,",最小值是",y)
```

程序运行结果：

```
list=[0, 7, -3, 16, 5]
最大值是 16 ,最小值是 -3
string=China
最大值是 n ,最小值是 C
```

5.1.4　函数的参数

1. 形式参数和实际参数

根据函数的作用过程，可将参数分为形式参数（形参）和实际参数（实参）。

形式参数是在定义函数时括号内用逗号隔开的形参列表，简称形参。形参个数并没有限制，一个函数可以没有形参，但定义函数时必须要有一对圆括号，表示该函数调用时不接收参数。形参变量只有在被调用时才分配内存单元，在调用结束时，立即释放所分配的内存单元。因此，形参只在函数内部有效。

实际参数是在函数调用时，传递给形式参数的参数，简称实参。实参可以是常量、变量和表达式等。无论实参是何种类型，在函数调用时，它们必须有明确的值，以便将值传递给形参。因此，应通过预先赋值使实参获得确定值。函数调用时，实参通过值传递和地址传递两种方式传递给形参。

1）值传递

值传递是指函数调用时，为形参分配存储单元，并将实参的值复制到形参，函数调用结束时，形参所占的内存单元被释放，值消失。其特点是形参和实参各占不同的内存单元，函数中对形参值的改变不会改变实参值，这就是函数参数的单向值传递。

【例 5-8】　函数参数的单向值传递。

```
def swap(x,y):
    x,y=y,x
    print("x=",x,"y=",y)
a,b=map(int,input("请输入 a 和 b:").split(',' ))  # 输入 2 个用逗号隔开的整型数
swap(a,b)
print("a=",a,"b=",b)
```

程序运行结果：

```
请输入 a 和 b:5,8
x=8 y=5
a=5 b=8
```

在调用 swap(x,y)时，实参 a 的值传递给形参 x，实参 b 的值传递给形参 y，函数中通过交换赋值，将 x 和 y 的值进行了交换。从程序的运行结果来看，形参 x 和 y 的值进行了交换，而实参 a 和 b 的值并没有交换。函数参数值传递调用的过程如图 5-2 所示。

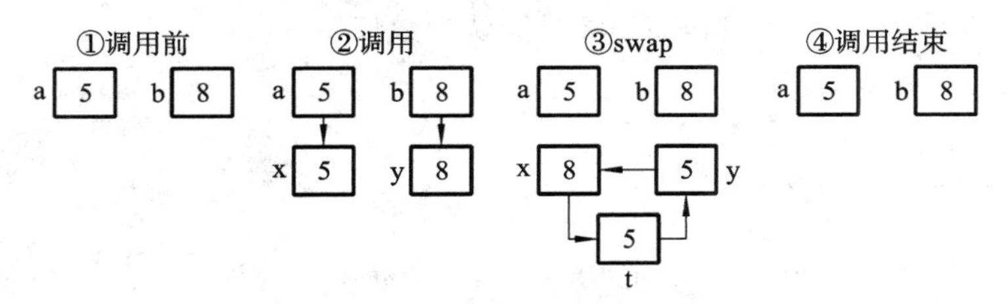

图 5-2　函数参数值传递调用的过程

2）地址传递

地址传递是指在函数调用时，将实参数据的存储地址作为参数传递给形参。其特点是形参和实参共用同样的内存单元，函数中改变形参的值也会改变实参的值。Python 中将列表对象作为函数的参数，则函数中传递的就是列表的引用地址。

【例 5-9】　函数参数的地址传递。

```
def swap(x_list):
    x_list[0],x_list[1]=x_list[1],x_list[0]
    print("x_list[0]=",x_list[0],"x_list[1]=",x_list[1])
a_list=[5,8]
swap(a_list)
print("a_list[0]=",a_list[0],"a_list[1]=",a_list[1])
```

程序运行结果：

```
x_list[0]=8 x_list[1]=5
a_list[0]=8 a_list[1]=5
```

在调用 swap(x_list)时，将列表对象实参 a_list 的地址传递给形参 x_list，a_list 和 x_list 指向同一个内存单元，函数中当 x_list[0]和 x_list[1]进行数据交换时，也使 a_list[0]和 a_list[1]的值进行了数据交换。

2. 位置参数

位置参数无须特殊声明，例如，例 5-8 中的 swap()函数的 x、y 都是位置参数。如果函数声明的参数是位置参数，则在函数调用时所给出的实参顺序应和函数定义中的位置参数顺序一致，否则程序将得不到正确的结果，如果参数个数不对，则会抛出 TypeError 异常。

3. 默认参数

如果函数声明的参数是默认参数，则在函数调用时可以不指定该参数的值，这时该参数将取函数声明的默认值。设置默认参数是为了提高程序的灵活性和便捷性。如果有些参数在大多数情况下的值是一样的，只有少数情况是不同的，那么把这类参数设置成默认参数，其值取大多数情况下的值。这样，在大多数情况下，函数调用时可以不用指定该参数的值，取默认值。只有在少数情况下，函数调用时才根据需要指定该默认参数的值。

含有默认参数的函数定义形式如下。

```
def 函数名([posargs,] defarg1=defval1, defarg2=defval2,…):
'''文档字符串'''
函数体
```

其中,posargs是位置参数。可以没有位置参数,但如果其存在,则它必须要在所有默认参数的前边,即所有默认参数一定要位于参数列表的最后面,否则程序会报错。defarg1和defarg2是默认参数名,defval1和defval2是默认参数值。

【例5-10】 默认参数。

```
def printfun(name,age=18):
    print("Name:",name)
    print("Age:",age)
printfun("Liming")       # 不指定默认参数的值
printfun("Liukai",20)   # 指定默认参数的值为20
```

程序运行结果:

```
Name: Liming
Age: 18
Name: Liukai
Age: 20
```

4. 关键字参数

使用的函数参数一般都是位置参数,实参传递给形参,按照参数顺序,由左到右,依次进行匹配,这对参数的位置和个数都有严格的要求。当参数较多时,这种传递容易出错。而在Python中还有一种参数是通过参数名字来匹配的,不需要严格按照参数定义时的位置来传递参数,这种参数就叫关键字参数。这种方式避免了用户需要牢记位置参数顺序的麻烦。

【例5-11】 关键字参数。

```
def printfun(name,age):
    print("Name:",name)
    print("Age:",age)
printfun(name="Liming",age=18)
printfun(age=20,name="Liukai")
```

程序运行结果:

```
Name: Liming
Age: 18
Name: Liukai
Age: 20
```

通过指定参数名字传递参数时,参数位置对结果是没有影响的。

5. 可变长度参数

一般情况下,在定义函数时,函数参数的个数是确定的。然而,有时可能会用到可变长度参数。在这种情况下,参数的数目是不确定的。把参数设置成可变参数,在函数调用时,指定的位置可以有多个实参,从而提高程序的灵活性。Python有两种形式的可变长度参数。一种是把非关键字的可变长度参数存储在一个元组中,另一种是把关键字的可变长度参数存储在一个字典中。

1）非关键字的可变长度参数

当函数调用时，所有的位置参数和默认参数从实参列表中获得对应值之后，剩余的非关键字参数将按顺序插入一个元组中。

含非关键字的可变长度参数的函数声明如下。

```
def 函数名([posargs, defarg1=defval1,] * var_tuple):
'''文档字符串'''
    函数体
```

其中，var_tuple 为非关键字的可变长度参数，它在位置参数和默认参数之后，并以元组的方式保存了匹配完前面的位置参数和默认参数后剩下的所有参数，如果没有剩下的参数，则该元组为空。

【例 5-12】 非关键字的可变长度参数。

```
def test(a,b,* args):
        print(a)
        print(b)
        print(args)
test(11,22)
test(11,22,33,44,55,66)
```

程序运行结果：

```
11
22
()
11
22
(33, 44, 55, 66)
```

该程序第一次调用 test()函数时，指出两个位置参数，不指定非关键字的可变长度参数，所以可变长度参数 args 输出一个空的元组。第二次调用 test()函数时，指出两个位置参数后，给出了四个非关键字的可变长度参数，所以输出 args 元组时有四个元素。

2）关键字的可变长度参数

当函数调用时，所有的位置参数和默认参数从实参列表中获得对应值之后，剩余的关键字参数将按顺序插入一个字典中。

含关键字的可变长度参数的函数声明如下。

```
def 函数名([posargs, defarg1=defval1,] * * var_dist):
'''文档字符串'''
    函数体
```

其中，var_dist 为关键字的可变长度参数，它在位置参数和默认参数之后，并以字典的方式保存了匹配完位置参数和默认参数后剩下的所有参数，如果没有剩下的参数，则该字典为空。

【例 5-13】 关键字的可变长度参数。

```
def test(a,b,**args):
        print(a)
        print(b)
        print(args)
```

```
test(11,22)
test(11,22, name='tom',age=18)
```

程序运行结果：

```
11
22
{}
11
22
{'name':'tom','age':18}
```

该程序第一次调用 test()函数时，指出两个位置参数，不指定关键字的可变长度参数，所以可变长度参数 args 输出一个空的字典。第二次调用 test()函数时，指出两个位置参数后，给出了两个关键字的可变长度参数，所以输出 args 字典时输出其中的两个关键字参数。

5.1.5　匿名函数

匿名函数是没有名称的函数，即不用 def 语句定义的函数。声明匿名函数，需要使用 lambda 关键字，匿名函数的声明格式如下。

```
lambda  [arg1[,arg2,...,argn]]:expression
```

lambda 表达式只可以包含一个表达式，且该表达式的计算结果为函数的返回值，不允许包含其他复杂的语句，但在表达式中可以调用其他函数。

【例 5-14】　匿名函数。

```
fun=lambda x,y,z:x+y+z
print(fun(1,2,3))
```

程序运行结果：

```
6
```

该例子等价于如下的函数定义。

```
def fun(x,y,z):
    return x+y+z
print(fun(1,2,3))
```

可以将 lambda 表达式作为列表的元素，从而实现跳转表的功能，也就是函数的列表。lambda 表达式列表的定义方法如下。

```
列表名=[(lambda 表达式 1),(lambda 表达式 2),...]
```

调用列表中 lambda 表达式的方法如下。

```
列表名[索引](lambda 表达式的参数列表)
```

【例 5-15】　函数的列表。

```
list=[(lambda x:x**2),(lambda x:x**3),(lambda x:x**4)]
print(list[0](2),list[1](2),list[2](2))
```

程序运行结果：

```
4 8 16
```

程序分别计算 2^2、2^3 和 2^4 并输出。

5.1.6　函数的嵌套调用

函数的嵌套调用是在调用一个函数的过程中又调用了另外一个函数。

【例 5-16】 用函数实现求两个整数的最大公约数和最小公倍数。

```
def gys(m,n):
    '''求 m 和 n 的最大公约数'''
    r=m%n
    while(r! =0):
        m=n
        n=r
        r=m%n
    return(n)
def gbs(m,n):
    '''求 m 和 n 的最小公倍数'''
    return m* n/gys(m,n)      # 调用函数 gys
a=int(input("请输入第一个整数:"))
b=int(input("请输入第二个整数:"))
print("最大公约数%d"%gys(a,b))
print("最小公倍数%d"%gbs(a,b))
```

程序运行结果：

```
请输入第一个整数:9
请输入第二个整数:12
最大公约数 3
最小公倍数 36
```

其中，在求最小公倍数的 gbs()函数中调用了求最大公约数的函数 gys()，利用了函数的嵌套调用。

5.1.7 函数的嵌套定义

在 Python 语言中，不仅可以嵌套调用函数，还可以嵌套定义函数，即在一个函数内定义另一个完整的函数，也称内嵌函数。在函数 A 内的函数 B 称为内部函数，函数 A 称为外部函数。函数的定义可以多层嵌套，除了最外层和最内层的函数外，用户定义的其他函数既是外部函数又是内部函数。

【例 5-17】 内嵌函数。

```
def outer(m):
    '''定义外部函数 outer'''
    print("外部函数 outer 被调用")
    def inner(n):
        '''定义内部函数 inner'''
        print("内部函数 inner 被调用")
        print("%d+%d=%d"%(m,n,m+n))
    inner(5)
    print("end!")
outer(6)
```

程序运行结果：

```
外部函数 outer 被调用
内部函数 inner 被调用
6+5=11
end!
```

在使用内嵌函数时应注意以下几方面。

(1) 内嵌函数是在它的外部函数的命名空间下的,只有在它的外部函数的函数体内才能够调用该内嵌函数。

(2) 内嵌函数可以访问外部函数中定义的变量,但不能重新赋值。

(3) 内嵌函数的局部命名空间不包含外部函数定义的变量。

5.1.8　函数的递归调用

在调用一个函数的过程中直接或间接调用该函数本身,称为函数的递归调用。例如,计算整数 n 的阶乘 n! =1×2×3×…×n 时,用函数 fac(n)表示,可以看出 fac(n)=n! =1×2×3×…×(n−1)×n=(n−1)! ×n=fac(n−1)×n,所以 fac(n)=fac(n−1)×n,fac(n−1)=fac(n−2)×(n−1),…,fac(2)=fac(1)×2,而 fac(1)=1! =1。递归的第一个阶段是递推阶段,将求 fac(n)一直推到求 fac(1),而 fac(1)是可以知道的一个确定值,不需要再递推下去,这也是递归的结束条件。递归的第二个阶段是回归阶段,将 fac(1)的值代入求得 fac(2),将 fac(2)的值代入求得 fac(3),…,将 fac(n−1)的值代入求得 fac(n)。即一个递归问题可以分为“递推”和“回归”两个阶段,简称“递归”。显然,递归过程必须有一个结束递归过程的条件,而不能无限制地进行下去,fac(1)就是使递归结束的条件。

用数学公式求 n! 的表述如下。

$$n! = \begin{cases} 1 & n=1 \\ (n-1)! \times n & n>1 \end{cases}$$

【例 5-18】 用递归求 n! (n>0)。

```
def fac(n):
    '''递归求 n! '''
    if(n==1):
        return 1
    else:
        return fac(n-1)*n
n=int(input("请输入一个正数:"))
print("%d! =%d"%(n,fac(n)))
```

程序运行结果:

```
请输入一个正数:5
5! =120
```

递归要有以下两个基本要素。

(1) 边界条件:确定递归到何时终止,也称递归出口。

(2) 递归模式:大问题是如何分解成小问题的,小问题的处理方法同大问题的一样。

递归函数只有具备了这两个要素,才能在有限次计算后得出结果。

使用递归需注意防止栈溢出。在计算机中,函数调用是通过栈这种数据结构实现的。

每当进入一个函数调用时,栈就会增加一层;每当函数返回时,栈就会减少一层。由于栈不是无限的,所以递归调用的次数过多,会导致栈溢出。

递归算法一般用于解决以下三类问题。

(1) 数据的定义是按递归定义的(如 Fibonacci 数列)。

(2) 问题的解决是按递归算法实现的(如回溯法)。

(3) 数据的结构形式是按递归定义的(如树的遍历和图的搜索)。

下面是一个经典的递归例子——汉诺塔问题。

汉诺塔问题来源于一个古老的传说。在世界刚被创建的时候,有一座钻石宝塔(A 塔),其上有 64 个金盘。所有的盘子按从大到小的次序从塔底堆放至塔顶。紧挨着这座塔有另外两个钻石宝塔(B 塔和 C 塔)。汉诺塔问题示意图如图 5-3 所示。从世界创始之日起,牧师们就一直在试图把 A 塔上的盘子移到 C 塔上去,其间借助于 B 塔的帮助。每次只能移一个盘子,任何时候都不能把一个盘子放在比它小的盘子上面。当牧师们完成任务时,世界末日也就到了。要求编写一个程序能打印出移动的步骤。

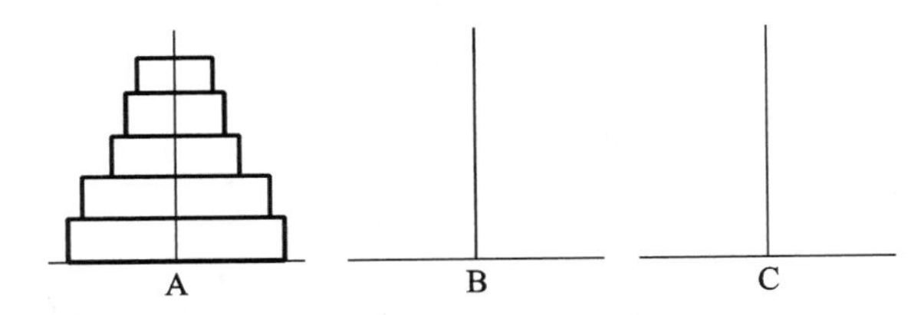

图 5-3 汉诺塔问题示意图

分析如下。

①当只有一个盘子的时候,只需要将 A 塔上的一个盘子移到 C 塔上。

②当 A 塔上有两个盘子时,先将 A 塔上的 1 号盘子(编号从上到下)移到 B 塔上,再将 A 塔上的 2 号盘子移到 C 塔上,最后将 B 塔上的 1 号盘子移到 C 塔上。

③当 A 塔上有 3 个盘子时,先将 A 塔上编号 1 至 2 的盘子(共 2 个)移到 B 塔上(需借助 C 塔),然后将 A 塔上的 3 号盘子移到 C 塔,最后将 B 塔上的两个盘子借助 A 塔移到 C 塔上。

④当 A 塔上有 n 个盘子时,先将 A 塔上编号 1 至 n−1 的盘子(共 n−1 个)移到 B 塔上(借助 C 塔),然后将 A 塔上的 n 号盘子移到 C 塔上,最后将 B 塔上的 n−1 个盘子借助 A 塔移到 C 塔上。

综上所述,除了只有一个盘子时不需要借助其他塔外,其余情况都需要借助其他塔(只是事件的复杂程度不一样)。移 n 个盘子需要 2^n-1 步,移 64 个盘子需要 $2^{64}-1$ 步。

对汉诺塔问题的递归求解,可以通过以下三个步骤实现。

①将 A 塔上的 n−1 个盘子借助 C 塔先移到 B 塔上。

②把 A 塔上的 n 号盘子移到 C 塔上。

③将 B 塔上的 n−1 个盘子借助 A 塔移到 C 塔上。

【例 5-19】 汉诺塔问题。

```
def move(x,n,z):
    print('把%s塔上的第%d个盘子移到%s塔上'%(x,n,z))   # 输出移动一个盘子的信息
def hanoi(n,x,y,z):          # 将 n 个盘子由 x 移至 z 借助于 y
```

```
    if(n==1):
        move(x,n,z)
    else:
        hanoi(n-1,x,z,y)  # 将n-1个盘子由x移至y借助于z
      move(x,n,z)
        hanoi(n-1,y,x,z)  # 将n-1个盘子由y移至z借助于x
n=int(input("请输入盘子数:"))
hanoi(n,'A','B','C')
```

程序运行结果：

```
请输入盘子数:3
把A塔上的第1个盘子移到C塔上
把A塔上的第2个盘子移到B塔上
把C塔上的第1个盘子移到B塔上
把A塔上的第3个盘子移到C塔上
把B塔上的第1个盘子移到A塔上
把B塔上的第2个盘子移到C塔上
把A塔上的第1个盘子移到C塔上
```

5.1.9 变量的作用域

一个程序的所有变量并不是在哪个位置都可以访问的。访问的权限取决于定义的这个变量是在哪里赋值的。变量的作用域决定了哪一部分程序可以访问哪个特定的变量名称。Python支持两种作用域的变量：局部变量和全局变量。下面分别介绍两种变量的用法。

1. *局部变量*

在一个函数内部或语句块中的变量拥有一个局部作用域，这个变量称为局部变量。局部变量只能在其被声明的函数内部或语句块中访问，任何一个函数都不能访问其他函数中定义的局部变量。因此，在不同的函数之间可以定义同名的局部变量，虽然同名但却代表不同的变量，不会发生命名冲突。在子程序中定义的变量称为局部变量。

【例5-20】 局部变量用法。

```
def f1(a):
    b=2  # a,b只有在此处到f1()函数结束前有效
    c=3  # a,b,c只有在此处到f1()函数结束前有效
    print("f1()函数中的a=%d,b=%d,c=%d"%(a,b,c))
def f2(x,y):
    z=3  # x,y,z只有在此处到f2()函数结束前有效
    b=4  # b只有在此处到f2()函数结束前有效
    print("f2()函数中的x=%d,y=%d,z=%d,b=%d"%(x,y,z,b))
    print(c)   # 试图使用f1()函数中的变量c
f1(1)
f2(1,2)
```

程序运行结果：

```
f1()函数中的a=1,b=2,c=3
f2()函数中的x=1,y=2,z=3,b=4
```

```
Traceback (most recent call last):
  File "D:/pylx/5-20.py", line 11, in <module>
    f2(1,2)
  File "D:/pylx/5-20.py", line 9, in f2
    print(c)  # 试图使用 f1 函数中的变量 c
NameError: name 'c' is not defined
```

从程序的运行结果可以看出，在 f1()函数内定义的局部变量 a、b、c 可以在该函数内正常使用，在 f2()函数内定义的局部变量 x、y、z、b 可以在该函数内正常使用，但在 f2()函数内使用 f1()函数定义的局部变量 c，则抛出 NameError 异常，提示 c 未定义。

局部变量有以下三个性质。

(1) 形参也是局部变量，如 f1()函数中的形参 a，f2()函数中的形参 x、y，它们只在各自的函数中有效，其他函数可以调用 f1()函数和 f2()函数，但不能引用函数中的形参。

(2) 在不同函数中定义的变量，即使使用相同的变量名也不会互相干扰、互相影响，因为它们代表不同的对象。例如 f1()函数和 f2()函数都定义了 b，变量名相同，但这两个变量有不同的存储空间，代表不同的对象。

(3) 局部变量的作用域从定义开始到它所属的函数结束，函数被调用时，该函数中的局部变量才被分配到存储单元。函数一旦执行完毕，这些局部变量的存储单元就被释放。局部变量的生存周期为从函数调用开始到函数执行结束。

2. 全局变量

在所有函数之外定义的变量称为全局变量，它在整个程序范围内都可以被访问。全局变量的作用域与局部变量的作用域相似，都是从定义开始到所属的函数结束，不同的是，其他函数(包括在定义全局变量前所定义的函数)都可以引用全局变量。

在 Python 中，对于变量的搜索，是先从局部作用域内开始搜索的，如果在局部作用域内没有找到给定的变量，再到全局作用域内搜索，如果还没有找到，则抛出 NameError 异常。因此，当某函数内的局部变量和全局变量同名时，优先使用局部变量，而同名的全局变量不起作用，被“屏蔽”了。当然，也可以通过 global 关键字来明确声明使用全局变量。

【例 5-21】 全局变量用法。

```
total=0
def sum(a,b):
    '''求两个数的和'''
    print("sum()函数中引用全局变量 total=%d"%total)
    print("sum()函数中引用全局变量 nmax=%d"%nmax)
    s=a+b
    return s
nmax=0
def max(x,y):
  '''求两个数的最大值'''
    print("max()函数中引用全局变量 total=%d"%total)
    print("max()函数中引用全局变量 nmax=%d"%nmax)
    if(x>y):
        nmax=x
```

```
        else:
            nmax=y
        print("max()函数中引用局部变量 nmax=%d"%nmax)
sum(5,8)
max(5,8)
print("在函数外引用全局变量 total=%d"%total)
print("在函数外引用全局变量 nmax=%d"%nmax)
```

程序运行结果：

```
sum()函数中引用全局变量 total=0
sum()函数中引用全局变量 nmax=0
max()函数中引用全局变量 total=0
Traceback (most recent call last):
  File "D:/pylx/5-21.py", line 17, in <module>
    max(5,8)
  File "D:/pylx/5-21.py", line 10, in max
    print("max()函数中引用全局变量 nmax=%d"%nmax)
UnboundLocalError: local variable 'nmax' referenced before assignment
```

从程序的运行结果可以看出，在 sum()函数内可以引用全局变量 total 和 nmax，它们的初始值都是 0。调用完 sum()函数后，在调用 max()函数时，首先输出全局变量 total，它的值为 0，然后试图调用全局变量 nmax，此时程序抛出 UnboundLocalError 异常，提示局部变量 nmax 在声明前被引用。这是因为在 max()函数中声明的局部变量和全局变量同名了，使得全局变量被“屏蔽”，不起作用，在 max()函数中输出的变量其实是局部变量 namx，又由于引用局部变量 nmax 是在未声明它之前，所以抛出 UnboundLocalError 异常。

如果把 max()函数的第二条 print 注释掉，程序得到的运行结果为：

```
sum()函数中引用全局变量 total=0
sum()函数中引用全局变量 nmax=0
max()函数中引用全局变量 total=0
max()函数中引用局部变量 nmax=8
在函数外引用全局变量 total=0
在函数外引用全局变量 nmax=0
```

如果想在 max()函数中使用全局变量 nmax，则需要用 global 关键字明确声明使用全局变量。max()函数修改后，如下所示。

```
def max(x,y):
    '''求两个数的最大值'''
    global nmax  # 声明 nmax 为全局变量
    print("max()函数中引用全局变量 total=%d"%total)
    print("max()函数中引用全局变量 nmax=%d"%nmax)
    if(x>y):
        nmax=x
    else:
        nmax=y
    print("max()函数中引用局部变量 nmax=%d"%nmax)
```

再次运行程序，得到运行结果：

```
sum()函数中引用全局变量 total=0
sum()函数中引用全局变量 nmax=0
max()函数中引用全局变量 total=0
max()函数中引用全局变量 nmax=0
max()函数中引用局部变量 nmax=8
在函数外引用全局变量 total=0
在函数外引用全局变量 nmax=8
```

从程序运行结果看出，在 max()函数中，全局变量 nmax 被指向新创建的对象 8，在函数外引用的全局变量 nmax 已是新指向的对象 8。

【例 5-22】 全局变量用法（序列作为全局变量）。

```
name=['a','b']
name1=['c','d']
name2=['e','f']
name3=['g','h']
def fun():
    name.append('1')          # 列表的 append 方法可以改变全局变量的值
    print("函数内 name=",name)
    name1=['123','456']       # 列表重新赋值，不改变全局变量的值
    print("函数内 name1=",name1)
    name2[1]='123'            # 修改列表元素的值，改变全局变量的值
    print("函数内 name2=",name2)
    global name3              # 如果需要给列表重新赋值，需要使用 global 声明全局变量
    name3=[0,1]
    print("函数内 name3=",name3)
fun()
print("函数外 name=",name)
print("函数外 name1=",name1)
print("函数外 name2=",name2)
print("函数外 name3=",name3)
```

程序运行结果：

```
函数内 name=['a', 'b', '1']
函数内 name1=['123', '456']
函数内 name2=['e', '123']
函数内 name3=[0, 1]
函数外 name=['a', 'b', '1']
函数外 name1=['c', 'd']
函数外 name2=['e', '123']
函数外 name3=[0, 1]
```

5.2 常用内置函数

内置函数又称系统函数,或内建函数,是指 Python 解释器本身所提供的函数。内置函数共 68 个,这些函数在任何时候都可以被直接使用,不需要引用库。Python 常用的内置函数有数学运算函数、类型转换函数、序列操作函数等。

5.2.1 数学运算函数

Python 解释器提供的与数值运算相关的数学运算函数如表 5-1 所示。

表 5-1 数学运算函数

函 数	功 能
abs(x)	求绝对值。参数可以是整型,也可以是复数,若参数是复数,则返回复数的模
max(iterable[,args...][key])	返回可迭代对象的元素中的最大值或者所有参数的最大值
min(iterable[,args...][key])	返回可迭代对象的元素中的最小值或者所有参数的最小值
divmod(a,b)	分别返回商和余数。注意整型、浮点型都可以
pow(x,y)	返回 x 的 y 次幂
round(x[,n])	四舍五入 n 位小数,默认为 0 位小数
sum(iterable[,start])	对元素类型是数值的可迭代对象的每个元素求和

数学运算函数程序示例如下。

```
>>>abs(-5)
5
>>>divmod(12,9)
(1, 3)
>>>max(2,5,0,8)
8
>>>round(3.1415926,3)
3.142
```

5.2.2 类型转换函数

Python 解释器提供的类型转换函数如表 5-2 所示。

表 5-2 类型转换函数

函 数	功 能
float([x])	将一个字符串或数转换为浮点数。如果无参数将返回 0.0
int([x[,base]])	将一个字符转换为 int 类型,base 表示进制

续表

函　　数	功　　能
long([x[,base]])	将一个字符转换为 long 类型，base 表示进制
complex([real[,imag]])	创建一个复数
oct(x)	将一个数转化为八进制字符串
hex(x)	将整数 x 转换为十六进制字符串
chr(i)	返回整数 i 对应的 ASCII 字符
ord(str)	返回 str 字符对应的 ASCII 值
bin(x)	将整数 x 转换为二进制字符串
bool([x])	将 x 转换为 boolean 类型
str([x])	返回任意类型 x 所对应的字符串形式
list([iterable])	根据传入的参数创建一个新的列表，不传参数生成空列表
dict([arg])	创建数据字典，不传参数生成空字典
tuple([iterable])	生成一个 tuple 类型，不传参数生成空元组
memoryview(str)	根据传入的参数创建一个新的内存查看对象
set([iterable])	根据传入的参数创建一个新的集合，不传参数生成空集合
iter([iterable])	根据传入的参数创建一个新的可迭代对象
frozenset([iterable])	根据传入的参数创建一个新的不可变集合

类型转换函数示例程序如下。

```
>>>int(5.6)
5
>>>complex(2,3)
(2+3j)
>>>ord('a')
97
>>>oct(56)
'0o70'
>>>oct(56)
'0o70'
>>>str(123)
'123'
>>>list("abc123")
['a', 'b', 'c', '1', '2', '3']
>>>tuple('121')              # 传入可迭代对象,使用其元素创建新的元组
('1', '2', '1')
>>>dict(a =1,b =2)           # 可以传入键值对创建字典
```

```
{'a': 1, 'b': 2}
>>>dict(zip(['a','b'],[1,2]))  # 可以传入映射函数创建字典
{'a': 1, 'b': 2}
>>>dict((('a',1),('b',2)))     # 可以传入可迭代对象创建字典
{'a': 1, 'b': 2}
```

5.2.3 序列操作函数

Python 解释器提供的序列操作函数如表 5-3 所示。

表 5-3 序列操作函数

函 数	功 能
all(iterable)	判断可迭代对象的每个元素是否都为 True 值
any(iterable)	判断可迭代对象的元素是否有为 True 值的元素
enumerate(sequence [, start = 0])	返回一个可枚举的对象,该对象的 next()方法将返回一个 tuple
filter(iterable)	使用指定方法过滤可迭代对象的元素
next(iterable)	返回可迭代对象中的下一个元素的值
sorted (iterable [, cmp [, key [, reverse]]])	对可迭代对象进行升序排序,如果 reverse=True,则降序
reversed(iterable)	返回可迭代对象的逆序形式
zip([iterable, ...])	将可迭代对象中对应的元素打包成一个个元组,然后返回由这些元组组成的列表,利用 * 号操作符,可以将元组解压为列表
map(function,iterable, ...)	根据提供的函数对指定序列做映射,对序列中的每一个元素调用 function()函数,返回包含每次 function()函数返回值的新列表

序列操作函数程序示例如下。

```
>>>all([1,2])             # 列表中每个元素逻辑值均为 True,返回 True
True
>>>any([0,1,2])           # 列表元素有一个为 True,则返回 True
True
>>>any([0,0])             # 列表元素全部为 False,则返回 False
False
>>>a =['a','b','d','c','B','A']
>>>a
['a', 'b', 'd', 'c', 'B', 'A']
>>>sorted(a)              # 默认按字符 ASCII 码排序
['A', 'B', 'a', 'b', 'c', 'd']
>>>sorted(a,key =str.lower,reverse=True) # 转换成小写后再降序排序,'a'和'A'值一
样,reverse=True 降序
['d', 'c', 'b', 'B', 'a', 'A']
>>>a =reversed(range(10))
>>>a
```

```
<range_iterator object at 0x0000000002E0CDB0>
>>>list(a)
[9, 8, 7, 6, 5, 4, 3, 2, 1, 0]
>>>x=[1,2,3]
>>>y=['a','b','c','d']
>>>list(zip(x,y))
[(1, 'a'), (2, 'b'), (3, 'c')]
>>>func =lambda x:x+2
>>>result =map(func, [1,2,3,4,5])
>>>print(list(result))
[3, 4, 5, 6, 7]
>>>a,b=input().split()                    # 输入 2 个用空格隔开的字符串
>>>a,b=map(int,input().split(','))       # 输入 2 个用逗号隔开的整型数
>>>a,b=map(eval,input().split(','))      # 输入 2 个用逗号隔开的数
```

5.2.4　其他函数

Python 解释器提供的其他函数如表 5-4 所示，具体用法读者可以查阅相应的函数帮助信息，此处不再介绍。

表 5-4　其他函数

函　　数	功　　能
input([提示信息])	读取用户输入值，返回字符串类型结果
print(x)	向屏幕终端显示输出信息
range([start],stop[,step])	产生一个从 start 开始到 stop－1 终止、步长是 step 的序列，默认从 0 开始、步长为 1
eval(expression)	计算表达式 expression 的值
open(name[,mode])	使用指定的模式和编码打开文件，返回文件的读写对象
type(object)	返回该 object 的类型
id(object)	返回对象的唯一标识
format(value [,format_spec])	格式化输出字符串
help([object])	返回对象的帮助信息
exec(object)	执行储存在字符串或文件中的 Python 语句
dir([object])	不带参数时，返回当前范围内的变量、方法和定义的类型列表；带参数时，返回参数的属性、方法列表
hash(object)	如果对象 object 为哈希表类型，返回对象 object 的哈希值
compile(source)	将一个字符串编译为字节代码
repr(object)	返回一个对象的字符串表现形式(给解释器)
locals()	返回当前作用域内的局部变量和由其值组成的字典
globals()	返回当前作用域内的全局变量和由其值组成的字典

续表

函　数	功　能
vars([object])	返回对象 object 的属性和属性值的字典对象,如果没有参数,就打印当前调用位置的属性和属性值(类似 locals()函数)
object()	创建一个新的 object 对象
memoryview(object)	返回给定参数的内存查看对象
property([fget[,fset[,fdel[,doc]]]])	在新式类中返回属性值
slice(start,stop[,step])	实现切片对象,主要用于切片操作函数里的参数传递
staticmethod(function)	返回函数的静态方法
super(type[,object-or-type])	用于调用父类(超类)的一个方法
classmethod()	修饰符对应的函数不需要实例化,不需要 self 参数,但第一个参数必须是表示自身类的 cls 参数,可以调用类的属性、类的方法、实例化对象等
bytes([source[,encoding[,errors]]])	根据传入的参数创建一个新的不可变字节数组
bytearray([source[,encoding[,errors]]])	根据传入的参数创建一个新的字节数组
__import__()	动态导入模块
isinstance(object,classinfo)	判断对象是否是类或者类型元组中任意类元素的实例
issubclass(class, classinfo)	判断类是否是另外一个类或者类型元组中任意类元素的子类
hasattr(object,name)	判断对象 object 是否包含名为 name 的特性
getattr(object,name [,defalut])	获取一个类的属性
setattr(object,name,value)	设置对象的属性值
delattr(object,name)	删除 object 对象名为 name 的属性
callable(object)	检查对象 object 是否可调用

5.3　模块和包

本节首先介绍命名空间的相关概念,然后集中介绍 Python 模块、包以及如何把模块和包导入到当前的编程环境中,同时也会涉及与模块、包相关的概念。

5.3.1　命名空间

命名空间是从名称(变量或者是标识符)到对象的映射。当一个名称映射到一个对象上时,这个名称和这个对象就绑定了。命名空间可以理解为是一个容器,在这个容器中可以装许多名称。

1. 命名空间分类

Python 中有三类命名空间：内建命名空间(builtin namespace)、全局命名空间(global namespace)和局部命名空间(local namespace)。在不同的命名空间中的名称是没有关联的。

每个对象都有自己的命名空间，可以通过“对象.名称”的方式访问对象所处的命名空间下的名称，每个对象的名称都是独立的。即使不同的命名空间有相同的名称，它们也是没有任何关联的。

命名空间是动态建立的，并且每个命名空间的生存时间也不一样。内建命名空间是在 Python 解释器启动时创建的，一直存在于当前编程环境中，直到退出解释器。全局命名空间是在模块被导入时创建的，一直保存到解释器退出。局部命名空间在函数被调用时创建，在函数返回或者引发了一个函数内部没有处理的异常时删除。

2. 命名空间的规则

命名空间的规则有如下三条。

①赋值语句会把名称绑定到指定的对象中，赋值的地方决定名称所处的命名空间。

②函数和类的定义会创建新的命名空间。

③Python 搜索一个名称的顺序是“LGB”。“LGB”是 Python 命名空间的英文首字母的缩写。第一层(L 层)是局部(local)命名空间，表示在一个函数定义中。第二层(G 层)是全局(global)命名空间，表示在一个模块的命名空间中，也就是在一个.py 文件中，且在函数或类外构成的空间。第三层(B 层)是内建(builtin)命名空间，表示 Python 解释器启动时就已经加载到当前编程环境中的命名空间，在 Python 解释器启动时会自动载入__builtin__模块，这个模块中的内置函数就处于 B 层的命名空间中。

【例 5-23】 命名空间示例。

```
a=int("8")                                    # 1
def outfunc():                                # 2
    print("调用 outfunc()函数")                 # 3
    b=3                                       # 4
    a=4                                       # 5
    def infunc():                             # 6
        print("调用 infunc()函数")              # 7
        b=5                                   # 8
        c=a+b                                 # 9
        print("调用 infunc()函数的返回值为",c)   # 10
        return c                              # 11
    d=b+infunc()                              # 12
    print("调用 outfunc()函数的返回值为",d)      # 13
    return d                                  # 14
outfunc()                                     # 15
```

程序运行结果：

```
调用 outfunc()函数
调用 infunc()函数
调用 infunc()函数的返回值为 9
调用 outfunc()函数的返回值为 12
```

分析一下该程序中各命名空间是什么时候被创建的。将程序保存为5-23.py文件，启动Python解释器，此时内建命名空间和全局命名空间被创建，在主函数中调用outfunc()函数时创建局部命名空间。

接下来分析该程序中各个名称处于什么命名空间。

第1行，赋值语句，适用第一条规则，把名称a绑定到由内建函数int()创建的整型8这个对象中。赋值的地方决定名称所处的命名空间，因为a是在函数外定义的，所以a处于G层命名空间，即全局命名空间。注意名称int是内置函数，是在__builtin__模块中定义的，所以int就处于B层命名空间中，即内建命名空间。

第2行，由于def中包含隐性的赋值过程，适用第一条规则，把名称outfunc绑定到所创建的函数对象中。由于名称outfunc是在函数外定义的，因此处于G层命名空间中。此外，这一行还适用第二条规则，函数定义会创建新的命名空间(局部命名空间)。

第4行，适用第一条规则，把名称b绑定到3这个对象中，是在一个函数内定义的，处于L层命名空间，精确来说是处于由outfunc()函数创建的局部命名空间。

第5行，适用第一条规则，把名称a绑定到4这个对象中。注意这里的名称a和b都处于L层命名空间中，但是这个名称a与第1行的名称a是不同的，因为它们所处的命名空间是不一样的。

第6行，适用第一条规则，把名称infunc绑定到所创建的函数对象中。由于名称infunc是在outfunc()函数内定义的，因此名称infunc处于L层命名空间，即定义outfunc()函数创建的局部命名空间。同样，函数定义也会创建新的局部命名空间。

第8行，适用第一条规则，把名称b绑定到5这个对象中，这是在infunc()函数内定义的，处于L层命名空间，精确来说是处于由infunc()函数创建的局部命名空间。这个名称b和第4行的b是不同的，它们分别处于由infunc()函数创建的局部命名空间和由outfunc()函数创建的局部命名空间(尽管它们处于局部命名空间)。

第9行，适用第三条规则，Python解释器首先识别到名称a，按照LGB的顺序查找。先找L层，即在infunc()函数内部查找，如果没有找到，再找outfunc()函数内部；如果找到，其值为4。然后又识别到名称b，同样按LGB顺序查找。如果在L层找到，其值为5。然后把4和5相加得到9，创建9这个对象，把名称c绑定到9这个对象中。这个名称c也处于L层infunc()函数局部命名空间。

第12行，适用第三条规则，Python解释器首先识别到名称b，在L层outfunc()函数内找到b的值为3，与infunc()函数的返回值9相加得到12，创建12这个对象，把名称d绑定到12这个对象中。这个名称d也处于L层outfunc()函数局部命名空间。

通过上面例子可以看出，如果在不同命名空间定义了相同的名称是没有关系的，并不会产生冲突。寻找一个名称的过程总是从当前层开始查找，如果找到就停止查找，没有找到就往上层查找，直到找到为止，否则抛出找不到异常。B层内的名称在所有模块(.py文件)中可用，G层内的名称在当前模块(.py文件)中可用，L层的名称在当前函数中可用。

5.3.2　模块

模块是一个 Python 文件，包含 Python 对象定义和 Python 语句。模块能够有逻辑地组织 Python 语言的代码，通过把相关的代码分配到一个模块内，使代码更清晰、易懂。模块里能够定义函数、类和变量，也能包含可执行的代码。这些代码是共享的，所以 Python 允许导入一个之前编写好的模块，以实现代码的重用。

1. 模块的导入

在 python 中，要想使用模块，需要先导入模块，导入模块有以下三种方式。

1）使用 import 语句导入模块

（1）使用 import 语句导入模块格式如下。

```
import module1
import module2
⋮
import moduleN
```

（2）使用 import 语句导入模块也可以一行导入多个模块，如下。

```
import module1[,module2[,...,moduleN]]
```

虽然上述两种格式在性能和生成 Python 代码方面没有区别，但是第二种的可读性不如第一种，建议使用第一种格式。推荐所有的模块都在 Python 模块的开头部分导入。而且最好按照 Python 标准库模块、Python 第三方模块和应用程序自定义模块的顺序导入，并且使用一个空行分隔这三类模块的导入语句。在使用模块内的函数时，必须按“模块名.函数名”引用。在调用模块中的函数时，之所以要加上模块名，是因为在多个模块中，可能存在名称相同的函数，如果只是通过函数名来调用，解释器无法知道到底要调用哪个函数。

例如：

```
>>>import math
>>>math.sqrt(50)            # 调用平方根函数 sqrt
7.0710678118654755
>>>math.pow(2,8)            # 调用 pow 函数求 2 的 8 次方
256.0
```

2）使用 from-import 语句导入模块

格式如下。

```
from module1 import name1[,name2[,...,nameN]]
```

该命令可以导入模块的指定函数，而模块内的其他函数不会被导入。

例如：

```
>>>from math import exp,fabs
>>>math.exp(2)
7.38905609893065
>>>math.fabs(-5)
5.0
>>>math.sqrt(9)
Traceback (most recent call last):
```

```
  File "<pyshell# 1>", line 1, in <module>
    math.sqrt(9)
NameError: name 'math' is not defined
```

因为没有导入 sqrt()函数，所以抛出异常。当然也可以一次性导入模块内的所有函数，命令格式如下。

```
from module1 import *
```

例如：

```
>>>from math import *
```

但不建议过多地使用该种方式，因为有可能会覆盖当前名称空间现有的名字。

3）使用扩展的 import 语句导入模块

有时候导入的模块或模块属性名称已经在程序中使用了，又或者因为其名称太长不方便使用，可以使用扩展的 import 语句，在导入时指定局部绑定名称，格式如下。

```
import 模块名 as 新名字
```

例如：

```
>>>import math as sx      # 将 math 模块命名为 sx
>>>sx.pi                  # 调用 math 模块内的 pi 函数
3.141592653589793
```

2. 模块位置的搜索顺序

当导入一个模块时，Python 解释器对模块位置的搜索顺序如下。

①当前目录。

②如果不在当前目录，Python 会搜索在 PYTHON PATH 变量下的每个目录。

③如果都找不到，Python 会查看由安装过程决定的默认目录。

模块搜索路径存储在 system 模块的 sys. path 变量中。变量里包含当前目录、PYTHON PATH 和由安装过程决定的默认目录。

例如：

```
>>>import sys,pprint
>>>pprint.pprint(sys.path)
[ 'D:/pylx',
  'C:\\Users\\Administrator\\AppData\\Local\\Programs\\Python\\Python36\\Lib\\
idlelib',
  'C:\\Users\\Administrator\\AppData\\Local\\Programs\\Python\\Python36\\
python36.zip',
  'C:\\Users\\Administrator\\AppData\\Local\\Programs\\Python\\Python36\\DLLs
',
  'C:\\Users\\Administrator\\AppData\\Local\\Programs\\Python\\Python36\\lib
',
  'C:\\Users\\Administrator\\AppData\\Local\\Programs\\Python\\Python36',
  'C:\\Users\\Administrator\\AppData\\Local\\Programs\\Python\\Python36\\lib\
\site-packages']
```

这些目录都是可用的，用于存放自己创建模块的位置，但 site-packages 目录是最佳选择。

3. 模块的创建

在Python中，每一个Python文件都可以作为一个模块，模块的名字就是文件的名字。例如，建立一个Fibonacci.py文件，在文件里定义fib()和fib1()两个函数。

【例5-24】 自定义模块。

```
# Fibonacci.py
def fib(n):
    "定义到 n 的斐波那契数列"
    a=0
    b=1
    while b<n:
        print(b,end=" ")
        a,b=b,a+b
    print()
def fib1(n):
    "返回到 n 的斐波那契数列"
    result=[]
    a,b=0,1
    while b<n:
        result.append(b)
        a,b=b,a+b
    return result
```

自定义模块(Fibonacci.py)的使用如下。

```
>>>import Fibonacci
>>>Fibonacci.fib(100)
1 1 2 3 5 8 13 21 34 55 89
>>>Fibonacci.fib1(100)
[1, 1, 2, 3, 5, 8, 13, 21, 34, 55, 89]
>>>from Fibonacci import fib,fib1
>>>fib(200)
1 1 2 3 5 8 13 21 34 55 89 144
>>>fib1(200)
[1, 1, 2, 3, 5, 8, 13, 21, 34, 55, 89, 144]
>>>dir(Fibonacci)  # 得到自定义模块 Fibonacci 中定义的变量和函数
['__builtins__', '__cached__', '__doc__', '__file__', '__loader__', '__name
__', '__package__', '__spec__', 'fib', 'fib1']
```

4. 模块的属性

在Python中，模块具有很多属性。可以在模块中导入指定的模块属性，即把指定名称导入到当前的作用域。模块的属性有以下四个方面。

(1) _name_:标识模块名字的系统变量。前后加了双下划线表示系统定义的名字，普通变量不要用此方法命名。这里分两种情况：假如当前模块是主模块，则此模块的名字就是“_main_”，通过if判断就可以执行“_main_”后边的主函数内容；假如当前模块是被导入的，则此模块名字为文件名(不加后面的.py)，通过if判断就会跳过“_main_”后边的内容。

(2) _file_:模块完整的文件名。对于导入模块,文件名为绝对路径格式;对于直接执行的模块,文件名为相对路径格式。

(3) _doc_:文档字符串,即模块在所有语句之前第一个未赋值的字符串。

(4) _dict_:模块globals名字空间。

5. 模块的内建函数

下面介绍与模块相关的几个重要的内建函数。

1) _import_()函数

import()函数是作为导入模块的函数,事实上,import本质上是调用_import_()函数加载模块实现模块导入的。有时希望从配置文件等地方获取要被动态加载的模块,但是所读取的配置项通常为字符串类型,无法用import加载。_import_()函数的语法格式如下。

```
_import_ (name[, globals[, locals[, fromlist[, level]]]])
```

其中,name为被加载模块的名称;globals为包含全局变量的字典,该选项很少使用,采用默认值global();locals为包含局部变量的字典,内部标准实现未用到该变量,采用默认值local();fromlist为被导入的符号列表;level为导入路径选项,默认为−1,表示同时支持absolute import和relative import。

例如:

```
>>>os_module = __import__('os')
>>>os_module.path
<module 'ntpath' from 'C:\\Users\\Administrator\\AppData\\Local\\Programs\\
Python\\Python36\\lib\\
ntpath.py'>
```

2) dir()函数

dir()函数返回一个排好序的字符串列表,内容是模块里面定义的变量和函数。语法如下。

```
dir(模块名)
```

例如:

```
>>>import math
>>>dir(math)
['__doc__', '__loader__', '__name__', '__package__', '__spec__', 'acos',
'acosh', 'asin', 'asinh', 'atan', 'atan2', 'atanh', 'ceil', 'copysign', 'cos',
'cosh', 'degrees', 'e', 'erf', 'erfc', 'exp', 'expm1', 'fabs', 'factorial',
'floor', 'fmod', 'frexp', 'fsum', 'gamma', 'gcd', 'hypot', 'inf', 'isclose',
'isfinite', 'isinf', 'isnan', 'ldexp', 'lgamma', 'log', 'log10', 'log1p', 'log2',
'modf', 'nan', 'pi', 'pow', 'radians', 'sin', 'sinh', 'sqrt', 'tan', 'tanh', 'tau',
'trunc']
```

3) reload()函数

reload()函数用于重新导入一个已经导入的模块,其语法格式如下。

```
reload(模块名)
```

6. random模块

随机数可以用于数学、游戏等领域,还经常被嵌入到算法中,用以提高算法效率,并提高程序的安全性。random 模块中常用的随机数函数如表 5-5 所示。

表 5-5　random 模块中常用的随机数函数

函　　数	说　　明
random. random()	产生一个[0,1)范围内的随机浮点数
random. uniform(a,b)	产生指定[a,b]范围内的随机浮点数
random. randint(a,b)	产生指定[a,b]范围内的随机整数
random. randrange([start],stop[,step])	从一个指定步长的集合中产生随机数,step 默认值为 1,不包括右端点
random. choice(sequence)	从序列的元素中随机挑选一个元素
random. shuffle(x[, random])	将一个列表中的元素随机打乱
random. sample(sequence,k)	从序列中随机获取指定长度的片段

7. math 模块

math 模块实现了对浮点数的数学运算,这些函数一般是对 C 语言库中同名函数的简单封装。math 模块的数学运算函数如表 5-6 所示。

表 5-6　math 模块的数学运算函数

函　　数	说　　明
math. e	常数 e = 2.7128…
math. exp(x)	返回 ex
math. fabs(x)	返回 x 的绝对值
math. factorial(x)	返回 x!
math. floor(x)	返回小于等于 x 的最大整数
math. fmod(x,y)	返回 x 对 y 取模的余数
math. sqrt(x)	返回 x 的算术平方根
math. fsum(x)	返回 x 阵列值的各项和
math. hypot(x,y)	返回欧几里得范数 sqrt(x×x+y×y)
math. isinf(x)	如果 x=±inf,也就是±∞,返回 True
math. ldexp(m,n)	返回 m×2n 与 frexp 是反函数
math. log(x,a)	返回以 a 为底的对数
math. log10(x)	返回以 10 为底的对数
math. log1p(x)	返回以 e 为底 1+x 的对数
math. modf(x)	返回 x 的小数部分与整数部分
math. pi	返回常数 π(3.14159…)的值
math. pow(x,y)	返回 x 的 y 次幂
math. sin(x)	返回 x 的正弦
math. sinh(x)	返回 x 的双曲正弦

续表

函数	说明
math.cos(x)	返回 x 的余弦
math.cosh(x)	返回 x 的双曲余弦
math.tan(x)	返回 x 的正切
math.tanh(x)	返回 x 的双曲正切
math.acos(x)	返回 x 的反余弦
math.acosh(x)	返回 x 的反双曲余弦
math.asin(x)	返回 x 的反正弦
math.asinh(x)	返回 x 的反双曲正弦
math.atan(x)	返回 x 的反正切

5.3.3 包

包是一个有层次的文件目录结构，它定义了由模块和子包组成的 Python 应用程序执行环境。包可以解决如下问题。

(1) 把命名空间组织成有层次的结构。

(2) 运行程序员把有联系的模块组合到一起。

(3) 解决有冲突的模块名称。

(4) 允许程序员使用有目录结构而不是杂乱无章的文件。

简单地说，包就是文件夹，但包区别于文件夹的重要特征是包内每一层目录都有初始化_init_.py 文件，它可以是空文件，也可以有 Python 代码，用于标识当前文件是一个包。

创建如下包的目录结构：目录 package_1 下有_init_.py 文件、fun1.py 文件和 fun2.py 文件，test.py 文件为测试调用包的代码；目录 package_2 下有_init_.py 文件、fun3.py 文件和 fun4.py 文件。

```
test.py
package_1/
__init__.py
fun1.py
fun2.py
package_2/
__init__.py
fun3.py
un4.py
```

与模块相同，包也是使用句点属性标识来访问它们的元素的。如果要导入包中的 fun1 模块，可以通过以下方式导入。

第一种方式：

```
import  package_1.fun1
package_1.fun1.fun1()
```

第二种方式：

```
from package_1.fun1 import fun1
fun1()
```

【例 5-25】 自定义包。

package_1/fun1. py 的代码如下。

```
def fun1():
    print("调用 package_1 包里的 fun1.py 的 fun1()函数")
```

package_1/fun2. py 的代码如下。

```
def fun2():
    print("调用 package_1 包里的 fun2.py 的 fun2()函数")
```

package_1/__init__. py 的代码如下。

```
if __name__=='__main__':
    print("运行的是主程序")
else:
    print("初始化 package_1")
```

然后在与 package_1 同级的目录下创建 test. py 文件，代码如下。

```
from package_1.fun1 import fun1
from package_1.fun2 import fun2
fun1()
fun2()
```

调用 test. py 文件，运行结果：

```
初始化 package_1
调用 package_1 包里的 fun1.py 的 fun1()函数
调用 package_1 包里的 fun2.py 的 fun2()函数
```

如果目录 package_1 中的 fun1 模块需要引用目录 package_2 中的模块，那么在默认情况下，Python 是找不到 package_2 的。可以在 package_1 中的_init_. py()中添加如下代码。

```
import sys
sys.path.insert(0,"../")
```

然后为该包下的所有模块都添加 import _init_即可。

本章小结及习题

第6章 类与对象

本章学习目标

- 理解面向对象程序设计的基本思想和主要特点
- 熟练掌握类的设计和使用
- 掌握类、对象以及它们之间的关系
- 掌握类、对象的属性和方法
- 掌握构造函数和析构函数

一般地，软件的基本开发方法可以分为面向过程和面向对象两种。在前面已经介绍了很多面向过程的编程方法的实例，为了让程序能更方便地实现强大的、复杂的功能，通常将对应的程序封装为类，即使用面向对象的编程方法去进行程序的开发。本章具体介绍类与对象相关的知识。

6.1 面向对象程序设计概述

6.1.1 面向对象程序设计思想

面向对象程序设计(object oriented programming，OOP)的思想主要是针对大型软件设计而提出的，使得软件设计更加灵活，能够很好地支持代码复用和设计复用，并且使得代码具有更好的可读性和可扩展性。它力求更客观地、自然地描述现实世界，使分析、设计和系统实现的方法与人们认识客观世界的自然思维方式尽可能地一致。面向对象程序设计的一个关键性观念是将数据及对数据的操作封装在一起，组成一个相互依存、不可分割的整体，即对象。对于相同类型的对象进行分类、抽象后，得出共同的特征而形成了类，面向对象程序设计的关键就是如何合理地定义和组织这些类及类之间的关系。简而言之，对象就是现实世界中的一个实体，而类就是对象的抽象和概括。

当生产一台计算机的时候，并不是先生产主机，再生产显示器，然后生产键盘、鼠标，即不是顺序执行的，而是分别生产主机、显示器、键盘、鼠标等，最后把它们组装起来。这些部件通过事先设计好的接口连接，以便协调地工作。这就是面向对象程序设计思想。在一定程度上，可以说面向过程比较注重细节，而面向对象注重从宏观总体上去控制。

在大型项目的开发中，因为涉及的东西非常多，所以如果用面向对象的编程思想编写对应的程序，那么程序实现起来就会方便很多，并且代码也会更加清晰。因此，可以将大型项目看成是由多个对象组成的，然后由不同的开发人员对这些对象进行具体实现，再将这些对象组装起来即可。

6.1.2　面向对象的基本概念

1. 对象

在面向对象中，人们进行研究的一切事物统称为对象。它可以是有形的实体，如一个人、一辆车、一台计算机等，也可以是无形的实体，如人和人之间的关系，人的教学、生产等活动。

2. 属性和方法

每个对象都具有描述其特征的属性及附属于它的行为。描述对象有两个要素：属性和方法。

属性是描述对象静态特性的数据元素。方法是描述对象动态特性（行为特性）的一组操作。例如，一辆车有颜色、车轮数、座椅数等属性，也有有启动、行驶、停止等行为；一个人有姓名、性别、年龄、身高、体重等属性，也有走路、说话、学习、开车等行为。

3. 类

类是一组具有共同特性的所有对象的抽象描述。面向对象的类是具有相同属性和行为的一组对象的集合，它能为全部对象提供抽象的描述，包括属性和行为。类和对象的关系是抽象与具体的关系，它们的关系就像模具与用模具生产出来的产品之间的关系。一个属于某个类的对象称为该类的一个实例。

4. 实例化

从一个类的定义，可以创建该类的多个“真正实体”，即实例。实例是类所定义的对象的具体实现。实例化是指在类定义的基础上构造对象（实例）的过程。

6.1.3　面向对象的基本特征

面向对象程序具有三个基本特性：封装性、继承性和多态性。

1. 封装性

封装性（encapsulation）指将对象的属性和方法的实现代码封装在对象的内部。对外界来说，对象的内部信息被隐藏起来，外界只需通过定义良好、控制严格的对象接口使用对象，无须关心其内部实现的具体细节。

2. 继承性

继承性（inheritance）是面向对象程序设计中能够提高程序的可重用性和开发效率的重要保障。它允许在已有类的基础上创建新的类，新的类可以从一个或多个已有的类中继承函数和数据，而且可以重新定义或加进新的数据和函数。因此，新的类不但可以共享原有类的属性，同时也具有新的特性。

被继承的类称为基类或者父类，而继承的类或者说是派生出来的新类称为派生类或者子类。对于一个派生类，如果只有一个基类，称为单继承；如果同时有多个基类，称为多重继承。单继承可以看成是多重继承的一个最简单的特例，而多重继承可以看成是多个单继承的组合。

类的继承具有传递性，即如果类C是类B的子类，类B是类A的子类，则类C不仅继承类B的所有属性和方法，还继承类A的所有属性和方法。因此，一个类实际上继承了它所在类层次以上的全部父类的属性和方法。这样，属于该类的对象不仅具有自己的属性和方法，还具有该类所有父类的属性和方法。

3. 多态性

多态性(polymorphism)指类中具有相似功能的不同函数使用同一名称，从而使得可以用相同的调用方式达到调用具有不同功能的同名函数的效果。在面向对象程序设计语言中，多态性指不同对象接收到相同的消息时产生不同的响应动作，即对应相同的函数名，却执行不同的函数体，从而用同样的接口去访问功能不同的函数，实现“一个接口，多种方法”。

6.2　类

Python中使用关键字class定义类，定义类的一般方法如下。

```
class  类名():
        类属性
        def 方法名1(self,参数):
             方法实现代码块
        def 方法名2(self,参数):
             方法实现代码块
         ⋮
```

类名的首字母一般需要大写，类属性是在类中方法之外定义的，类属性属于类，可通过类名访问(尽管也可通过对象访问，但不建议这样做，因为这样做会造成类属性值不一致)。一个类中有一个特殊的方法：_init_()(注意init前后是两个下划线)，这个方法被称为构造方法，它是在创建和初始化这个新对象时被调用的。如果用户未设计构造方法，Python将提供一个默认的构造方法。每个方法其实都是一个函数定义，与普通函数略有差别。首先，每个方法的第一个参数都是self，self代表将来要创建的对象本身。在访问类的实例属性时需要以self为前缀。其次，方法只能通过对象来调用，即向对象发消息请求对象执行某个方法。

【例6-1】　定义类练习。

```
class Man():
    head="头"
    hand="手"
    foot="脚"
    def say(self):
```

```
        print("我能说话")
    def see(self):
        print("我能看见东西")
    def listen(self):
        print("我能听见声音")
```

说明：例题定义了一个名为 Man 的类，这个类有 head、hand 和 foot 等属性，同时定义了 say()、see()和 listen()方法。

6.3　对　　象

因为类是抽象的，所以类不可以直接被使用。必须将类实例化成对象后，才能使用类里面对应的数据和方法。

将对应的类实例化成对应的对象的格式如下。

```
对象名=类名()
```

如果要使用对象调用对应的属性和方法，格式如下。

```
对象名.属性
对象名.方法名()
```

同一个类可以实例化成多个对象，并且多个对象之间的数据不会互相干扰。对象的创建及使用方法如下。

```
>>>class Man():
    head="头"
    hand="手"
    foot="脚"
    def say(self):
        print("我能说话")
    def see(self):
        print("我能看见东西")
    def listen(self):
        print("我能听见声音")
>>>LiuJun=Man()
>>>LiuJun.head
'头'
>>>LiuJun.hand
'手'
>>>LiuJun.say()
我能说话
>>>LiuJun.listen()
我能听见声音
>>>print(LiuJun.foot)
```

```
脚
>>>WangLi=Man()
>>>WangLi.head
'头'
>>>WangLi.see()
我能看见东西
>>>WangLi.hand
'手'
>>>WangLi.hand="王丽的手"
>>>WangLi.hand
'王丽的手'
>>>LiuJun.hand
'手'
```

首先，创建对象 LiuJun，通过 LiuJun. head、LiuJun. hand 和 LiuJun. foot 访问 LiuJun 的头、手和脚属性，通过 LiuJun. say()、LiuJun. listen()等方法调用。然后，创建对象 WangLi，通过 WangLi. hand＝“王丽的手”更改 WangLi 的 hand 属性，但是 LiuJun 的 hand 属性没有受影响。

注意，同一个类创建出来的对象之间的数据是互不影响的，正因为这样，开发人员在做项目的时候，才可以放心地创建并使用对象。当前所使用的这个对象，即使更改其数据出现了问题，也不会让项目的其他用到该类的地方出现问题。

Python 提供了一种内置函数 isinstance()来判断一个对象是否是已知类的实例，其语法如下。

```
isinstance(object,classinfo)
```

其中，第一个参数 object 为对象，第二个参数 classinfo 为类名，返回值为 True 或 False。

例如：

```
>>>isinstance(WangLi,Man)
True
```

6.4 类的属性与方法

6.4.1 类的属性

类的属性有两种：类属性和实例属性。类属性是在类中方法之外定义的，如在例 6-1 中定义的 head、hand 和 foot 均属于类属性。实例属性是在构造方法_init_()中定义的，定义时以 self 为前缀，只能通过对象名访问。

【例 6-2】 定义 Rectangle 类表示矩形。该类有 width 和 height 两个属性，均在构造方法中创建，定义方法 area 和 perimeter 计算矩形的面积和周长。

```
class Rectangle():
    def __init__(self,w,h):
        self.width=w            # 定义实例属性 width
        self.height=h           # 定义实例属性 heigh
    def area(self):
        return self.width*self.height
    def perimeter(self):
        return (self.width+self.height)*2
# 主程序
tt=Rectangle(8,5)
print("矩形的宽%d,矩形的高%d"%(tt.width,tt.height))
print("矩形的面积:",tt.area())
print("矩形的周长:",tt.perimeter())
```

注意,该程序中 tt=Rectangle(8,5)表示通过构造方法创建宽为 8、高为 5 的矩形对象 tt,通过对象名 tt 访问实例属性 tt. width 和 tt. height。

在类的方法中,可以调用类本身的方法,也可以访问类属性及实例属性。值得注意的是,Python 可以动态地为类和对象增加成员,这点是与其他面向对象语言不同的,这也是 Python 动态类型的重要特点。例如:

```
>>>LiPeng=Man()                # 创建对象 LiPeng
>>>Man.body="身体"             # 增加类属性 body
>>>LiPeng.body
'身体'
>>>LiPeng.head="李鹏的头"      # 修改类属性 head
```

Python 属性有私有属性和公有属性,若属性名以两个下划线“_”(中间无空格)开头,则该属性为私有属性,否则是公有属性。公有属性是公开使用的,既可以在类的内部使用,也可以在类的外部使用。私有属性在类的外部不能直接访问,需通过调用对象的公有属性方法或 Python 提供的特殊方式来访问。Python 为访问私有成员所提供的特殊方式用于测试和调试程序,一般不建议使用。私有属性调用方法如下。

```
对象名._类名_私有属性名
```

【例 6-3】 公有属性和私有属性练习。

```
class Person:
    def __init__(self,n,y,w,h):
        self.name=n        # 定义公有属性姓名 name
        self.year=y        # 定义公有属性出生的年份 year
        self.__weight=w    # 定义私有属性以千克为单位的体重 weight
        self.__height=h    # 定义私有属性以米为单位的身高 height
    def old(self,y):
        return y-self.year
# 主程序
pa=Person("ChenYu",2000,60,1.8)
print("姓名为:%s,出生于%d年"%(pa.name,pa.year))
```

```
print("现在的体重为:%d千克,身高为:%.2f米"%(pa._Person__weight,pa._Person__
height))
myyear=2018
age=pa.old(myyear)
print("到%d年年龄是%d岁"%(myyear,age))
```

程序运行结果：

```
姓名为:ChenYu,出生于2000年
现在的体重为:60千克,身高为:1.80米
到2018年年龄是18岁
```

6.4.2 构造方法和析构方法

1. 构造方法

在例6-2中，一个类中有一个特殊的方法：__init__。这个方法被称为构造方法或初始化方法，用来为属性设置初值，在建立对象时自动触发执行的方法。构造方法属于对象，每个对象都有自己的构造方法。如果用户未设计构造方法，Python将提供一个默认的构造方法。

定义构造方法的格式如下。

```
class类名():
    属性
    def_init__(self,参数):
        初始化程序块
    def 方法名(self,参数)
        方法实现代码块
```

上述语句用def _init_ _(self,参数)定义了一个构造方法。在例6-2中设计了构造方法，用来为属性width和height设置初值。在例6-3中也设计了构造方法，用来为属性name、year、weight和height设置初值。为属性设置初值的格式如下。

```
self.属性名1=接收的参数变量1
self.属性名2=接收的参数变量2
…
```

引用对应的属性，需要在属性名前加上“self.”，即通过以下格式引用。

```
self.属性名
```

2. 析构方法

析构与构造的过程相反，也就是说，析构这个过程可以简单地理解为对象销毁的时候。析构方法是当对象销毁的时候会自动触发执行的方法。有时需要在程序的最后处理一些事情，如用来释放对象占用的资源。在后面将会学习到的与数据库相关的操作中，如果需要在对象销毁的时候断掉对应数据库的连接，就可以将关闭连接的语句写在析构方法中，这样，在对象销毁时该语句会自动执行。

定义析构方法的格式如下。

```
class 类名():
    属性
    def _del__(self,参数):
        析构程序块
    def 方法名(self,参数)
        方法实现代码块
```

【例 6-4】 构造方法和析构方法练习。

```
class Man():
    head="头"
    hand="手"
    foot="脚"
    def __init__(self,name,sex,weight):
        print("我是构造方法,自动初始化了你的数据!")
        self.name=name
        self.sex=sex
        self.weight=weight
    def __del__(self):
        print("我是析构方法,我自动执行了!")
    def say(self):
        print(self.name+"能说话!")
    def see(self):
        print(self.name+"能看见东西!")
    def listen(self):
        print(self.name+"能听见声音!")
    def say(self):
        print("我的性别是:"+self.sex+",我的体重是:"+str(self.weight)+"千克")
# 主程序
LiuJun=Man("刘军","男",65)
LiuJun.say()
LiHua=Man("李华","女",50)
LiHua.say()
LiHua=Man("李华","女",50)
```

程序运行结果：

```
我是构造方法,自动初始化了你的数据!
我的性别是:男,我的体重是:65 千克
我是构造方法,自动初始化了你的数据!
我的性别是:女,我的体重是:50 千克
我是构造方法,自动初始化了你的数据!
我是析构方法,我自动执行了!
```

注意，类 Man()中定义了三个类属性 head、hand、foot，在构造方法__int__()中定义了三个实例属性 self. name、self. sex、self. weight，其值分别由参数 name、sex、weight 进行赋值，

同时定义了析构方法__del__()。主程序中先后建立了 LiuJun 和 LiHua 两个对象，当调用 LiuJun.say()和 LiHua.say()方法时，构造方法自动执行，而析构方法没有执行。当程序中再次建立对象 LiHua 时，因为之前存在的 LiHua 对象会被销毁，所以程序会调用析构方法，输出“我是析构方法，我自动执行了！”。

本章小结及习题

第7章　类的重用

本章学习目标

■ 掌握类的继承
■ 掌握类的组合

面向对象有一个非常大的好处就是代码的重用,代码重用是软件工程的重要技术之一。类的重用技术通过创建新类来复用已有的代码,从而不必从头开始编写,可以使用系统标准类库、开源项目中的类库、自定义类等已经调试好的类,从而降低工作量并减少出现错误的可能性。

类的设计中主要有两种重用方法:类的继承和类的组合。类的继承指在现有类的基础上创建新类,在新类中添加代码,以扩展原有类的属性(数据成员)和方法(成员函数)。类的组合指在新创建的类中包含已有类的对象作为其属性。本章先介绍继承方法,再介绍组合方法。

7.1　继　　承

7.1.1　父类与子类

如果有两个类A、B,并且类A中的所有属性和方法,在类B中都含有,那么可以理解为类B继承于类A。此时,可以把类A称为父类,把类B称为子类。父类有时也叫作基类,父类指被直接或间接继承的类。在Python中,类object是所有类的直接或间接父类。在继承关系中,继承者是被继承者的子类。

需要注意的是,继承并不等于A、B两个类相等。若类B继承于类A,则类B会具有类A的所有非私有属性和非私有方法,同时,类B也可以拥有额外的属性和方法。

子类继承所有父类的非私有属性和非私有方法,子类也可以增加新的属性和方法,子类也可以通过重定义来覆盖从父类继承而来的方法。

7.1.2　单继承

根据父类的个数多少,继承分为单继承和多继承。单继承指父类只有一个的继承方式。

多继承指父类不止一个的继承方式。本节先介绍单继承，第 7.1.4 节介绍多继承。

如果要实现单继承，可以通过如下格式实现。

```
class 类 A:
    属性
    def 方法 a(self,参数):
        代码块
class 类 B(类 A):          # 类 B 继承类 A
    属性
    def 方法 b(self,参数):
        代码块
```

可以看到，在定义类 B 的时候，在其后面有一个括号，括号里面为类 A，也就是说，如果要实现继承，那么只需要在定义子类的时候，在其类的参数里面加上要继承的父类即可。子类可以加上新的属性和方法，如下。

```
>>>class A():         # 定义父类 A
  name="class A"
  def fa(self):
    print("I am class A!")
>>>class B(A):         # 定义子类 B,继承父类 A 的属性和方法,同时又定义新的属性和方法
  new="New"
  def fb(self):
    print("I am class B!")
>>>a=A()
>>>a.name
'class A'
>>>a.fa()
I am class A!
>>>b=B()
>>>b.name
'class A'
>>>b.fa()
I am class A!
>>>b.fb()
I am class B!
>>>b.new
'New'
```

可以看到，上面的程序使用类 A 实例化了一个对象 a，使用类 B 实例化了一个对象 b。在对象 a 中，属性 name 与方法 fa()均能正常使用。在对象 b 中，调用属性 b. name 和方法 b. fa()，类 B 的属性和方法都是从类 A 中继承下来的。当子类继承了父类之后，子类便具有了父类的所有特点，包括所有的属性和方法。随后程序调用了 b. fb()和 b. new，在子类中新定义的方法和属性，这些是父类没有的。当子类继承了父类之后，子类仍然可以具有自己的发展，可以定义新的属性和方法。

综上，可以总结出以下两条性质。①当子类继承了父类之后，子类便具有了父类的所有

特点，包括所有的属性和方法。②当子类继承了父类之后，子类仍然可以具有自己的发展，可以定义新的属性和方法。

有如下程序：

```
>>>class A():
    name="class A"
    ff="父类的属性 ff"
    def fa(self):
        print("父类的方法!")
>>>class B(A):
    name="class B"
    def fa(self):
        print("子类的方法!")
    def fb(self):
        print("子类扩展的方法!")
>>>a=A()
>>>a.name
'class A'
>>>a.fa()
父类的方法!
>>>a.ff
'父类的属性 ff'
>>>b=B()
>>>b.ff
'父类的属性 ff'
>>>b.name
'class B'
>>>b.fa()
子类的方法!
>>>b.fb()
子类扩展的方法!
```

该程序首先定义了两个类 A、B，类 B 继承了类 A。接着，通过类 A 创建一个对象 a，通过类 B 创建一个对象 b。然后，先调用 a. name、a. fa()、a. ff 等属性和方法。随后，调用对象 b 中的 b. ff，此处的 ff 属性在类 B 中并没有自定义，此时输出的是继承过来的值，即“父类的属性 ff”。调用 b. name 时会发现，此时 name 属性的值成了“class B”，显然不是继承过来的数据，因为此时在子类 B 中定义了一个与父类 A 同名的属性 name，所以会把继承过来的同名属性替换掉。同样，调用 b. fa()时会发现，此时对应的方法也不是继承过来的方法了，同样是因为在子类 B 中定义了一个与父类 A 同名的方法，所以在子类 B 中该方法就会使用新定义的这个同名方法。

根据上面的程序，发现继承有如下规律：在继承时，如果子类中出现了与父类同名的方法或属性，在子类中就会将从父类中继承过来的同名属性或方法替换掉，在子类中则会以该子类中新定义的同名属性或方法为准，而其他不同名的属性或方法在子类中的使用不受影响，并且，在父类中使用原同名方法，也不会受子类的影响，例如上面的程序中，虽然调用 b. fa()时会输出“子类的方法！”，但是在调用 a. fa()时仍然会输出“父类的方法！”，所以，在子类中新定义的同名方法或属性，只能影响对应的同名方法或属性在子类中的使用，而不能影响对应的同名方法或属性在父类中的使用。

7.1.3　继承关系下的构造方法

在 Python 的继承关系中，如果子类的构造方法没有覆盖父类的构造方法_init_()，则在创建子类对象时，默认执行父类的构造方法。

【例 7-1】　子类继承父类的默认构造方法示例。

```
class A():
    id=0
    def__init__(self):
        A.id=A.id+1
        print("执行类 A 的构造方法!")
class B(A):
    def test(self):
        print("执行类 B 的普通方法!")
b=B()
print(b.id)
b.test()
```

程序运行结果：

```
执行类 A 的构造方法!
1
执行类 B 的普通方法!
```

注意，父类 A 有一个构造方法_init_(self)，子类 B 继承父类 A 且没有重写构造方法，因此在创建子类 B 对象时，会调用父类 A 的默认构造方法_init_(self)，子类 B 继承了父类 A 的属性 id，所以 b. id 的值为 1。

当子类的构造方法_init_(self)覆盖了父类中的构造方法时，创建子类对象时，会执行子类的构造方法，不会自动调用父类中的构造方法。

【例 7-2】　子类覆盖父类的构造方法示例。

```
class A():
    id=0
    def__init__(self):
        A.id=A.id+1
        print("执行类 A 的构造方法!")
class B(A):
    def__init__(self):
        print("执行类 B 的构造方法!")
    def test(self):
        print("执行类 B 的普通方法!")
b=B()
print(b.id)
b.test()
```

程序运行结果：

```
执行类 B 的构造方法!
0
执行类 B 的普通方法!
```

注意，在创建子类B对象时，执行子类B的构造方法_init_(self)，而父类A中的_init_(self)构造方法不会被执行。

在Python语言中，当子类的构造方法覆盖父类的构造方法时，编译器不会自动插入对父类构造方法的调用。如果需要调用父类的构造方法，必须在子类的构造方法中明确写出调用语句。

调用父类的构造方法有以下两种。

```
父类名._init_(self,其他参数)
super(子类名,self)._init_(其他参数)
```

注意，这里的其他参数指构造方法定义时列出的除self以外的参数。

【例7-3】 子类构造方法调用父类构造方法示例。

```
class A():
    id=0
    def __init__(self):
        A.id=A.id+1
        print("执行类 A 的构造方法!")
class B(A):
    def __init__(self):
        print("执行类 B 的构造方法!")
        super(B,self).__init__()
    def test(self):
        print("执行类 B 的普通方法!")
        A.__init__(self)
b=B()
print(b.id)
b.test()
```

程序运行结果：

```
执行类 B 的构造方法!
执行类 A 的构造方法!
1
执行类 B 的普通方法!
执行类 A 的构造方法!
```

注意，在创建子类B对象时，执行了子类B的构造方法_init_(self)，在该构造方法中用super()调用了父类A的_init_(self)构造方法，在子类的test()方法中再次调用了父类的构造方法。

7.1.4 多继承

多继承指父类不止一个的继承方式。多继承的使用格式如下。

```
class 类A():
    属性
    def 方法a(self,参数):
        代码块a
class 类B():
    属性
    def 方法b(self,参数):
        代码块b
class 类C(类A,类B):
    属性
    def 方法c(self,参数):
        代码块c
```

在上面的格式中,类C同时继承了类A与类B,此时类C为子类,类A与类B都是父类。

【例7-4】 多继承示例。

```
class A():
    name="class A"
    a1="父类A的属性"
    def fa(self):
        print("我是父类A! ")
class B():
    name="class B"
    b1="父类B的属性"
    def fb(self):
        print("我是父类B! ")
class C(A,B):
    name="class C"
    def fc(self):
        print("我是子类C! ")
a=A()
b=B()
c=C()
print(a.name)
a.fa()
print(b.name)
b.fb()
print(c.name)
c.fc()
print(c.a1)
print(c.b1)
c.fa()
c.fb()
```

程序运行结果：

```
class A
我是父类 A!
class B
我是父类 B!
class C
我是子类 C!
父类 A 的属性
父类 B 的属性
我是父类 A!
我是父类 B!
```

此例中，类 A 和类 B 为父类，类 C 为子类，它继承了父类的属性和方法。分别通过类 A、类 B 和类 C 实例化生成了对应的对象 a、b 和 c。可以看到对象 a 与对象 b 中相关的属性和方法均能正常地使用，对象 c 中的同名属性 name 的值为“class C”。在多继承中，如果子类出现了与父类中一样的同名属性或同名方法，则会覆盖掉继承过来的同名属性或方法，以在子类中定义的同名属性或方法为准，其他属性或方法不受影响。可以看到，c. a1、c. b1、c. fa()和 c. fb()等继承过来的属性和方法仍能正常使用，并且在类 C 中新定义的方法 c. fa()也能正常使用。

多继承的使用方式在很多时候都与单继承的类似，不同之处在于多继承会拥有多个父类，而单继承只有一个父类。在多继承中，如果父类之间出现了同名的属性或方法，在子类中又将如何继承呢？

【例 7-5】 父类之间出现了同名的属性或方法的多继承示例。

```
class A():
    name="class A"
    def fa(self):
        print("我是父类 A! ")
class B():
    name="class B"
    def fb(self):
        print("我是父类 B! ")
class C():
    name="class C"
    def fa(self):
        print("我是父类 C! ")
class D(A,B):
    pass
class E(B,A):
    pass
class F(C,A,B):
    pass
d=D()
e=E()
```

```
f=F()
print(d.name)
d.fa()
print(e.name)
e.fb()
print(f.name)
f.fa()
```

程序运行结果：

```
class A
我是父类 A!
class B
我是父类 B!
class C
我是父类 C!
```

注意，如果父类中出现了彼此重名的属性或方法，则子类中到底继承哪个父类中的对应重名属性或方法，与子类继承父类的继承顺序有关，会优先使用继承时写在前面的父类的重名属性或方法，而父类中其他彼此不重名的属性或方法则可以正常使用。

7.2 组　　合

类的组合(composition)是类的另一种重用方式。如果程序中的类需要使用一个其他对象，就可以使用类的组合方式。组合关系可以用“has-a”关系来表达，就是一个主类中包含其他的对象。

在继承关系中，父类的内部细节对于子类来说在一定程度上是可见的，所以通过继承的代码复用是一种“白盒式代码复用”。在组合关系中，对象之间的内部细节是不可见的，所以通过组合的代码复用是一种“黑盒式代码复用”。

在 Python 中，一个类可以包含其他类的对象作为属性，这就是类的组合。

【例 7-6】 组合的语法示例。

```
class Display():
    def __init__(self,size):
        self.size=size
        print("Display:",self.size)
class Memory():
    def __init__(self,size):
        self.size=size
        print("Memory:",self.size)
class Computer():
    def __init__(self,displaySize,memorySize):
        self.display=Display(displaySize)
        self.memory=Memory(memorySize)
c=Computer(23,4096)
```

程序运行结果：

```
Display: 23
Memory: 4096
```

注意，类 Computer()中包含 Display()和 Memory()两个类的对象。这两个类的对象也可以不依赖于类 Computer()而独立创建。

在组合关系下有两种方法可以实现对象属性初始化。第一种方法是通过组合类构造方法传递被组合对象所属类的构造方法中的参数，如例 7-6，在类 Computer()的构造方法中分别将显示器尺寸 displaySize 和内存大小 memorySize 传递给两个组合对象所属类的构造方法，在组合类 Computer()中创建被组合的对象。第二种方法是在主程序中创建被组合类的对象，然后将这些对象传递给组合类，如例 7-7。

【例 7-7】 组合关系下的对象属性初始化。

```
class Display():
    def __init__(self,size):
        self.size=size
        print("Display:",self.size)
class Memory():
    def __init__(self,size):
        self.size=size
        print("Memory:",self.size)
class Computer():
    def __init__(self,display,memory):
        self.display=display
        self.memory=memory
display=Display(23)
memory=Memory(4096)
c=Computer(display,memory)
```

程序运行结果：

```
Display: 23
Memory: 4096
```

注意，在第二种方法中，组合类的构造方法参数由两个被组合类的对象 Display()和 Memory()组成。因此，在主程序中需要预先创建被组合对象 Display()和 Memory()，然后将这些对象作为参数传递给组合类的构造函数，最终赋值给组合类的对象属性。

在实际项目开发过程中，仅使用继承或组合中的一种技术难以满足实际需求，通常会将两种技术结合使用。

本章小结及习题

第8章 异常处理

本章学习目标

- 掌握异常处理机制
- 了解 Python 中的标准异常
- 掌握捕获和处理异常
- 了解自定义异常的方法
- 了解断言和上下文管理

在 Python 中,程序在执行的过程中产生的错误称为异常。异常可以中断程序指令的正常执行流程,是一种常见的运行错误。例如,除法运算时除数为 0,要打开的文件不存在等。这些异常不处理就会终止程序的运行,因此,异常处理是程序的一个重要组成部分。一个完整优秀的程序必须包括异常处理。异常处理由捕获异常和处理异常两步组成,前者是发现和获得异常,后者是采用处理方式处理异常。

8.1 异常处理

8.1.1 标准异常处理

在 Python 中,最常遇到的异常就是系统产生了错误。系统一般有以下几种异常。

(1) ZeroDivisionError:除零错误。

```
>>>2/0
Traceback (most recent call last):
  File "<pyshell#0>", line 1, in <module>
    2/0
ZeroDivisionError: division by zero
```

(2) NameError:访问了未定义的变量或函数等。

```
>>>sqrt(5)
Traceback (most recent call last):
```

```
  File "<pyshell# 1>", line 1, in <module>
    sqrt(5)
NameError: name 'sqrt' is not defined
```

因为代码没有导入 math 模块而使用了 sqrt()函数,所以产生了 NameError 错误。

(3) TypeError:类型错误。

```
>>>3+'2'
Traceback (most recent call last):
  File "<pyshell# 2>", line 1, in <module>
    3+'2'
TypeError: unsupported operand type(s) for +: 'int' and 'str'
```

(4) FileNotFoundError:文件没有找到错误。

```
>>>fp=open("e:\\qw.txt")
Traceback (most recent call last):
  File "<pyshell# 3>", line 1, in <module>
    fp=open("e:\\qw.txt")
FileNotFoundError: [Errno 2] No such file or directory: 'e:\\qw.txt'
```

错误信息的最后一行显示错误的类型,其余部分是错误的细节,解释依赖于错误的类型。Python 标准异常如表 8-1 所示。

表 8-1　Python 标准异常

异常名称	描　　述
BaseException	所有异常的基类
SystemExit	解释器请求退出
KeyboardInterrupt	用户中断执行(通常是输入 Ctrl+C)
Exception	常规错误的基类
StopIteration	迭代器没有更多的值
GeneratorExit	生成器发生异常来通知退出
StandardError	所有的内建标准异常的基类
ArithmeticError	所有数值计算错误的基类
FloatingPointError	浮点计算错误
OverflowError	数值运算超出最大限制
ZeroDivisionError	除(或取模)零 (所有数据类型)
AssertionError	断言语句失败
AttributeError	尝试访问未知的对象属性
EOFError	没有内建输入,到达 EOF 标记
EnvironmentError	操作系统错误的基类
IOError	输入/输出操作失败
OSError	操作系统错误
WindowsError	系统调用失败

续表

异常名称	描　述
ImportError	导入模块/对象失败
LookupError	无效数据查询的基类
IndexError	索引超出序列范围
KeyError	请求一个不存在的字典关键字
MemoryError	内存溢出错误(对于 Python 解释器不是致命的)
NameError	尝试访问一个没有申明的变量
UnboundLocalError	访问未初始化的本地变量
ReferenceError	弱引用,试图访问已经回收了的对象
RuntimeError	一般的运行时错误
NotImplementedError	尚未实现的方法
SyntaxError	Python 语法错误
IndentationError	缩进错误
TabError	Tab 和空格混用
SystemError	一般的解释器系统错误
TypeError	对类型无效的操作
ValueError	传入无效的参数
UnicodeError	Unicode 相关的错误
UnicodeDecodeError	Unicode 解码时的错误
UnicodeEncodeError	Unicode 编码时的错误
UnicodeTranslateError	Unicode 转换时的错误
Warning	警告的基类
DeprecationWarning	关于被弃用的特征的警告
FutureWarning	关于构造将来语义会有改变的警告
OverflowWarning	旧的关于自动提升为长整型的警告
PendingDeprecationWarning	关于特性将会被废弃的警告
RuntimeWarning	可疑的运行时行为的警告
SyntaxWarning	可疑的语法的警告
UserWarning	用户代码生成的警告

8.1.2　try...except 语句

出于对效率的考虑,不是对所有的代码都要检测异常的。在 Python 中用一个 try 语句来检查异常时,只有在 try 语句块里的代码才会被检测异常。

try...except 语句最简单的形式如下。

```
try:
    要检测的代码块
except exception[,reason]:
    处理异常的代码块
```

其中，try 后的语句块是要检测异常的代码；except 后的语句块是处理异常的代码块；exception 表示异常类型，如 NameError 等；reason 中包含了异常的详细信息。如果 try 后要检测的代码块执行正常，程序转向 try...except 语句之后的下一条语句，如果引发异常，则转向处理异常的语句块，执行结束后转向 try...except 语句之后的下一条语句。

【例 8-1】 除数为 0 的异常处理。

```
list1=[1,5,0,100]
for x in list1:
    print(x)
    try:
        print(1.0/x)
    except ZeroDivisionError:
        print("除数不能为 0")
```

程序运行结果：

```
1
1.0
5
0.2
0
除数不能为 0
100
0.01
```

程序在执行时，如果没有用 try...except 语句处理除数为 0 的异常，当遇到 1.0/0 时，系统会出错。但使用了 try...except 语句后，系统会输出“除数不能为 0”的信息，使程序完成执行。

8.1.3 捕获多种异常

因为同一个语句块中可能会抛出多个异常，所以 try 后边可以接多个 except 的异常处理结构，类似于多路分支选择结构，其一般形式如下。

```
try:
    语句块
except 异常类型 1:
    异常处理语句块 1
except 异常类型 2:
    异常处理语句块 2
    ⋮
except 异常类型 n:
    异常处理语句块 n
```

```
[except:
    异常处理语句块]
[else:
    语句块]
```

执行过程：执行 try 后的语句块，如果执行正常，没有 else 语句，程序转向 try...except 语句之后的下一条语句；如果引发异常，系统依次检查各个 except 子句，找到第一个匹配该异常的 except 子句，执行相应异常处理语句块；如果找不到，则执行最后一个 except 子句中的默认异常处理语句块；如果在 try 子句执行时没有发生异常，有 else 语句，Python 将执行 else 语句后的语句块。

注意，上面程序中的最后一个 except 子句和 else 子句都是可选的。

【例 8-2】 捕获多种异常练习。

```
try:
    x=int(input("请输入被除数:"))
    y=int(input("请输入除数:"))
    a=x/y* z
except ZeroDivisionError:
    print("除数不能为 0")
except NameError:
    print("变量不存在")
else:
    print(x,"/",y,"=",z)
```

程序运行结果：

```
请输入被除数:5
请输入除数:6
变量不存在
```

再次运行程序，运行结果：

```
请输入被除数:5
请输入除数:0
除数不能为 0
```

8.1.4 try...finally 语句

有的时候不管是否发生异常都想执行一些语句，这时候，可以使用 try...finally 语句，其一般形式如下。

```
try:
    语句块
except 异常类型 1:
    异常处理语句块 1
except 异常类型 2:
    异常处理语句块 2
    ⋮
except 异常类型 n:
    异常处理语句块 n
```

```
[except:
    异常处理语句块]
[else:
    语句块]
finally:
    语句块
```

执行过程：执行 try 后的语句块，如果执行正常，没有 else 语句，在 try 语句块执行结束后执行 finally 语句块，然后程序转向 try... finall 语句之后的下一条语句；如果引发异常，系统依次检查各个 except 子句，找到第一个匹配该异常的 except 子句，执行相应的异常处理语句块；如果找不到，则执行最后一个 except 子句中的默认异常处理语句块；如果在 try 子句执行时没有发生异常，有 else 语句，Python 将执行 else 语句后的语句块。

注意，上面程序中的最后一个 except 子句和 else 子句都是可选的。当异常语句块执行结束后再执行 finally 语句块。也就是说无论是否检测到异常，都会执行 finally 语句块，因此会把一些清理工作，例如关闭文件或释放资源等工作写到 finally 语句块中。

【例 8-3】 文件异常练习。

```
try:
    fp=open("D:/pylx/ttest.txt","r")
    content=fp.read()
    print("读取文件内容为:",content)
except FileNotFoundError:
    print("文件不存在!")
finally:
    print("请关闭文件!")
    try:
        fp.close()
    except NameError:
        print("文件不存在,不需要关闭!")
```

若文件 ttest. txt 不存在，则程序运行结果如下：

```
文件不存在!
请关闭文件!
文件不存在,不需要关闭!
```

此处执行 finally 子句时，由于文件不存在，会抛出 fp 变量的 NameError 异常。

8.1.5 自定义异常

Python 中允许自定义异常，用于描述标准异常没有涉及的情况。标准异常是由系统自动抛出的，而自定义异常要用 raise 抛出。Python 中的异常是类，要自定义异常，就必须先创建一个异常类的子类，通过继承，将异常的所有基本特点保留下来。

自定义异常类一般是通过直接或间接的方式继承自类 Exception，初始化时同时使用类 Exception 的_int_()方法。使用 raise CustomException 语法引发自定义异常，直接生成该异常类的一个实例并抛出该异常。在捕获异常时使用 except CustomException as x 语法获取异常实例 x，从而可以在后续的处理中访问该异常实例的属性。

【例 8-4】 自定义异常练习。

```
# 自定义异常处理类,继承自类 Exception
class CustomException(Exception):
    def __init__(self,length,atlen):
        Exception.__init__(self)
        self.length =length
        self.atlen =atlen
# 获取用户输入
try:
    s =input('请输入一个字符串:')
    if len(s) <3:
      raise CustomException(len(s),3)    # 抛出自定义异常
except EOFError:
    print('异常处理:用户输入没有完成')
except CustomException as x:    # 捕获自定义异常,创建 CustomException 异常实例 x
    print("抛出自定义异常:")
    print('用户输入的字符串长度为%d,按照要求长度至少为%d'%(x.length,x.atlen))
finally:
    print('有没有异常都会执行:')
    print('用户输入为%s '%s)
```

程序运行结果:

```
请输入一个字符串:ab
抛出自定义异常:
用户输入的字符串长度为 2,按照要求长度至少为 3
有没有异常都会执行:
用户输入为 ab
```

再次运行程序,运行结果:

```
请输入一个字符串:abcde
有没有异常都会执行:
用户输入为 abcde
```

8.2　断言与上下文管理

断言与上下文管理是两种特殊的异常处理方式,在形式上比 try 语句要简单一些,能够满足简单的异常处理,也可以与标准的异常处理结构 try 语句结合使用。

8.2.1　断言

断言的作用是帮助调试程序,以保证程序的正确性。

Python 中使用 assert 语句声明断言,其一般形式如下。

```
assert expression[,reason]
```

执行该语句的时候，先判断表达式 expression，如果表达式为真，则什么都不做；如果表达式为假，断言不通过，抛出 AssertionError 异常。Reason 是错误的描述，即断言失败时输出的信息。

例如：

```
>>>assert 5>3            # 断言成功，什么也不做
>>>assert 5>8            # 断言失败，抛出 AssertionError 异常
Traceback (most recent call last):
  File "<pyshell# 1>", line 1, in <module>
    assert 5>8
AssertionError
```

注意以下两点。

(1) assert 语句判断某个条件是真时，什么也不做；assert 语句判断某个条件是假时，抛出 AssertionError 异常。

(2) assert 语句与异常处理 try 经常结合使用。

【例 8-5】 AssertionError 异常处理。

```
try:
    assert 1 ==2 ,"1 is not equal 2!"
except AssertionError as reason:
    print("%s:%s"%(reason.__class__.__name__,reason))
```

运行结果：

```
AssertionError:1 is not equal 2!
```

8.2.2　上下文管理

在 Python 编程中，经常碰到这种情况：有一个特殊的语句块，在执行这个语句块之前需要先执行一些准备动作；当语句块执行完成后，需要继续执行一些收尾动作。例如，当需要操作文件或数据库的时候，需要获取文件句柄或者数据库连接对象，当执行完相应的操作后，需要释放文件句柄或者关闭数据库连接对象。对于这些情况，Python 中提供了上下文管理器(Context Manager)的概念，可以通过上下文管理器来定义/控制代码块执行前的准备动作，以及执行后的收尾动作。

在 Python 中，可以通过 with 语句来使用上下文管理器，with 语句可以在代码块运行前进入一个运行时的上下文，并在代码块结束后退出该上下文。

with 语句的语法如下。

```
with context_expression [as var]:
    with_suite
```

其中，context_expression 是支持上下文管理协议的对象，也就是上下文管理器对象，负责维护上下文环境；as var 是一个可选部分，通过变量方式保存上下文管理器对象；with_suite 就是需要放在上下文环境中执行的语句块。

【例 8-6】 with 应用。

有如下对文件的操作：

```
fp = open("log.txt", "w")
try:
    fp.write('Hello ')
    fp.write('World')
finally:
    fp.close()
print(fp.closed)
```

将上面的例子用 with 语句实现：

```
with open("log.txt", "w") as fp:
    fp.write('Hello ')
    fp.write('World')
print(fp.closed)
```

当文件处理完成时，会自动关闭文件，代码更简洁。

本章小结及习题

高　级　篇

第 9 章　文件与数据库

本章学习目标

- 理解文件的概念
- 掌握文件的打开和关闭
- 掌握文件的读写
- 熟悉文件相关的模块
- 掌握 SQLite 数据库的常用数据类型
- 掌握 Python 操作 SQLite 数据库的基本方法

前面章节所用到的输入和输出都是以终端作为对象的，即从终端键盘输入数据，运行结果输出到终端上。如果需要处理的数据情况较复杂，就需要使用文件。文件是一个常用的用于存储数据的媒介。在实际的应用程序开发过程中经常会涉及对文件的操作，因此本章首先介绍文件的基本概念，然后重点介绍对文件的操作，包括文件的打开与关闭、文件的读写等。与此同时，应用程序往往使用数据库来存储大量的数据，Python 提供了对大多数数据库的支持。使用 Python 中相应的模块，可以连接到数据库，进行查询、插入、更新和删除等操作。如果读者对数据库的基本知识未曾了解，建议先去网上查阅一下数据库的基本知识。受篇幅限制，本书不能全面地介绍数据库。本书将使用最为简单的数据库操作语句，结合 sqlite3 模块完成对 Python 数据库操作的入门讲解。

9.1 文　件

9.1.1 文件概述

文件是程序设计中的一个重要概念。文件一般指存储在外部介质上的数据的集合。数据都是以文件的形式存放在外部介质(如磁盘)上的。操作系统是以文件为单位对数据进行管理的，如果想找到存在外部介质上的数据，必须先按文件名找到所指定的文件，然后再从该文件中读取数据。要向外部介质上存储数据也必须先建立一个以文件名作为标识的文件,才能向它输出数据。

在程序运行时,常常需要将一些中间数据或最终的结果输出到磁盘上存放起来,等需要时再将它们从磁盘中输入到计算机内存,这就要用到磁盘文件。

在前面章节所用到的输入和输出都是以终端作为对象的,即从终端键盘输入数据,运行结果输出到终端上。从操作系统的角度看,每一个与主机相连的输入输出设备都可以看作是一个文件。终端键盘是一个输入文件,显示器和打印机是不同的输出文件。

按文件中数据的组成形式可将文件分为文本文件和二进制文件两类。文本文件又称ASCII码文件,它的每一个字节放一个ASCII代码,代表一个字符。文本文件中存储的是常规字符串,由文本行组成,通常以换行符"\n"结尾。常规字符串是指文本编辑器能正常显示、编辑的字符串,如英文字母串、汉字串、数字串(不是数字)等。文本文件可以用字处理软件(如记事本)进行编辑。二进制文件把对象在内存中的内容以字节串的形式进行存储,就是把内存中的数据按其在内存中的存储形式原样输出到磁盘上存放。二进制文件不能用字处理软件进行编辑。

9.1.2　文件的打开与关闭

和其他高级语言一样,Python对文件进行读写之前应该"打开"该文件,在使用结束之后应该"关闭"该文件。

1. 文件的打开

在Python中,使用内建函数ope()打开一个文件并获得一个文件对象file。open()函数的使用语法如下。

```
open(name[, mode[, buffering]])
```

其中,参数name代表要访问文件名的字符串值,文件名可以是相对路径也可以是绝对路径;可选参数mode决定了打开文件的模式,如r表示只读、w表示写入、a表示追加等,具体文件的打开模式如表9-1所示,这个参数是非强制的,默认文件访问模式为只读;可选参数buffering表示缓冲方式,0表示不缓冲,1表示只缓冲一行数据,任何大于1的整数表示使用该数值作为缓冲区的大小,给定负值表示使用系统默认缓冲机制,该参数默认值为-1。

表9-1　文件的打开模式

模式	描　述
r	以只读方式打开一个文本文件(默认)
w	以写方式打开一个文本文件。若该文件已存在则将其覆盖。若该文件不存在,创建新文件
a	以追加方式打开一个文本文件。若该文件已存在,文件指针指向文件的结尾。若该文件不存在,创建新文件进行写入
r+	以读写方式打开一个文本文件
w+	以读写方式新建一个文本文件。如果该文件已存在则将其覆盖。如果该文件不存在,创建新文件
a+	以追加方式打开一个文本文件,用于读写
rb	以只读方式打开一个二进制文件

续表

模式	描　　述
wb	以写方式打开一个二进制文件
ab	以追加方式打开一个二进制文件
rb+	以读写方式打开一个二进制文件
wb+	以读写方式新建一个二进制文件
ab+	以读写方式打开一个二进制文件，用于追加。如果该文件已存在，文件指针将会放在文件的结尾。如果该文件不存在，创建新文件用于读写

文件的打开应注意以下几个方面。

(1) 对于用“r”方式打开的文件，只能读取其中的数据，而不能向文件输出数据，并且该文件已经存在。若文件不存在，则会抛出 FileNotFoundError 异常，提示该文件不存在。

(2) 对于用“w”方式打开的文件，只能向文件输出数据，而不能读取其中的数据。若打开的文件不存在，则新建该文件。若打开的文件已存在，则在打开时删除该文件，重新建立一个新文件。

(3) 对于用“a”方式打开的文件，不删除文件原有的数据，向文件尾添加新数据。若该文件已存在，文件指针指向文件的结尾。若该文件不存在，创建新文件进行写入。

(4) 对于用“r+”“w+”和“a+”方式打开的文件，既可以读取其中的数据，也可以向其写入数据。用“r+”方式时该文件已经存在，以便能够读取其中的数据。用“w+”方式则新建一个文件，先向此文件写入数据，然后可以读取此文件中的数据。用“a+”方式打开的文件，原来的文件不被删除，位置指针移到文件末尾，可以添加，也可以读取。

(5) 带字母“b”的“rb”“wb”“ab”“rb+”“wb+”和“ab+”的用法与不带“b”的类似，区别在于前者是针对二进制文件进行操作，后者是针对文本文件进行操作。

(6) 在读取文本文件中的数据时，将回车和换行符转换为一个换行符，在向文件输出数据时把换行符转换为回车和换行符。在用二进制文件时，不进行这种转换，在内存中的数据形式与输出到外部文件中的数据形式完全一致，并一一对应。

open()函数用法举例：

```
>>>f1=open('D:\\a.txt','r')      # 此处注意绝对路径下的"\"要用"\\"表示，或者用"/"
表示
>>>f2=open('D:/b.txt','w')
>>>f3=open('D:\\c.txt','a')
```

2. 文件的关闭

在 Python 中，使用 close()方法关闭一个打开的文件。close()方法的用法如下。

```
file.close()
```

其中，file 表示打开的文件对象，该方法没有参数也没有返回值。

例如：

```
>>>f=open('D:\\test.txt','r')         # 变量 f 指向打开的文件对象 test.txt
>>>f.close()                          # 关闭文件，变量 f 不再指向该文件
```

应该养成在程序终止前关闭所有文件的好习惯，因为如果不关闭文件，将会丢失数据。在向文件写数据时，是先将数据输出到缓冲区，待缓冲区充满后才正式输出到该文件。如果数据未充满缓冲区时程序便结束运行，那么就会丢失缓冲区中的数据。用close()关闭文件就可以避免这个问题，它先把缓冲区的数据输出到磁盘文件，然后再使该变量不再指向所指定的文件。

9.1.3 文件的读写

1. 文件的读取

有三个函数可将文件的内容读取到计算机内存，分别为read()、readline()和readlines()函数。下面分别介绍这三个函数。

1) read()函数

read()函数可以一次性读取文件中的所有数据，这是最简单的文件读取方式。该函数的一般调用格式如下。

```
file.read([size])
```

其中，file表示要读取的文件；size参数表示读取该文件中的前多少个字节的数据，如果该参数不指定(默认值为-1)或指定为负值，那么将读取文件的所有内容。

【例9-1】 read()函数练习。

设a.txt文件内容的第一行为“abcdef”(有回车换行符)、第二行为“12345”(无回车换行符)，分两次读取该文件，第一次读取所有内容，第二次读取前8个字节的内容。

```
def funread():
    f=open("a.txt","r")
    content=f.read()
    print("未指定read函数的参数:\n",content)
    f.seek(0)  # 把文件位置指针移回文件的起始位置
    content=f.read(8)
    print("指定read函数的size参数为8个字节:\n",content)
    f.close()
funread()
```

程序运行结果：

```
未指定read函数的参数:
abcdef
12345
指定read函数的size参数为8个字节:
abcdef
1
```

注意，当未指定read()函数的参数时，则读取文件的所有内容。当指定参数为8个字节时，由于a.txt文件的第一行有“abcdef”6个字符会先被读取出来，文本文件遇到回车换行符会把它转换为一个换行符读取出来，此时已经读取了7个字符，所以第二行只读取一个字符“1”。由于该程序对文件读取了两次，第一次读取后，文件指针已经指向文件尾，所以要用seek()函数把文件指针重新移到文件的起始处，才能开始第二次读取。

2）readline()函数

readline()函数一次读取文件中的一行数据，该函数的一般调用格式如下。

```
file.readline([size])
```

其中，file 表示要读取的文件；size 参数表示读取当前行的前多少个字节的数据，如果该参数不指定（默认值为一1）或指定为负值，那么将读取当前行的所有内容。

【例 9-2】 readline()函数练习。

设 a. txt 文件内容的第一行为“abcdef”（有回车换行符）、第二行为“12345”（无回车换行符），分两次读取该文件，第一次读取第一行，第二次读取第二行前 3 个字节内容。

```
def funreadline():
    f=open("a.txt","r")
    content=f.readline()
    print("未指定 readline 函数的参数:\n",content)
    content=f.readline(3)
    print("指定 readline 函数的 size 参数为 3 个字节:\n",content)
    f.close()
funreadline()
```

程序运行结果：

```
未指定 readline 函数的参数:
abcdef

指定 readline 函数的 size 参数为 3 个字节:
123
```

上述程序中，当打开文件时，位置指针指向第一行开头。未指定 readline()函数参数时默认读取当前行，即第一行的所有字符，包含换行符，所以输出结果为“abcdef”，并有换行效果。此时位置指针指向第二行，当 readline(3)函数指定参数为前 3 个字节时，则读出该行前 3 个字符“123”。

若有如下的操作：

```
>>>f=open("a.txt","r")
>>>f.readline()
'abcdef\n'
>>>f.readline()
'12345'
>>>f.readline()
''
>>>f.close()  # 读到''空字符,文件读取结束
```

对文件“a. txt”执行同样的函数 f. readline()，对应的数据是一行行地读取出来的，直到文件内容结束。实际上 f 是一个消耗品，是一个迭代器，可以利用 next()方法对其进行操作。

```
>>>f=open("a.txt","r")
>>>next(f)
'abcdef\n'
```

```
>>>next(f)
'12345'
>>>next(f)
Traceback (most recent call last):
  File "<pyshell# 8>", line 1, in <module>
    next(f)
StopIteration
>>>f.close()
```

可以看到，用next()方法对文件打开对象进行操作，也可以实现一行行读取的功能与效果。但用next()方法读取到文件的最后一行后，再次读取会抛出异常，而不是一个空字符''。

通过readline()按行读完某个文件，可以用以下格式的Python代码进行实现。

```
变量 1=open(文件地址,打开模式)
while True:
    变量 2=变量 1.readline()
    if(变量 2! =''):
        print(变量 2)
  else:
        break
变量 1.close()
```

通过readline()按行读完某个文件，关键点在于如何判断已经读完了所有行。前边提到，当readline()读取的是空字符时，代表文件读取结束，但即使文件里面有空行内容，在该行的最后也会有"\n"需要进行换行，所以readline()读取的也不会是空字符。所以判断是否读取完所有行的条件是上面"变量 2! =''"的部分。

用readline()按行读取"a.txt"文件所有内容的程序如下。

```
f=open("a.txt","r")
while True:
    content=f.readline()
    if(content! =''):
        print(content,end="")
    else:
        break
f.close()
```

程序运行结果：

```
abcdef
12345
```

3) readlines()函数

readlines()函数用于一次性读取文件中的所有行数据到一个字符串列表，该函数的一般调用格式如下。

```
listcontent=file.readlines([sizehint])
```

其中，file表示要读取的文件；sizehint参数代表大约读取多少字节数，如果该参数被设置为大于0的数，则返回的字符串列表约有sizehint字节(可能会大于这个值)，该参数通常省略不写。

【例 9-3】 readlines()函数练习。

设 b.txt 文件内容的第一行为“abcdef”(有回车换行符)、第二行为“12345”(有回车换行符)、第三行为“厉害了，我的国!”(无回车换行符)，用 readlines()函数读取该文件并输出。

```
def funreadlines():
    f=open("b.txt","r")
    listcontent=f.readlines()
    print(listcontent)
    f.close()
funreadlines()
```

程序运行结果：

```
['abcdef\n', '12345\n', '厉害了，我的国！']
```

可以看到，所有内容都按行存储到列表中，存储的形式：[第一行数据，第二行数据，…，最后一行数据]，列表里面的每个元素都是各行所对应的数据。

其实，也可以用 for 循环来对文件进行读取，使用的格式如下。

```
变量 1=open(文件地址，打开模式)
for 变量 2 in 变量 1:
  print(变量 2)
变量 1.close()
```

上面程序中的变量 2 代表文件里每一行的内容。用 for 循环完成例 9-3，代码如下。

```
def funreadlines():
    f=open("b.txt","r")
    for line in f:
        print(line.replace("\n",""))
    f.close()
funreadlines()
```

程序运行结果：

```
abcdef
12345
厉害了，我的国!
```

可以看到，已经成功通过 for 循环读取文件的内容。输出时，“line.replace("\n","")”换掉了文件每行中的换行符，使输出的形式更紧凑，每行之间不会输出空行。

如果文件的打开模式是以二进制形式打开的，要读取并输出对应的内容，需要先将读取出来的数据进行解码，解码之后才可以使用，否则对应的数据就是二进制形式。操作代码如下。

```
变量 1=open(文件地址，二进制打开模式)
变量 2=变量 1.read()
变量 3=变量 2.decode(对应编码)
变量 1.close()
```

当然，也可以通过 readline()和 readlines()读取，当使用 readlines()读取时，需要对列表中的每一个元素进行 decode()解码，而不是对整个列表数据进行 decode()解码。decode()

解码就是将字节码转换为字符串，即将比特位显示成字符。该方法的用法如下。

```
bytes.decode(encoding="gbk", errors="strict")
```

其中，encoding 是指在解码编码过程中使用的编码，errors 是指错误的处理方案。

【例 9-4】 读取二进制文件练习。

将 b.txt 文件的内容以二进制形式读取并输出。

```
f=open("b.txt","rb")
data1=f.read()
print("解码前数据：")
print(data1)
data2=data1.decode("gbk")
print("解码后数据：")
print(data2)
f.close()
```

程序运行结果：

```
解码前数据：
b'abcdef\r\n12345\r\n\xc0\xf7\xba\xa6\xc1\xcb\xa3\xac\xce\xd2\xb5\xc4\xb9\xfa\
xa3\xa1'
解码后数据：
abcdef
12345
厉害了，我的国！
```

从结果可以看出，在解码前显示的是数据的二进制形式，输出的内容可能不易被看懂，解码后的内容就很清楚了。

2. 文件的写入

文件的写入通常用 write()和 writelines()函数。下面分别介绍这两个函数的用法。

1）write()函数

write()函数是把一个字符串写入到文件中。使用该函数前，文件必须是以写的模式打开。该函数一般的调用格式如下。

```
file.write(content)
```

其中，file 表示要写入的文件；content 参数表示要写入的内容，可以是一个字符串或指向字符串对象的变量。

如果要将数据全新写入文件，可以通过如下格式的 Python 代码来实现。

```
变量 1=open(文件地址,打开模式)
变量 2=要写入的数据
变量 1.write(变量 2)
变量 1.close()
```

【例 9-5】 write()函数练习。

现将如下数据写入名为“静夜思.txt”的文件中，并存储到“D:\pylx”文件夹中。

静夜思

作者：李白(唐代)

床前明月光，疑是地上霜。

举头望明月，低头思故乡。

程序代码如下：

```
f=open("D:/pylx/静夜思.txt","w+")
content="""静夜思
作者:李白(唐代)
床前明月光,疑是地上霜。
举头望明月,低头思故乡。"""
f.write(content)
f.seek(0)
content=f.read()
print(content)
f.close()
```

程序运行结果：

```
静夜思
作者:李白(唐代)
床前明月光,疑是地上霜。
举头望明月,低头思故乡。
```

执行完代码后，数据已成功写入文件，在“D:\pylx”文件夹中建立了“静夜思.txt”文件，文件“D:\pylx\静夜思.txt”中的内容如图9-1所示。

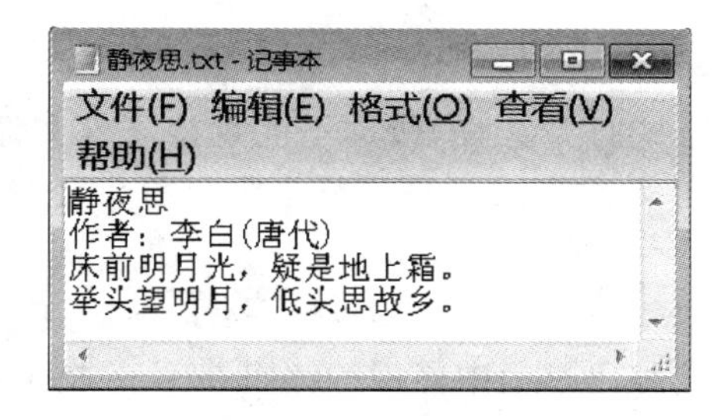

图9-1 文件“D:\pylx\静夜思.txt”中的内容

2）writelines()函数

writelines()函数是把一个列表内容写入到文件中。该函数的一般调用格式如下。

```
file.writelines(strlist)
```

其中，file表示要写入的文件，strlist参数表示要写入的字符串列表。

【例9-6】 writelines()函数练习。

现将如下数据写入名为“咏鹅.txt”的文件中，并存储到“D:\pylx文件”夹中。

咏鹅

作者:骆宾王(唐代)

鹅，鹅，鹅，曲项向天歌。

白毛浮绿水，红掌拨清波。

程序代码如下：

```
f=open("D:/pylx/咏鹅.txt","w+")
strlist=["咏鹅\n","作者:骆宾王(唐代)\n","鹅,鹅,鹅,曲项向天歌。\n","白毛浮绿水,红
掌拨清波。"]
```

```
f.writelines(strlist)
f.seek(0)
content=f.read()
print(content)
f.close()
```

程序运行结果：

```
咏鹅
作者：骆宾王(唐代)
鹅，鹅，鹅，曲项向天歌。
白毛浮绿水，红掌拨清波。
```

执行完代码后，数据已成功写入文件，在“D:\pylx”文件夹中建立了“咏鹅.txt”文件，文件“D:\pylx\咏鹅.txt”中的内容如图 9-2 所示。

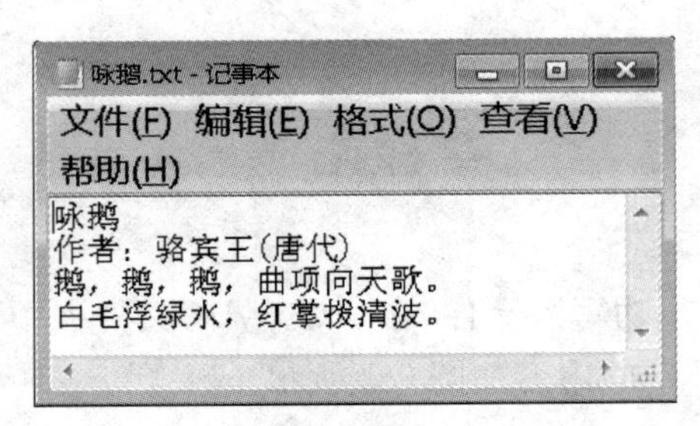

图 9-2　文件“D:\pylx\咏鹅.txt”中的内容

注意，如果以二进制的形式打开文件，数据不能直接写入文件，在写入之前要对数据进行编码操作，编码用 encode()方法完成。编码就是将字符串转换成字节码。encode()方法的用法如下。

```
str.encode(encoding="gbk", errors="strict")
```

其中，encoding 指在解码编码过程中使用的编码，errors 指错误的处理方案。

使用二进制模式打开的文件，要进行写操作，实现的常见代码格式如下。

```
变量 1=open(文件地址,二进制打开模式)
变量 2=待写入的数据
变量 3=变量 2.encode(对应编码)
变量 1.wrete(变量 3)
变量 1.close()
```

【例 9-7】 用二进制文件写入例 9-6 的数据，文件名为“咏鹅 1.txt”，并存储到“D:\pylx”文件夹中。

```
f=open("D:/pylx/咏鹅 1.txt","wb+")
str1="""咏鹅
作者:骆宾王(唐代)
鹅,鹅,鹅,曲项向天歌。
白毛浮绿水,红掌拨清波。"""
data=str1.encode("gbk")
f.write(data)
f.seek(0)
```

```
content=f.read()
content1=content.decode("gbk")
print(content1)
f.close()
```

程序运行结果：

```
咏鹅
作者：骆宾王(唐代)
鹅，鹅，鹅，曲项向天歌。
白毛浮绿水，红掌拨清波。
```

3. 二进制文件的读写

前面介绍的读写方法，读写的都是字符串，对于其他类型的数据需要进行转换。在 Python 中，struct 模块中的 pack()和 unpack()方法可以进行转换。

1) 二进制文件的写入

在 Python 中，二进制文件的写入有两种方法：一种是通过 struct 模块的 pack()方法把数字和布尔值转换成字符串，然后用 write()写入二进制文件中；另一种是用 pickle 模块的 dump()方法直接把对象转换为字符串并存入文件中。

(1) pack()方法。

pack()方法的一般形式如下。

```
struct.pack(格式串，数据对象表)
```

pack()方法的功能是将数字转换为二进制的字符串，该方法用在 struct 模块内。pack()方法的格式字符如表 9-2 所示。

表 9-2　pack()方法的格式字符

格式字符	C 语言类型	Python 类型	字节数
c	char	string of length 1	1
b	signed char	integer	1
B	unsigned char	integer	1
?	bool	bool	1
h	short	integer	2
H	unsigned short	integer	2
i	int	integer	4
I	unsigned int	integer	4
l	long	integer	4
L	unsigned long	integer	4
q	long long	integer	8
Q	unsigned long long	integer	8
f	float	float	4

续表

格式字符	C 语言类型	Python 类型	字节数
d	double	float	8
s	char[]	string	与字符串长度有关
p	char[]	string	与字符串长度有关
P	void *	integer	与操作系统的位数有关

例如，将一个整数、一个浮点数和一个布尔型对象存入一个二进制文件中，代码如下。

```
>>>import struct
>>>i=1000
>>>f=2018.6
>>>b=True
>>>string=struct.pack("if?",i,f,b)
>>>string
b'\xe8\x03\x00\x003S\xfcD\x01'
>>>fp=open("D:/pylx/f1.txt","wb")
>>>fp.write(string)
9
>>>fp.close()
```

(2) dump()方法。

dump()方法的一般形式如下。

```
pickle.dump(数据,文件对象)
```

dump()方法的功能是将数据对象转换为字符串，然后再保存到文件中。该方法用在pickle 模块内。

例如：

```
>>>import pickle
>>>i=1000
>>>f=2018.6
>>>b=True
>>>fp=open("D:/pylx/f2.txt","wb")
>>>pickle.dump(i,fp)
>>>pickle.dump(f,fp)
>>>pickle.dump(b,fp)
>>>fp.close()
```

2) 二进制文件的读取

读取二进制文件的内容要根据写入时的方法来采取相应的方法。通过 struct 模块的pack()方法来写入文件的内容的，应该使用 read()读出字符串后再用 unpack()方法还原数据；通过 pickle 模块的 dump()方法来写入文件的内容的，应该使用 load()方法还原数据。

(1) unpack()方法。

unpack()方法的一般形式如下。

```
struct.unpack(格式串,字符串表)
```

unpack()方法的功能是将字符串转换成格式串(如表 9-2 所示)指定的数据类型。该方法用在 struct 模块内。该方法返回一个元组。

例如,读取“f1.txt”文件的内容。

```
>>>import struct
>>>fp=open("D:/pylx/f1.txt","rb")
>>>string=fp.read()
>>>string
b'\xe8\x03\x00\x003S\xfcD\x01'
>>>a=struct.unpack("if?",string)
>>>a
(1000, 2018.5999755859375, True)
>>>i=a[0]
>>>f=a[1]
>>>b=a[2]
>>>print(i,f,b)
1000 2018.5999755859375 True
```

(2) load()方法。

load()方法的一般形式如下。

```
pickle.load(文件对象)
```

load()方法的功能是将从二进制文件中读取的字符串转换为 Python 的数据对象。该方法用在 pickle 模块内。该方法返回还原后的字符串。

例如,读取“f2.txt”文件的内容。

```
import pickle
fp=open("D:/pylx/f2.txt","rb")
while True:
    x=pickle.load(fp)
    if(fp):
        print(x)
    else:
        break
fp.close()
```

程序运行结果:

```
1000
2018.6
True
Traceback (most recent call last):
  File "D:/pylx/load.py", line 4, in <module>
    d=pickle.load(fp)
EOFError: Ran out of input
```

从结果中看出,已成功读取出文件内容并输出,但抛出 EOFError 异常。原因在于每次读取需要判断是否读取到文件末尾,如果没有到末尾,则转换后输出;如果到文件末尾,则抛出 EOFError 异常。为了避免这种情况发生，在写"f2.txt"文件时，先给出写入数据的个数，再向文件中写数据；在读取时，先读取个数，再用个数来控制读取的次数，这样就避免了用load()方法去读取文件末尾了。

9.1.4 随机文件访问

前边介绍的文件读写都是按顺序进行读写的，而有时文件读写需要指定读写文件的内容，为了解决这个问题，可以移动文件位置指针到需要读写的位置，再进行读写。这种读写称为随机读写。实现文件随机读写的关键是按要求移动文件位置指针，这个过程称为文件的定位。在 Python 中，文件的定位有以下几种方法。

1. tell()方法

tell()方法的一般形式如下。

```
file.tell()
```

tell()方法的功能是获取文件的当前位置指针，即相对于文件开始位置的字节数。

```
>>>f=open("D:/pylx/b.txt","r")
>>>f.tell()            # 文件打开后，位置指针位于开始处，默认值为 0
0
>>>f.read(5)
'abcde'
>>>f.tell()            # 读取 5 个字符后，文件指针的位置为 5
5
>>>f.close()
```

2. seek()方法

seek()方法的一般形式如下。

```
file.seek(offset[,whence])
```

seek()方法的功能是把文件指针移到相对于 whence 的 offset 位置。其中，offset 代表需要移动的字节数，移动时以 offset 为基准，offset 为正数表示向文件末尾方向移动，为负数表示向文件开头方向移动；whence 参数指定移动的基准位置，其值可选，默认值为 0，此时代表从文件开头算起，其值为 1 时代表从当前位置算起，其值为 2 时代表从文件末尾算起。注意，对于非二进制的文本文件，不允许使用偏移定位。

```
>>>f=open("D:/pylx/a.txt","rb")
>>>f.read()            # 读取文件所有内容，文件指针移动到末尾
b'abcdef\r\n12345'
>>>f.read()            # 再次读取文件内容，返回空串
b''
>>>f.seek(0)           # 文件指针指向开头处
0
>>>f.seek(3,1)         # 文件指针从当前位置往文件末尾方向移动 3 个字节
3
>>>f.read()
b'def\r\n12345'
>>>f.seek(-3,2)        # 从文件末尾向文件开头方向移动 3 个字节
```

```
10
>>>f.read()
b'345'
```

9.1.5　CSV 文件的读取与写入

学生表数据如表 9-3 所示，表格的每一行可以看成是一个一维数据。下面介绍一种国际上通用的一维和二维数据存储格式（comma-separated values，CSV），就是用逗号分隔数值的存储格式。它是一种通用的、相对简单的文件格式，在商业和科学上应用广泛，尤其是在程序之间转移表格数据时会应用。

表 9-3　学生表数据

姓名	性别	年龄	班级
李明	男	18	计 17-1
王雪	女	19	计 17-2
张强	男	19	油 17-1
陆鹏	男	18	油 17-2

CSV 格式的应用有如下基本规则。

（1）纯文本格式，通过单一编码表示字符。

（2）以行为单位，开头不留空行，行与行之间没有空行。

（3）以逗号（英文、半角）分隔每列数据，列数据为空也要保留逗号。

（4）表格数据可以包含或不包含列名，包含时，列名放在文件的第一行。

例如，对表 9-3 中的数据采用 CSV 格式进行存储的内容如下。

```
姓名,性别,年龄,班级
李明,男,18,计 17-1
王雪,女,19,计 17-2
张强,男,19,油 17-1
陆鹏,男,18,油 17-2
```

用 CSV 格式存储的文件以. csv 为扩展名，可以利用记事本或 Office Excel 将其打开，一般的表格数据处理工具都可以将数据另存为 CSV 格式，用于不同工具间进行数据交换。

1. CSV 文件的读取

CSV 文件的每一行是一维数据，可以使用 Python 中的列表类型表示，整个 CSV 文件是一个二维表数据，由表示每一行的列表类型作为元素，组成一个二维列表。

将表 9-3 中的数据通过记事本录入，另存为“9-8. csv”。

【例 9-8】　读取名为“9-8. csv”的文件的数据到列表。

```
f=open("D:/pylx/9-8.csv","r")
list1=[]
for line in f:
    line=line.replace("\n","")        # 去掉每行后的换行符
    list1.append(line.split(","))
print(list1)
f.close()
```

程序运行结果：

```
[['姓名', '性别', '年龄', '班级'], ['李明', '男', '18', '计 17-1'], ['王雪', '女', '19', '计 17-2'], ['张强', '男', '19', '油 17-1'], ['陆鹏', '男', '18', '油 17-2']]
```

该方法是从 CSV 文件中一次性读入全部数据并写入列表，下面逐行处理 CSV 格式的数据，去掉逗号，并将数据输出到屏幕上。

```
f=open("D:/pylx/9-8.csv","r")
list1=[]
for line in f:
    line=line.replace("\n","")
    list1=line.split(",")
    list2=""
    for s in list1:
      list2=list2+"{}\t".format(s)   # 去掉逗号，每一项数据用\t 分隔
    print(list2)
f.close()
```

程序运行结果：

```
姓名  性别  年龄  班级
李明  男   18   计 17-1
王雪  女   19   计 17-2
张强  男   19   油 17-1
陆鹏  男   18   油 17-2
```

2. CSV 文件的写入

对于列表中存储的一维数据结果，可以用字符串的 join()方法形成逗号分隔形式后，再通过文件的 write()方法写入 CSV 格式的文件中。

【例 9-9】 将["刘凯","男","20","英语 17-1"]数据追加到文件"9-8. csv"。

```
f=open("D:/pylx/9-8.csv","a")
list1=["刘凯","男","20","英语 17-1"]
f.write("\n"+",".join(list1)+"\n")     # 由于文件的最后一行数据没有换行，所以追加时要在左侧加上"\n"
f.close()
```

如果列表中存储的是二维数据，可以通过循环写入一维数据的方式将二维数据写入到 CSV 文件中，一般代码书写如下。

```
for 变量 in 二维列表:
    file.write(",".join(变量)+"\n")
```

【例 9-10】 读取名为"9-8. csv"的文件的数据，并把它写入到文件"9-10. csv"中。

```
f1=open("D:/pylx/9-8.csv","r")
f2=open("D:/pylx/9-10.csv","w")
list1=[]
for line in f1:
    line=line.replace("\n","")
    list1.append(line.split(","))
for row in list1:
```

```
        print(row)
        f2.write(",".join(row)+"\n")
    f1.close()
    f2.close()
```

运行结果：

```
    ['姓名', '性别', '年龄', '班级']
    ['李明', '男', '18', '计 17-1']
    ['王雪', '女', '19', '计 17-2']
    ['张强', '男', '19', '油 17-1']
    ['陆鹏', '男', '18', '油 17-2']
    ['刘凯', '男', '20', '英语 17-1']
```

9.1.6 与文件相关的模块

在 Python 中，对文件、目录的操作需要用到 os 模块、os. path 模块和 shutil 模块。

1. os 模块

os 模块提供了访问操作系统的服务功能，例如，文件的重命名、文件的删除、目录的创建等。os 模块中关于文件和目录操作的常用函数及功能如表 9-4 所示。

表 9-4 os 模块中关于文件和目录操作的常用函数及功能

函 数 名	说 明
getcwd()	获取当前工作目录
chdir('dirname')	改变当前工作目录
curdir	返回当前目录
listdir('dirname')	列出指定目录下的所有文件和子目录，包括隐藏文件，并以列表方式打印
pardir	获取当前目录的父目录字符串名
mkdir('dirname')	生成单级目录
makedirs('dirname1/dirname2')	生成多层递归目录
rmdir('dirname')	删除单级空目录，若目录不为空则无法删除
removedirs('dirname1')	递归地删除多级空目录
remove()	删除一个文件
rename("oldname","newname")	重命名文件或目录
stat('path/filename')	获取文件或目录的所有信息

os 模块中常用函数的用法举例如下。

```
    >>>import os
    >>>os.getcwd()                    # 显示当前工作目录
    'D:\\pylx'
```

```
>>>os.chdir("c:\\")          # 改变当前工作目录到 C
>>>os.getcwd()
'c:\\'
>>>os.mkdir("python1")                # 建立目录 python1,若已存在则抛出异常
>>>os.mkdir("python1")
Traceback (most recent call last):
  File "<pyshell#11>", line 1, in <module>
    os.mkdir("python1")
FileExistsError: [WinError 183] 当文件已存在时,无法创建该文件。: 'python1'
>>>os.makedirs(r"D:/aa/bb/cc")       # 递归建立 D:\aa\bb\cc 三级目录
>>>os.rmdir("python1")               # 删除空目录 python1,若非空,则抛出异常
>>>os.removedirs(r"D:/aa/bb/cc")     # 递归删除 D:\aa\bb\cc 三级空目录,从子目录到父
目录逐级删除
>>>os.rename("ff.txt","qq.txt")      # 文件重命名,由 ff.txt 变为 qq.txt
>>>os.rename("aa","bb")              # 目录重命名,由 aa 变成 bb
>>>os.remove("qq.txt")               # 删除文件 qq.txt
```

2. os. path 模块

在 Python 中,os. path 模块主要用于针对路径的操作。os. path 模块的常用函数如表9-5所示。

表 9-5　os. path 模块的常用函数

函数名	说明
abspath(path)	返回 path 规范化的绝对路径
split(path)	将 path 分成目录和文件名,以二元组返回
splitext(path)	将 path 分成文件名和扩展名,以二元组返回
dirname(path)	返回 path 的目录,即 split(path)的第一个元素
basename(path)	返回 path 最后的文件名,若 path 以"/"或"\"结尾,会返回空值,即 split(path)的第二个元素
exists(path)	如果 path 存在,返回 True;如果 path 不存在,返回 False
isabs(path)	如果 path 是绝对路径,返回 True
isfile(path)	如果 path 是一个存在的文件,返回 True;否则返回 False
isdir(path)	如果 path 是一个存在的目录,则返回 True;否则返回 False
getctime(path)	返回 path 所指向的文件或目录的创建时间,返回值是浮点型秒数,用 localtime()转换
getatime(path)	返回 path 所指向的文件或目录的最后访问时间
getmtime(path)	返回 path 所指向的文件或目录的最后修改时间

os. path 模块的常用函数的用法举例如下。

```
>>>import os.path
>>>os.path.abspath("a.txt")                    # 获得文件的绝对路径
'd:\\pylx\\a.txt'
>>>os.path.split("d:/pylx/a.txt")              # 分离文件的路径和文件名
('d:/pylx', 'a.txt')
>>>os.path.splitext("d:/pylx/a.txt")           # 分离文件名和扩展名
('d:/pylx/a', '.txt')
>>>os.path.dirname("d:/pylx/a.txt")            # 返回文件的路径
'd:/pylx'
>>>os.path.basename("d:/pylx/a.txt")           # 返回文件名
'a.txt'
>>>os.path.exists("d:/pylx/a.txt")             # 判断文件是否存在
True
>>>os.path.getctime("d:/pylx/a.txt")           # 返回文件的创建时间,返回值是浮点型秒数
1527265002.1401854
>>>import time
>>>time.localtime(os.path.getctime("d:/pylx/a.txt"))     # 用 time 模块的
localtime()函数转换
time.struct_time(tm_year=2018, tm_mon=5, tm_mday=26, tm_hour=0, tm_min=16,
tm_sec=42, tm_wday=5, tm_yday=146, tm_isdst=0)
```

3. shutil 模块

shutil 模块是高级的文件、文件夹、压缩包处理模块。下面主要介绍 copy()函数和 move()函数。

1）copy()函数

copy()函数用于复制一个文件,其格式如下。

```
shutil.copy(src, dst)
```

其中,src 表示要复制的文件;dst 表示复制后的文件,它可以是文件或目录。

```
>>>import shutil
>>>shutil.copy("a.txt","aaa.txt")        # 将 a.txt 复制成 aaa.txt
'aaa.txt'
>>>shutil.copy("a.txt","c:/aaa.txt")     # 将 a.txt 复制到 c 盘,命名为 aaa.txt
'c:/aaa.txt'
```

2）move()函数

move()函数用于文件或目录的移动,其格式如下。

```
shutil.move(src, dst)
```

其中,src 表示要移动的文件或目录,dst 表示移动后的位置。

```
>>>import shutil
>>>shutil.move("bb.txt","c:/")
'c:/bb.txt'
>>>shutil.move("aaa.txt","c:/bbb.txt")   # 移动 aaa.txt 到 c 盘,重命名为 bbb.txt
'c:/bbb.txt'
```

9.2 数　据　库

9.2.1 数据库基础

1. 数据库概念

数据库就是存储数据的仓库，即存储在计算机系统中结构化的、可共享的相关数据的集合。数据库中的数据按一定的数据模型组织、描述和存储，可以最大限度地减少数据的冗余度。

数据库管理系统(database management system，DBMS)是用于管理数据的计算机软件。数据库管理系统使用户能够方便地定义数据、操作数据以及维护数据。其主要功能如下。

(1) 数据定义功能。使用数据定义语言(data definition language，DDL)生成和维护各种数据对象的定义。

(2) 数据操作功能。使用数据操作语言(data manipulation language，DML)对数据库进行查询、插入、删除和修改等基本操作。

(3) 数据库的管理和维护。数据库管理系统具有保证数据库的安全性、完整性、并发性，以及备份和恢复等功能。

目前流行的数据库管理系统产品可以分为以下两类。

(1) 适合于企业用户的网络版DBMS，如Oracle、SQL Server、MySQL等。

(2) 适合于个人用户的桌面DBMS，如Microsoft、Access等。

数据库系统(database system，DBS)是在计算机系统中引入数据库后组成的系统。数据库系统一般包括计算机硬件、操作系统、DBMS、开发工具、应用系统、数据库管理员和用户等。

2. 关系数据库

常用的数据库模型包括层次模型、网状模型、关系模型和面向对象的数据模型。其中，关系模型具有完备的数学基础，简单灵活、易学易用，已经成为数据库的标准。目前流行的数据库管理系统都是基于关系模型的关系数据库管理系统。

关系模型把世界看作是由实体(entity)和联系(relationship)构成的。实体是指现实世界中具有一定特征或属性并与其他实体有联系的对象。在关系模型中，实体通常是以表的形式来表现的。表的每一行描述实体的一个实例，表的每一列描述实体的一个特征或属性。

联系是指实体之间的对应关系，通过联系就可以用一个实体的信息来查找另一个实体的信息。联系可以分为以下三种。

(1) 一对一：如一个部门只能有一个经理，而一个经理只能在一个部门任职，部门和经理为一对一的联系。

(2) 一对多：如一个部门有多名员工，而一名员工只能在一个部门工作，部门和员工为一对多的联系。

(3) 多对多:如一名学生可以选修多门课程,而一门课程也可以有多名选修的学生,学生和课程为多对多的联系。

在关系数据库中,常见的数据库对象包括表、视图、触发器、存储过程等。

数据库中的表由行和列组成。其中,列由同类的信息组成,又称为字段,列的标题称为字段名;行指包括若干列信息项的一行数据,也称为记录或元组。一个数据库表由一条或多条记录组成,没有记录的表称为空表。

数据表中通常都有一个主关键字,也称为主键。主键确定唯一一条记录。例如,每个学生都有一个学号,因此,在学生信息表中,可以用学号作为该表的主键。

9.2.2 数据库访问模块

1. 通用数据库访问模块

开放数据库连接(open database connectivity,ODBC)提供了一种标准的应用程序编程接口(application programming interface, API)方法来访问数据库管理系统。在 Windows 平台上,常用的数据库产品都实现了其各自的 ODBC 驱动程序,包括 Oracle、SQL Server、MySQL、Access 等数据库。因为通过 ODBC,可以实现通用的数据库访问。Python 提供了通过如下几种 ODBC 访问数据的模块。

①ODBC Interface:随 PythonWin 附带发行的模块。

②pyodbc:开源的 Python ODBC 接口,完整实现了 DB-API 2.0 接口。

③mxODBC:流行的 mx 系列工具包中的一部分,实现了绝大部分 DB-API 2.0 接口。

Java 数据库连接(Java database connectivity,JDBC)是基于 Java 的面向对象的应用编程接口,描述了一套访问关系数据库的 Java 类库标准。Python 2.1 以后的发行版本中,包括通过 JDBC 访问数据的模块 zxJDBC,建立在底层的 JDBC 接口之上,支持 DB-API 2.0 接口。

2. 专用数据库访问模块

Python 针对各种流行的数据库,提供了各种专用的数据库访问模块,如表 9-6 所示。

表 9-6 Python 专用数据库访问模块

数据库	Python 模块	网 址
Oracle	DCOracle2	https://sourceforge.net/projects/cx-oracle/files
SQL Server	pymssql	https://www.lfd.uci.edu/~gohlke/pythonlibs/#pymssql
MySQL	mysql-python	https://pypi.org/project/PyMySQL/
IBM DB2	pydb2	https://pypi.org/project/ibm_db/

9.2.3 SQLite 数据库

1. SQLite 数据库概念

SQLite 是一款开源的、轻型的数据库,占用资源非常低。SQLite 支持各种主流的操作系统,包括 Windows、Linux、UNIX 等,并与许多程序语言紧密结合,包括 Python。SQLite 遵守 ACID(原子性 atomicity、一致性 consistency、隔离性 isolation、持久性 durability)的关系数据库管理系统,实现了多数的 SQL-92 标准,包括事务、触发器和多数的复杂查询。

SQLite不进行类型检查，例如，可以把字符串插入到整数列中。该特点使其特别适合与无类型的脚本语言（如Python）一起使用。

SQLite整个数据库，包括数据库定义、表、索引和数据本身等，都存储在一个单一的文件中。其事务处理通过锁定整个数据文件完成，因此，SQLite的体积很小，其经常被集成在各种应用程序中，甚至在iOS和Android的App中都可以集成。SQLite引擎不是与程序通信的独立进程，而是在编程语言内直接调用API，即SQLite是应用程序的组成部分，所以SQLite具有内存消耗低、延迟时间短、整体结构简单等优点。SQLite目前的版本是sqlite3，其官方网址为：http://www.sqlite.org。

2. SQLite支持的数据类型

SQLite采用动态数据类型，会根据存入的值自动判断。这种动态数据类型能够向后兼容其他数据库普遍使用的静态数据类型，这就意味着，在其他数据库上的静态数据类型都可以在SQLite中使用。SQLite支持的数据类型包括NULL、INTEGER、REAL、TEXT和BLOB，分别对应Python的数据类型None、int、float、str和bytes。可以使用适配器，以存储更多的Python类型到SQLite数据库中，也可以使用转换器，把SQLite数据类型转换为Python数据类型。

每个存放在SQLite数据库中的值，都是表9-7中的一种存储类型。

表9-7　存储类型

存储类型	说　明
NULL	空值
INTEGER	带符号的整数
REAL	浮点数
TEXT	字符串文本，采用数据库的编码
BLOB	无类型，可用于保存二进制文件

3. sqlite3模块

Python标准模块sqlite3使用C语言实现，提供访问和操作数据库SQLite的各种功能。sqlite3模块中常用的常量、函数和对象如表9-8所示。

表9-8　sqlite3模块中常用的常量、函数和对象

常量、函数或对象	功　能
sqlite3.version	常量，返回版本号
sqlite3.connect(database)	函数，连接到数据库，返回connection对象
sqlite3.connect	数据库连接对象
sqlite3.cursor	游标对象
sqlite3.row	行对象

9.2.4　访问数据库的基本步骤

Python2.5以上版本内置了sqlite3，所以在Python中使用SQLite数据库，不需要安装任何东西。Python的数据库模块有统一的接口标准，所以数据库操作都有统一的模式。操作数据库SQLite主要分为以下几步。

(1) 导入sqlite3数据库模块。

Python标准库中带有sqlite3模块，可直接导入。

```
import sqlite3
```

(2) 建立数据库连接，返回connection对象。

使用数据库模块的connect()函数建立数据库连接，返回连接对象con。

```
con =sqlite3.connect(connectring)   # 连接到数据库,返回 connection 对象
```

注意，connectring是连接字符串，对于不同的数据库连接对象，其连接字符串的格式各不相同。SQLite的连接字符串为数据库的文件名，如“e:\\test.db”。如果指定连接字符串为memory，则可创建一个内存数据库。

```
import sqlite3
con =sqlite3.connect("e:\\test.db")
```

如果e:\\test.db存在，则打开数据库；否则，在该路径下创建数据库test.db并打开。

(3) 创建游标对象。

调用con.cursor()函数创建游标对象cur。

```
cur =con.cursor()
```

(4) 使用cursor对象的execute执行SQL命令，返回结果集。

调用cur.execute()、cur.executemany()、cur.executescript()方法查询数据库。

①cur.execute(sql)：执行SQL语句。

②cur.execute(sql, parameters)：执行带参数的SQL语句。

③cur.executemany(sql, parameters)：根据参数多次执行SQL语句。

④cur.executescript(sql_script)：执行SQL脚本。

例如，创建一个表teacher，包含id、name、age三个字段，其中id为主键。

```
cur.execute("CREATE TABLE teacher (id primary key, name, age)")
```

下面利用游标向表中插入记录。

```
cur.execute("INSERT INTO teacher VALUES ('001','Tom',35)")
```

SQL语句字符串中可以使用占位符“?”表示参数，传递的参数类型为元组。

```
cur.execute("INSERT INTO teacher VALUES (?,?,?)", ("002","Marry",40))
```

(5) 获取游标的查询结果集。

调用cur.fetchall()、cur.fetchone()、cur.fetchmany()返回查询结果。

①cur.fetchall()：返回结果集的下一行(row对象)，无数据时，返回None。

②cur.fetchone()：返回结果集的剩余行(row对象列表)，无数据时，返回空List。

③cur.fetchmany()：返回结果集的多行(row对象列表)，无数据时，返回空List。

```
cur.execute("SELECT *  FROM  teacher")
print(cur.fetchall())
```

返回结果：

```
[('001', 'Tom', 35), ('002', 'Marry', 40)]
```

如果使用cur.fetchone()，则先返回列表中的第一项，再次使用，返回第二项，依次进行。也可以直接使用循环输出结果。

```
for row in cur.execute("SELECT *  FROM  teacher"):
    print(row[0],row[1])
```

返回结果:

```
001 Tom
002 Marry
```

(6) 数据库的提交和回滚。

根据数据库事务隔离级别的不同,可以提交或回滚。

①con. commit():事务提交。

②con. rollback():事务回滚。

(7) 关闭 cursor 对象和 connection 对象。

操作数据库结束后,关闭之前打开的 cursor 对象和 connection 对象。

①cur. close():关闭 cursor 对象

②con. close():关闭 connection 对象。

9.2.5　创建数据库和表

【例 9-11】　创建数据库 school,并在其中创建表 course,表中包含三列:id、name 和 hours,其中 id 为主键。

```
import sqlite3
con =sqlite3.connect("e:\\school.db")
con.execute("CREATE TABLE course (id primary key, name, hours)")
```

注意,connection 对象的 con. execute()方法是 cursor 对象对应方法的快捷方式,系统会创建一个临时 cursor 对象,然后调用对应的方法。

9.2.6　数据库的插入、更新和删除操作

在数据库中插入、更新、删除记录的一般操作步骤如下。

(1) 建立数据库连接。

(2) 创建游标对象 cur。使用 cur. execute(sql)执行 SQL 的 insert、update、delete 等语句,完成数据库记录的插入、更新、删除操作,并根据返回值判断操作结果。

(3) 提交操作。

(4) 关闭数据库。

【例 9-12】　数据库的创建、插入、更新、删除及提交操作。

```
import sqlite3
con =sqlite3.connect("e:\\school.db")
con.execute("CREATE TABLE course (id primary key, name, hours)")
# 创建游标对象
cur =con.cursor()
# 插入一行数据
cur.execute("INSERT INTO course VALUES ('0001','English',100)")
cur.execute("INSERT INTO course VALUES (?,?,?)", ("0002","Computer",200))
```

```
# 插入多行数据
Course ={('0003','Physics',150),('0004','Math',170),('0005','Music',140)}
cur.executemany("INSERT INTO course(id,name,hours) VALUES (?,?,?)",Course)
# 修改一行数据
cur.execute("UPDATE course SET name=? WHERE id=?",("MathAAA","0004"))
# 删除一行数据
n =cur.execute("DELETE FROM course WHERE id=?", ("0005",))
print("删除了",n.rowcount,"行记录")
# 显示最终结果
for row in cur.execute("SELECT *  FROM  course"):
    print(row)
# 提交事务
con.commit()
# 关闭游标和连接
cur.close()
con.close()
```

程序运行结果：

```
删除了 1 行记录
('0001', 'English', 100)
('0002', 'Computer', 200)
('0003', 'Physics', 150)
('0004', 'MathAAA', 170)
```

9.2.7　数据库的查询操作

查询数据库的步骤如下。

(1) 建立数据库连接。

(2) 创建游标对象 cur,使用 cur.execute(sql)执行 SQL 的 select 语句。

(3) 循环输出结果。

```
import sqlite3
# 连接数据库
con =sqlite3.connect("e:\\school.db")
# 创建游标对象
cur =con.cursor()
# 查询数据库
cur.execute("SELECT id,name,hours FROM course")
for row in  cur:
    print(row)
# 关闭游标和连接
cur.close()
con.close()
```

程序运行结果：

```
('0001', 'English', 100)
('0002', 'Computer', 200)
('0003', 'Physics', 150)
('0004', 'MathAAA', 170)
```

本章小结及习题

第 10 章 数据处理

本章学习目标

- 掌握 NumPy 和 pandas 常用数据对象的创建方法
- 理解 NumPy 和 pandas 的索引和切片技术
- 掌握 NumPy 和 pandas 的常用基本操作和数值运算函数
- 掌握 NumPy 和 pandas 的缺失值处理方式
- 了解 NumPy 和 pandas 的时间序列操作

通过对前面章节的学习，读者已经对 Python 的数据存储技术有了一定的认识。在实际利用 Python 完成数据分析的过程中，数据处理部分具有非常重要的作用。本章将结合 NumPy 和 pandas 两大模块讲解数据处理，包括常用的数据运算、操作等，同时利用正确的数据处理方法提高数据分析程序的执行效率。通过本章的学习，相信读者会对基本的数据处理方法有一定的认识。

10.1 NumPy 的使用

10.1.1 概述

Python 中提供了 List 容器，其可以当作数组使用，但列表中的元素可以是任何对象，因此，列表中保存的是对象的指针。这样一来，为了保存一个简单的列表[1,2,3]，就需要三个指针和三个整数对象。对于数值运算来说，这种结构显然不够高效，计算过程中会浪费内存和 CPU 的计算时间。此外，Python 提供了 array 模块，但其只支持一维数组，不支持多维数组，也没有各种运算函数，因而不适合数值运算。基于以上两点，NumPy 模块的出现弥补了这些不足，它提供数组和矩阵的处理与计算功能(类似于 Matlab)，提供了更高效的数值处理功能。

在使用 NumPy 模块的过程中，需要注意如下问题。

(1) NumPy 模块的官网地址为 http://www.numpy.org/。

(2) NumPy模块安装：若利用Anaconda管理Python安装包，NumPy默认已经安装完毕。否则可以手动安装NumPy，执行pip install numpy即可。

(3) NumPy模块导入：使用import numpy语句导入NumPy模块，其中官网提倡的模块导入语法为import numpy as np。

NumPy模块提供了以下两种基本的对象。

(1) ndarray：英文全称为n-dimensional array object，它是存储单一数据类型的多维数组(注意矩阵是多维数组的一种特例，仅有二维)，统称为数组。

(2) ufunc：英文全称为universal function object，它是能够对数组进行处理的函数。

其中，ndarray(数组)对象是NumPy模块的核心对象，NumPy中的所有的ufunc函数都是围绕ndarray对象进行处理的。ndarray对象的结构并不复杂，但是其功能十分强大。不但可以用它高效地存储大量的数据元素，提高数值计算的运算速度，还可以用它与各种扩展库完成数据交换。

10.1.2　NumPy数组的创建

1. 数组的创建

创建数组的方式有以下两种。

(1) 通过array()函数把序列对象的参数转换为数组。

(2) 通过arange()、linspace()函数创建数组。

【例10-1】　利用array()函数创建数组示例。

```
>>>import numpy as np                      # 导入NumPy模块
>>>a =np.array([1,2,3])                    # 一维数组
>>>b =np.array([[1,2,3],[4,5,6]])          # 二维数组
>>>a
array([1, 2, 3])
>>>b
array([[1, 2, 3],
       [4, 5, 6]])
```

【例10-2】　利用arange()和linspace()函数创建等差数组。

```
>>>import numpy as np
>>>a1 =np.arange(0, 10, 2)              # 不包含终点
>>>a1
array([0, 2, 4, 6, 8])

>>>a2 =np.arange(6)                     # 起点为0,终点为5,步长为1的等差序列
>>>a2
array([0, 1, 2, 3, 4,5])

>>>a3 =np.arange(5, 20, step =2)        # 起点为5,终点为20,步长为2的等差序列
>>>a3
array([ 5,  7,  9, 11, 13, 15, 17, 19])
```

```
>>>b =np.linspace(1, 10, 10)
>>>b
array([ 1.,  2.,  3.,  4.,  5.,  6.,  7.,  8.,  9.,  10.])
```

注意以下两方面。

(1) arange([start], stop, [step], dtype=None)有 4 个参数,分别代表起点、终点、步长、返回类型,且返回数组中不包含 stop。其中,start、step、dtype 可以省略,start 默认为 0,step 默认为 1,dtype 默认为整数。

(2) 与 arange()不同,linspace()是设定起点、终点和元素个数,而不是设置步长。

【例 10-3】 数组形状的获取和改变。

```
>>>a2.shape
(6,)
>>>a4 =a2.reshape(2,3)      # 将 a2 转换为 2 行 3 列的二维数组,即矩阵
>>>a4
array([[0, 1, 2],
       [3, 4, 5]])
>>>a2[0]=100
>>>a2
array([100,  1,  2,  3,  4,  5])
>>>a4
array([[100,  1,  2],
       [  3,  4,  5]])
```

数组的形状可以通过 shape 属性获得,它是一个描述数组各个轴长度的元组,数组 a1 的 shape 只有一个元素,因此它是一个一维数组。

通过原数组的 reshape()方法可以创建指定形状的新数组,而原数组的形状保持不变。在本例中,新数组 a4 的 shape 有两个元素,因此,它是一个二维数组,其中第 0 轴(行)长度为 2,第 1 轴(列)长度为 3。利用 reshape()方法可以改变轴的大小。

注意,原数组和新数组共享数据存储空间,所以修改其中任意一个数组的元素都会同时修改另一个数组的内容,因此,本例中修改原数组 a2[0]后,新数组 a4 中的第一个元素的值也发生变化。

2. 特殊矩阵的创建

矩阵在数值计算中具有很重要的作用,从数组维数的方向来看,矩阵是二维数组。一些常见的利用 NumPy 创建特殊矩阵的方法如表 10-1 所示。

表 10-1　创建特殊矩阵的方法

矩　阵	函　数
随机矩阵	numpy.empty(shape, dtype=float, order='C')
	numpy.empty_like(a, dtype=None, order='K', subok=True)
单位矩阵	numpy.ones(shape, dtype=None, order='C')
	numpy.ones_like(a, dtype=None, order='K', subok=True)

续表

矩阵	函数
对角矩阵	numpy. eye(N, M=None, k=0, dtype=<type 'float'>)
	numpy. identity(n, dtype=None)
零矩阵	numpy. zeros(shape, dtype=float, order='C')
	numpy. zeros_like(a, dtype=None, order='K', subok=True)
填充矩阵	numpy. full(shape, fill_value, dtype=None, order='C')
	numpy. full_like(a, fill_value, dtype=None, order='K', subok=True)

下面通过程序演示这些特殊矩阵的创建过程。受篇幅限制，仅介绍部分常用的参数，其他参数的详细说明请参照 NumPy 官网。

1) 随机矩阵

随机矩阵的创建方法如下。

(1) numpy. empty(shape, dtype=float, order='C')。

功能：生成随机矩阵。

参数如下。

shape：int 或 int 类型元组，表示矩阵形状。

dtype：输出的数据类型。

order："C" 或者"F"，表示数组在内存的存放次序是以行(C)为主还是以列(F)为主。

(2) numpy. empty_like(a, dtype=None, order='K', subok=True)。

功能：生成与 a 相似(形态和数据类型)的随机矩阵。

参数如下。

a：仿照的矩阵。

dtype：输出的数据类型。

order："C"、"F"、"A"或"K"，表示数组在内存的存放次序是以行(C)为主还是以列(F)为主，"A"表示以列为主存储，如果 a 是列相邻的，那么"K"表示尽可能与 a 的存储方式相同。

subok：bool 类型。

True：使用 a 的内部数据类型。

False：使用 a 数组的数据类型。

【例 10-4】 创建随机矩阵的程序示例。

```
>>>import numpy as np
>>>a1 =np.empty([2, 2])
>>>a1
array([[  1.48539705e-313,   2.33419537e-313],
       [  3.18299369e-313,   4.03179200e-313]])

>>>a2 =np.empty([2, 2], dtype=int)
>>>a2
```

```
array([[18,  0],
       [ 2,  0]])

>>>b1 = ([1,2,3], [4,5,6])
>>>b2 =np.array([[1., 2., 3.],[4.,5.,6.]])
>>>b3 =np.empty_like(b1)
>>>b3
array([[0, 1, 2],
       [3, 4, 5]])

>>>b4 =np.empty_like(b2)
>>>b4
array([[  9.18962101e-322,  0.00000000e+000,  0.00000000e+000],
       [  0.00000000e+000,  0.00000000e+000,  0.00000000e+000]])
```

2）单位矩阵

单位矩阵是所有元素都为 1 的矩阵，创建方法如下。

(1) numpy. ones(shape, dtype=None, order='C')。

功能：创建单位矩阵，参数与随机矩阵 empty()方法相同。

(2)numpy. ones_like(a, dtype=None, order='K', subok=True)。

功能：创建与 a 相似的单位矩阵，参数与随机矩阵的 empty_like()方法相同。

【例 10-5】 创建单位矩阵的程序示例。

```
>>>import numpy as np
>>>a1 =np.ones(5)
>>>a1
array([ 1.,  1.,  1.,  1.,  1.])

>>>a2 =np.ones((5,), dtype=np.int)
>>>a2
array([1, 1, 1, 1, 1])

>>>a3 =np.ones((2, 1))
>>>a3
array([[ 1.],
       [ 1.]])

>>>s = (2,2)
>>>a4 =np.ones(s)
>>>a4
array([[ 1.,  1.],
       [ 1.,  1.]])

>>>b1 = ([1,2,3], [4,5,6])
```

```
>>>b2 =np.array([[1., 2., 3.],[4.,5.,6.]])
>>>b3 =np.ones_like(b1)
>>>b3
array([[1, 1, 1],
       [1, 1, 1]])

>>>b4 =np.ones_like(b2)
>>>b4
array([[ 1.,  1.,  1.],
       [ 1.,  1.,  1.]])
```

3）对角矩阵

对角矩阵是主对角线上的元素都为 1，其他元素都为 0 的矩阵，创建方法如下。

(1) numpy.eye(N, M=None, k=0, dtype=float)。

N：行数。

M：列数。

k：对角线偏移，对角线偏移 k(k>0 向右上方偏移，k<0 向左下方偏移)。

dtype：输出的数据类型。

(2) numpy.identity(n, dtype=None)。

n：行数(也是列数)。

dtype：输出的数据类型。

返回值：n×n 对角矩阵(主对角线上的元素都为 1，其他元素都为 0)。

【例 10-6】 创建单位矩阵的程序示例。

```
>>>import numpy as np
>>>a1 =np.eye(2, dtype=int)
>>>a1
array([[1, 0],
       [0, 1]])

>>>a2 =np.eye(3, k=1)
>>>a2
array([[ 0.,  1.,  0.],
       [ 0.,  0.,  1.],
       [ 0.,  0.,  0.]])

>>>a3 =np.identity(3)
>>>a3
array([[ 1.,  0.,  0.],
       [ 0.,  1.,  0.],
       [ 0.,  0.,  1.]])
```

4）零矩阵

零矩阵是所有元素都为 0 的矩阵，创建方法如下(参数与随机矩阵相同，不再说明)。

(1) numpy. zeros(shape, dtype=float, order='C')。

(2) numpy. zeros_like(a, dtype=None, order='K', subok=True)。

【例 10-7】 创建零矩阵的程序示例。

```
>>>import numpy as np
>>>a1 =np.zeros(5)
>>>a2 =np.zeros((5,), dtype=np.int)
>>>a3 =np.zeros((2, 1))
>>>
>>>b1 = ([1,2,3], [4,5,6])
>>>a4 =np.zeros_like(b1)
>>>a1
array([ 0.,   0.,   0.,   0.,   0.])
>>>a2
array([0, 0, 0, 0, 0])
>>>a3
array([[ 0.],
       [ 0.]])
>>>a4
array([[0, 0, 0],
       [0, 0, 0]])
```

5) 填充矩阵

填充矩阵是根据给定要求(形状、数据类型)填充的矩阵,创建方法如下。

(1) numpy. full(shape, fill_value, dtype=None, order='C')。

(2) numpy. full_like(a, fill_value, dtype=None, order='K',subok=True)。

【例 10-8】 创建填充矩阵的程序示例。

```
>>>import numpy as np
>>>a1 =np.full((2, 2), np.inf)
>>>a1
array([[ inf,  inf],
       [ inf,  inf]])

>>>a2 =np.full((2, 2), 10)
>>>a2
array([[10, 10],
       [10, 10]])

>>>b1 = ([1,2,3], [4,5,6])
>>>a3 =np.full_like(b1, 100)
>>>a3
array([[100, 100, 100],
       [100, 100, 100]])
```

10.1.3 NumPy 数组的索引和切片

索引是 NumPy 数组元素的下标，切片是一种操作，主要指抽取数组的一部分元素生成新数组。对 Python 列表进行切片操作得到的数组是原数组的副本，而对 NumPy 数组进行切片操作得到的数组则是指向相同缓冲区的视图。

1. 一维数组的索引和切片

1）索引下标切片法

用索引下标切片法可以获取数组中的某个或者某一段元素，具体语法格式包括如下两种。

(1) array[index]，获取 NumPy 数组 array 中的某个索引为 index 的元素，注意数组索引从 0 开始。

(2) array[start:end:step]，获取 NumPy 数组 array 中从索引 start 开始到 end 结束，步长为 step，但不包括 end 位置元素的一段数组元素。

【例 10-9】 一维数组索引下标切片法的程序示例。注意观察每一次切片的程序输出。

```
>>>import numpy as np
>>>a =np.arange(10)        # [0 1 2 3 4 5 6 7 8 9]
>>>a[5]
5
>>>a[3:5]
array([3, 4])

>>>a[:5]
array([0, 1, 2, 3, 4])

>>>a[:-1]
array([0, 1, 2, 3, 4, 5, 6, 7, 8])

>>>a[1:-1:2]
array([1, 3, 5, 7])

>>>a[::-1]
array([9, 8, 7, 6, 5, 4, 3, 2, 1, 0])

>>>a[5:1:-2]
array([5, 3])

>>>b =a[1:5]
>>>b[0] =100  # 注意:共享存储空间
>>>a
array([  0, 100,   2,   3,   4,   5,   6,   7,   8,   9])
>>>b
array([100,   2,   3,   4])
```

注意，切片过程中，start 省略时表示从数组开头开始；end 省略时表示到数组末尾；step 省略时表示步长为 1；step 为负数时，则表示从后往前数。因此要求 start 必须大于或等于 end；end 为－1 时，表示最后一个元素。

切片过程中，通过切片获取的新数组是原数组的一个视图，新老数组共享同一块存储空间，因此改变任何一个数组的元素，都对另外一个数组有影响。

2）整数列表切片法

用整数列表切片法可以获取数组中的某几个指定位置的元素，这些元素可以是不连续的，也可以是重复的。当使用整数列表对数组元素进行切片时，将使用列表中的每个元素作为下标。整数列表切片法的语法格式如下。

```
array[[n1, n2,..., nx]]
```

该语句用于获取 NumPy 数组 array 中的第 n1，n2，…，nx 个元素。

注意，此时切片后的新数组与原数组不共享存储空间。

【例 10-10】 一维数组整数列表切片法的程序示例。注意观察每一次切片的程序输出。

```
>>>import numpy as np
>>>a =np.arange(10)
>>>a
array([0, 1, 2, 3, 4, 5, 6, 7, 8, 9])

>>>x =a[[3,3,1,8]]                # 索引切片
>>>x
array([3,  3,  1,  8])

>>>y =a[[3,-3,1,8]]               # [3 7 1 8]
>>>y
array([3, 7, 1, 8])

>>>x[0] =100                      # 不共享存储空间
>>>x
array([100,  3,  1,  8])
>>>a
array([0, 1, 2, 3, 4, 5, 6, 7, 8, 9])
```

注意，y = a[[3，－3，1，8]]中，下标可以是负数，此时，－3 表示取倒数第 3 个元素（从 1 开始计数）。此外，用这种整数列表切片法获得的新数组与原数组不共享存储空间。

2. *多维数组的索引和切片*

多维数组的每个轴有一个索引，这些索引由一个用逗号分隔的元组给出。多维数组的索引操作有两种方法，以三维数组 b 为例，可以通过以下两种方法获取 b 的第一个元素。

```
b[0,0,0]
b[0][0][0]
```

多维数组的切片操作相对于一维数组的要复杂一些，为降低复杂度，下面通过一个形象化的例子来进行说明。

【例 10-11】 三维数组的索引和切片操作的程序示例。创建一个 2×3×4 的三维数组，

用来表示一个 2 层楼，每层楼的房间排列为 3 行 4 列，通过索引切片操作获得指定房间。

```
>>>import numpy as np
>>>b=np.arange(24).reshape(2,3,4) # 共 2 层楼，每层楼的房间排列为 3 行 4 列
>>>b
array([[[ 0,  1,  2,  3],
        [ 4,  5,  6,  7],
        [ 8,  9, 10, 11]],

       [[12, 13, 14, 15],
        [16, 17, 18, 19],
        [20, 21, 22, 23]]])
```

（1）选取第 1 层楼、第 1 行、第 1 列的房间。

```
>>>b[0,0,0]
0
```

（2）选取所有楼层的第 1 行、第 1 列的房间。

```
>>>b[:,0,0]
array([ 0, 12])
```

（3）选取第 1 层楼的所有房间。

```
>>>b[0,:,:]
array([[ 0,  1,  2,  3],
       [ 4,  5,  6,  7],
       [ 8,  9, 10, 11]])
```

（4）选取第 1 层楼的所有房间，其中，多个连续的“:”可以用 1 个“...”代替。

```
>>>b[0,...]
array([[ 0,  1,  2,  3],
       [ 4,  5,  6,  7],
       [ 8,  9, 10, 11]])
```

（5）选取第 1 层楼的第 1 行的所有房间。

```
>>>b[0,1,]
array([4, 5, 6, 7])
```

（6）选取第 1 层楼的第 1 行的部分房间，从第 1 个开始到最后，间隔 2 个（不包括最后）。

```
>>>b[0,1,::2]
array([4, 6])
```

（7）选取所有楼层中位于第 2 列的房间。

```
>>>b[...,1]
array([[ 1,  5,  9],
       [13, 17, 21]])
```

（8）选取所有楼层中位于第 2 行的房间。

```
>>>b[:,1]
array([[ 4,  5,  6,  7],
       [16, 17, 18, 19]])
```

（9）选取第 1 层楼中所有位于第 2 列的房间。

```
>>>b[0,:,1]
array([1, 5, 9])
```

(10) 选取第 1 层楼中所有位于最后一列的房间。

```
>>>b[0,:,-1]
array([ 3,  7, 11])
```

(11) 反向选取第 1 层楼中所有位于最后一列的房间。

```
>>>b[0,::-1,-1]
array([11,  7,  3])
```

(12) 把第 1 层楼和第 2 层楼的房间交换。

```
>>>b[::-1]
array([[[12, 13, 14, 15],
        [16, 17, 18, 19],
        [20, 21, 22, 23]],

       [[ 0,  1,  2,  3],
        [ 4,  5,  6,  7],
        [ 8,  9, 10, 11]]])
```

10.1.4　NumPy 数组的运算

1. 算术运算

NumPy 提供的算术运算,例如+、-、*、/等,都是按元素逐个运算。数组运算后将创建含运算结果的新数组。此外,NumPy 还为数组的算术运算定义了各种 ufunc 函数,如表 10-2 所示。

表 10-2　数组的算术运算和对应的 ufunc 函数

表达式	对应的 ufunc 函数
y=x1+x2	add(x1,x2,[,y])
y=x1-x2	subtract(x1,x2,[,y])
y=x1 * x2	multiply(x1,x2,[,y])
y=x1/x2	divide(x1,x2,[,y]),如果两个数为整数,那么用整数除法
y=x1/x2	true_divide(x1,x2,[,y]),返回精确的商
y=x1//x2	tloor_divide(x1,x2,[,y]),对返回值取整
y=-x	negative(x,[y])
y=x1 * * x2	power(x1,x2,[,y])
y=x1%x2	remainder(x1,x2,[,y]), mod(x1,x2,[,y])

【例 10-12】 两个数组的算术运算程序示例。

```
>>>import numpy as np
>>>a1 =np.arange(0, 4)
>>>a1
```

```
array([0, 1, 2, 3])
>>>a2 =np.arange(1, 5)
>>>a2
array([1, 2, 3, 4])

>>>b1 =a1+a2
>>>b1
array([1, 3, 5, 7])

>>>b2 =np.add(a1, a2)
>>>b2
array([1, 3, 5, 7])
>>>np.add(a1, a2, a1)
>>>a1
array([1, 3, 5, 7])
```

其中,add()返回一个数组,它的每个元素都是两个参数数组的对应元素之和。如果没有指定第 3 个参数,则创建一个新的数组来保存计算结果。如果指定第 3 个参数,则将计算结果直接保存到该参数指定的数组中,注意该参数指定的数组必须已经创建完毕。

【例 10-13】 矩阵乘法的程序示例。

```
>>>import numpy as np
>>>A =np.array([[1,1],
...               [0,1]])
>>>B =np.array([[2,0],
...               [3,4]])
>>>C=A*B
>>>C
array([[2, 0],
       [0, 4]])
>>>D =np.dot(A,B)
>>>D
array([[5, 4],
       [3, 4]])
>>>E =B**2
>>>E
array([[ 4,  0],
       [ 9, 16]], dtype=int32)
```

注意,NumPy 中的乘法运算符 * 按元素逐个计算,矩阵乘法可以使用 dot()函数实现。

2. 比较运算

NumPy 提供了比较运算符,可用它们完成对数组的比较,例如>、<、==等,比较后将创建一个布尔数组,它的每个元素值都是两个数组对应元素的比较结果。

```
>>>y=np.array([1,2,3])<np.array([4,0,6])
>>>y
array([ True, False,  True], dtype=bool)
```

此外，NumPy 还为数组的比较运算定义了各种 ufunc 函数，如表 10-3 所示。

表 10-3　数组的比较运算和对应的 ufunc 函数

表达式	对应的 ufunc 函数
y=x1==x2	equal(x1,x2,[,y])
y=x1! =x2	not_equal (x1,x2,[,y])
y=x1<x2	less(x1,x2,[,y])
y=x1<=x2	less_equal(x1,x2,[,y])
y=x1>x2	greater (x1,x2,[,y])
y=x1>=x2	greater_equal (x1,x2,[,y])

3. 布尔运算

与算术运算、比较运算一致，NumPy 数组的布尔运算也是逐个元素计算。此外，由于 Python 的布尔运算使用 and、or 和 not 等关键字，它们无法被重载，因此，数组的布尔运算只能通过相应的 ufunc 函数进行。这些函数的函数名都以 logical_开头，例如 logical_and()、logical_or()、logical_not()、logical_xor()，分别实现与、或、非、异或操作。

【例 10-14】 布尔运算的程序示例。

```
>>>import numpy as np
>>>a =np.arange(5)   # [0 1 2 3 4]
>>>b =np.arange(4, -1, -1) # [4 3 2 1 0]
>>>print(a==b)
[False False  True False False]
>>>print(a>b)
[False False False  True  True]
>>>np.logical_or(a==b, a>b)
array([False, False,  True,  True,  True], dtype=bool)
```

10.1.5　NumPy 数组的通用函数

除了前面介绍的数组对象和 ufunc 函数之外，NumPy 还提供了大量对数组进行处理的函数。充分利用这些函数，能够简化程序的逻辑，提高运算速度。本节通过一些例子来说明它们的一些使用技巧和注意事项。

1. 随机数

numpy. random 模块中常用的随机函数如表 10-4 所示。

表 10-4　numpy. random 模块中常用的随机函数

常用函数	功 能 说 明	常用函数	功 能 说 明
rand	生成 0 到 1 之间的随机数	randn	标准正态分布的随机数
randint	指定范围内的随机整数	normal	正态分布

续表

常用函数	功能说明	常用函数	功能说明
uniform	均匀分布	possion	泊松分布
permutation	随机排列	shuffle	随机打乱顺序
choice	随机抽取样本	seed	设置随机数种子

1）随机数生成

（1）numpy.random.rand(d0，d1，…，dn)：生成一个[0,1)之间的随机浮点数或 N 维浮点数组，所有参数用于指定数组的形状。

（2）numpy.random.randn(d0，d1，…，dn)：生成一个浮点数（不一定是 0 和 1 之间）或 N 维浮点数组，取数范围为正态分布的随机样本数。

（3）numpy.random.randint(low，high=None，size=None，dtype='l')：生成一个整数或 N 维整数数组，取数范围：high 不为 None 时，取[low,high)之间的随机整数，否则，取[0,low)之间的随机整数。

【例 10-15】 生成随机数的程序示例。

```
import numpy as np
# ---------------rand 用法
# 无参
data1 =np.random.rand()# 生成一个[0,1)之间随机浮点数
# d0,d1,...,dn 表示传入的数组形状
# 一个参数
data2 =np.random.rand(1)# 生成一个长度为 1 的一维数组
data3 =np.random.rand(5)# 生成一个长度为 5 的一维数组
# 两个参数
data4 =np.random.rand(2,3)# 生成 2*3 的二维数组

# ---------------randn 用法
# 无参
data1 =np.random.randn()# 生成[0,1)之间随机浮点数
# d0,d1,...,dn 表示传入的数组形状
# 一个参数
data2 =np.random.randn(1)# 生成一个长度为 1 的一维数组
data3 =np.random.randn(5)# 生成一个长度为 5 的一维数组
# 两个参数
data4 =np.random.randn(2,3)# 生成 2*3 的二维数组

# ---------------randint 用法
data1 =np.random.randint(2)# 生成一个[0,2)的随机整数
# low=2,size=5
data2 =np.random.randint(2,size=5)# array([0, 1, 1, 0, 1])
# low=2,high=6
```

```
data3 =np.random.randint(2,6)# 生成一个[2,6)之间的随机整数
# low=2,high=6,size=5
data4 =np.random.randint(2,6,size=5)# 生成形状为 5 的一维整数数组
# size 为整数元组
data5 =np.random.randint(2,size=(2,3))# 生成一个 2*3 整数数组,取数范围:[0,2)的随
机整数
data6 =np.random.randint(2,6,(2,3))# 生成一个 2*3 整数数组,取值范围:[2,6)的随机
整数
# dtype 参数:
data7 =np.random.randint(2,dtype='int32')
data8 =np.random.randint(2,dtype=np.int32)
```

2）特殊分布的随机数生成

(1) numpy. random. normal(loc=0.0, scale=1.0, size=None):产生正态分布的随机数,三个参数分别代表期望、标准差和数组的形状。

(2) numpy. random. uniform(low=0.0, high=1.0, size=None):产生均匀分布的随机数,前两个参数为区间的起始值和终点值,第三个参数为数组的形状。

(3) numpy. random. poisson(lam=1.0, size=None):产生泊松分布的随机数,第一个参数用于指定 λ 系数,它表示单位时间(或单位面积)内随机事件的平均发生率。因为泊松分布是一个离散分布,所以它输出的数组是一个整数数组。

【例 10-16】 生成满足特殊分布的随机数的程序示例。

```
>>>import numpy as np
>>>a =np.random.normal(100,10,(4,3))
>>>a
array([[ 105.76155477,  99.76342513,  126.44498125],
       [  86.25162617, 101.69497707,   96.61060044],
       [ 105.79632504, 119.89478792,   91.03421149],
       [ 104.42772907, 121.37244817,   90.57242835]])
>>>b =np.random.uniform(10,20,(4,3))
>>>b
array([[ 12.10003884,  17.00754663,  13.60951828],
       [ 18.38688804,  11.00117931,  13.22384665],
       [ 15.15322766,  18.94311187,  12.92195598],
       [ 19.81379952,  12.1286747 ,  18.57746636]])
>>>c =np.random.poisson(2.0, (4,3))
>>>c
array([[0, 2, 3],
       [0, 3, 1],
       [0, 1, 2],
       [1, 3, 3]])
```

3）随机排列和随机选取

(1) numpy. random. permutation(x):如果 x 为整数,则返回[0,x)之间的整数的随机排列;如果 x 为序列,则返回一个随机排列之后的序列。

（2）numpy. random. shuffle(x)：将参数数组 x 的顺序打乱。

【例 10-17】 随机排列与选取的程序示例。

```
>>>np.random.permutation(10)
array([7, 5, 4, 3, 6, 2, 8, 0, 9, 1])
>>>a =np.array([1,10,20,30,40])
>>>a
array([ 1, 10, 20, 30, 40])
>>>np.random.permutation(a)
array([ 1, 30, 10, 40, 20])

>>>b =np.arange(0,5)
>>>b
array([0, 1, 2, 3, 4])
>>>np.random.shuffle(b)
>>>b
array([0, 2, 4, 3, 1])
```

（3）numpy. random. choice(a，size=None，replace=True，p=None)：从指定的样本中随机进行抽取，其中，a 参数表示原数组；size 参数用于指定输出目标数组的形状；replace 参数为 True 表示可重复抽取，为 False 表示不可重复抽取；p 参数用于指定每个元素对应的抽取概率，若不指定，则所有元素被抽取到的概率相同，且值越大的元素，被抽到的概率越大。

【例 10-18】 随机抽取样本的程序示例。

```
>>>a =np.arange(10,25, dtype=float)
>>>c1 =np.random.choice(a, size=(4,3))
>>>c1
array([[ 20.,  20.,  19.],
       [ 22.,  18.,  10.],
       [ 15.,  16.,  24.],
       [ 23.,  21.,  17.]])

>>>c2 =np.random.choice(a, size=(4,3), replace=False)
>>>c2
array([[ 17.,  20.,  15.],
       [ 22.,  12.,  13.],
       [ 16.,  19.,  11.],
       [ 10.,  21.,  23.]])

>>>c3 =np.random.choice(a, size=(4,3), p=a/np.sum(a))
>>>c3
array([[ 21.,  14.,  19.],
       [ 21.,  24.,  21.],
       [ 21.,  15.,  24.],
       [ 22.,  21.,  18.]])
```

4）随机种子

为了保证每次运行时能重现相同的随机数，可以指定随机数的种子。

numpy. random. seed(seed＝None)：第一个参数代表种子的数值。

【例 10-19】 随机种子的程序示例。该示例在计算过程中，使用 42 为种子，两次得到的随机数是相同的。

```
>>>r1 =np.random.randint(0, 100, 3)
>>>r1
array([45, 36, 55])
>>>r2 =np.random.randint(0, 100, 3)
>>>r2
array([ 8,  1, 15])
>>>np.random.seed(42)
>>>r3 =np.random.randint(0, 100, 3)
>>>r3
array([51, 92, 14])
>>>np.random.seed(42)
>>>r4 =np.random.randint(0, 100, 3)
>>>r4
array([51, 92, 14])
```

2. 求和与平均值

（1）numpy. random. sum(a，axis＝None)：对数组 a 中的所有元素进行求和，a 可以是数组、列表或元组等多种形式的序列。如果指定 axis，则求和运算沿着指定的轴进行。

（2）numpy. random. mean(a，axis＝None)：对数组 a 中的所有元素取平均值，参数与 sum 相同。

（3）numpy. random. average(a，axis＝None，weights＝None)：对数组 a 中的所有元素取平均值。如果指定 weights，则根据 weights 指定的序列对 a 进行加权平均计算。

【例 10-20】 求和与平均值的程序示例。

```
>>>import numpy as np
>>>np.random.seed(42)
>>>a =np.random.randint(0, 10, size= (4,5 ))
>>>a
array([[6, 3, 7, 4, 6],
       [9, 2, 6, 7, 4],
       [3, 7, 7, 2, 5],
       [4, 1, 7, 5, 1]])

>>>np.sum(a)
96
>>>np.sum(a, axis=0)
array([22, 13, 27, 18, 16])
>>>np.sum(a, axis=1)
array([26, 28, 24, 18])
```

```
>>>np.mean(a)
4.7999999999999998

>>>score =np.array([83,72,79])
>>>number =np.array([20, 15, 30])
>>>np.average(score, weights=number)
78.615384615384613
```

在上面例子的求和过程中，数组 a 的第 0 轴的长度为 4，第 1 轴的长度为 5。如果 axis 为 0，则对每列上的 4 个数求和，结果是长度为 5 的一维数组。如果 axis 参数为 1，则对每行上的 5 个元素求和，所得结果是长度为 4 的一维数组。

在加权平均过程中，通过 number 指定权值，相当于进行如下计算。

```
np.sum(score* number)/np.sum(number, dtype=float)
```

3. 大小和排序

(1) numpy. random. min(a, axis=None)：返回数组 a 中的所有元素的最小值，参数与 sum()相同。

(2) numpy. random. max(a, axis=None)：返回数组 a 中的所有元素的最大值，参数与 sum()相同。

(3) numpy. random. sort(a, axis=None)：对数组 a 进行排序后的结果通过新数组返回，不改变原数组的内容。axis=−1 表示沿着数组的最终轴进行排序。对于二维数组，axis=0 表示对数组 a 的每列进行排序，axis=1 表示对数组 a 的每行进行排序。

【例 10-21】 大小与排序的程序示例。

```
>>>np.random.seed(42)
>>>a =np.random.randint(0, 10, size=(2,3 ))
>>>a
array([[6, 3, 7],
      [4, 6, 9]])

>>>min1 =np.min(a)
>>>min1
3

>>>min2 =np.min(a, axis=0)
>>>min2
array([4, 3, 7])

>>>min3
array([3, 4])
>>>min3 =np.min(a, axis=1)

>>>b1 =np.sort(a)
```

```
>>>b1
array([[3, 6, 7],
       [4, 6, 9]])

>>>b2 =np.sort(a, axis=0)
>>>b2
array([[4, 3, 7],
       [6, 6, 9]])
```

4. 矩阵操作

线性代数(如矩阵乘法、矩阵分解、行列式以及其他方阵数学等)是 NumPy 的重要组成部分。numpy.linalg 中有一组标准的矩阵分解运算,以及诸如求逆和行列式之类的运算。它们跟 Matlab 和 R 语言等所使用的是相同的行业标准级 Fortran 库,如 BLAS、LAPACK、IntelMKL 等。numpy.linalg 模块中常用的矩阵操作函数如表 10-5 所示。

表 10-5　numpy.linalg 模块中常用的矩阵操作函数

函数	说　明
diag()	以一维数组的形式返回方阵的对角线(或非对角线)元素,或将一维数组转换为方阵
dot()	矩阵乘法
trace()	计算对角线元素的和
det()	计算矩阵的行列式
eig()	计算方阵的特征值和特征向量
inv()	计算方阵的逆
pinv()	计算矩阵的 Moore-Penrose 伪逆
qr()	计算 QR 分解
solve()	解线性方程组 Ax=b,其中 A 为一个方阵
lstsq()	计算 Ax=b 的最小二乘解

【例 10-22】 矩阵的线性代数操作程序示例。

```
>>>import numpy as np
>>>from numpy.linalg import inv, qr
>>>
>>>x =np.random.rand(5,5)
>>>mat =x.T.dot(x)
>>>mat.dot(inv(mat))
array([[  1.00000000e+00,  -1.33226763e-15,  1.77635684e-15,
          4.44089210e-16,  4.44089210e-16],
       [  2.77555756e-16,  1.00000000e+00,  -8.43769499e-15,
         -2.22044605e-16,  -8.88178420e-16],
       [ -4.66293670e-15,  -6.21724894e-15,  1.00000000e+00,
         -4.44089210e-15,  -8.88178420e-16],
```

```
        [ 1.88737914e-15, -4.88498131e-15, -5.32907052e-15,
          1.00000000e+00, -8.88178420e-16],
        [-1.44328993e-15,  8.88178420e-16, -8.88178420e-16,
          3.10862447e-15,  1.00000000e+00]])
>>>q,r =qr(mat)
>>>q
array([[-0.61796518,  0.46647348,  0.53708106,  0.32136529, -0.09375402],
       [-0.19256057, -0.75177677,  0.49584006,  0.00596518,  0.38969111],
       [-0.48942643, -0.44442027, -0.34742032,  0.09245503, -0.65856176],
       [-0.51042881,  0.14017916, -0.19538778, -0.77714545,  0.27871276],
       [-0.28454116,  0.00863753, -0.5539037 ,  0.53309078,  0.57268371]])
>>>r
array([[-1.69792815, -1.3655338 , -2.73696552, -2.06723502 , -1.53398503],
       [ 0.        , -1.10809803 , -1.20770966, -0.4386666  , -0.41997054],
       [ 0.        ,  0.         , -0.55294069, -0.37529452 , -0.53866918],
       [ 0.        ,  0.         ,  0.        , -0.01436968 ,  0.08924106],
       [ 0.        ,  0.         ,  0.        ,  0.         ,  0.08835622]])
```

10.2　pandas的使用

10.2.1　概述

NumPy虽然提供了方便的数组处理功能，但它缺少数据处理、分析所需的许多快速工具。pandas是基于NumPy开发的，其提供了众多更高级、更强大的数据处理、分析功能，提供了快速、灵活、富有表现力的数据结构，为复杂情形下的数据提供了坚实的基础分析功能。所谓复杂情形，包括以下三种。

(1) 数据库表或Excel表，包含了多列数据类型不同的数据(如数字、文字)。

(2) 时间序列类型的数据，包括有序和无序的情形，甚至是频率不固定的情形。

(3) 任意的矩阵型、二维表、观测统计数据，允许独立的行或列带有标签。

数据科学家跟数据打交道的流程可以分为几个阶段：清洗数据、分析和建模、组织分析的结果并以图表的形式展现出来。例如，如果要处理多个城市一段时间内的天气观测数据，可能会对数据分析工具提出以下需求：处理丢失的部分数据记录、取出某城市的相关数据子集、将分析结果合并、对数据做分组聚合等。幸运的是，这些功能在pandas模块中都已经被实现，并且提供了方便的函数接口。

下面将会详细介绍pandas模块中的基本数据结构及经典的数据分析处理方法，从而提高日常工作中的数据处理分析效率。pandas模块在使用过程中，需要注意如下问题。

(1) pandas模块的官网地址为http://pandas.pydata.org/。

(2) pandas模块安装：若利用Anaconda管理Python安装包，pandas默认已经安装完毕，否则，可以手动安装NumPy，执行pip install pandas即可。

(3) pandas 模块导入：使用 import pandas 语句导入 pandas 模块，其中官网提倡的模块导入语法为 import pandas as pd。

此外，pandas 的帮助文档十分全面，因此本节主要介绍 pandas 的一些基本概念，希望读者在阅读本节内容之后能更容易地阅读官方文档。

10.2.2　pandas 的 Series 对象

Series 是 pandas 中最基本的对象，它定义了 NumPy 的 ndarray 对象的接口__array__()，因此可以用 NumPy 的数组处理函数直接对 Series 对象进行处理。Series 对象除了支持使用位置作为下标存取元素之外，还可以使用索引标签作为下标存取元素，这个功能与字典类似。每个 Series 对象实际上都是由两个数组组成的。

(1) index：它是从 ndarray 数组继承的 index 索引对象，用于保存标签信息，若创建 Series 对象时不指定 index，将自动创建一个表示位置下标的索引。

(2) values：保存元素值的 ndarray 数组，NumPy 中的函数都可以对此数组进行处理。

1. Series 的创建

Series 是一种类似于一维数组的对象，它由一组数据(各种 NumPy 数据类型)以及与之相关的数据标签组成。Series 的表现形式：标签在左边，值在右边。若它没有被指定标签，会自动地创建一个 0～N－1 范围内的整数值标签。此外，pandas 还支持根据字典创建 Series。创建 Series 的语法如下。

```
pandas.Series(data=None, index=None, dtype=None)
```

其中，参数 data 表示数据，index 表示索引标签。

【例 10-23】 Series 的定义程序示例。

```
>>>import pandas as pd
>>>s1 =pd.Series([1,2,3,4,5])
>>>s1
0    1
1    2
2    3
3    4
4    5
dtype: int64
>>>s2 =pd.Series([1,2,3,4,5], index=["a","b","c","d","e"])
>>>s2
a    1
b    2
c    3
d    4
e    5
dtype: int64
>>>s3 =pd.Series({"a":100,"b":200,"c":300})
>>>s3
```

```
a    100
b    200
c    300
dtype: int64
```

2. Series的存取和切片

Series的存取和切片支持位置和标签两种形式,具体包括以下形式。

(1) 利用标签和位置选取单个元素。

(2) 利用位置切片和标签切片选取多个连续元素。其中,位置切片遵循Python的切片规则,包括起始位置,但不包括结束位置。标签切片则同时包括起始标签和结束标签。

(3) 使用位置数组和标签数组选择不连续的元素。

(4) Series还支持过滤操作,以选取满足特定条件的元素。

【例10-24】 Series的存取和切片程序示例。

```
>>>import pandas as pd
>>>s1 =pd.Series([1,2,3,4,5])
>>>s2 =pd.Series([1,2,3,4,5], index=["a","b","c","d","e"])
>>>s2
a    1
b    2
c    3
d    4
e    5
dtype: int64

>>>s2[0]
1
>>>s2["a"]
1
>>>s2[0:3]
a    1
b    2
c    3
dtype: int64
>>>s2["a":"c"]
a    1
b    2
c    3
dtype: int64
>>>s2[[1,3]]
b    2
d    4
dtype: int64
```

```
>>>s2[["b","e"]]
b    2
e    5
dtype: int64
>>>s2[s2>3]
d    4
e    5
dtype: int64
>>>s2.index
Index(['a', 'b', 'c', 'd', 'e'], dtype='object')
>>>s2.values
array([1, 2, 3, 4, 5], dtype=int64)
```

3. Series 的运算

当两个 Series 对象进行操作符运算时，pandas 会按照标签对齐元素，也就是说运算操作符会对标签相同的两个元素进行计算。在下面的例 10-25 中，s1 中标签为 b 的元素和 s2 中标签为 b 的元素相加，当某一方的标签不存在时，默认以 NaN(not a number)填充。由于 NaN 是浮点数中的一个特殊值，因此输出的 Series 对象的元素类型被转换为 float64。

【例 10-25】 Series 的运算程序示例。

```
>>>s1 =pd.Series([10,20,30], index=["b","d","e"])
>>>s2 =pd.Series([1,2,3,4,5], index=["a","b","c","d","e"])
>>>s3 =s1 +s2;
>>>s3
a     NaN
b     12.0
c     NaN
d     24.0
e     35.0
dtype: float64
```

10.2.3 pandas 的 DataFrame 对象

DataFrame 是一个表格型的数据结构，其含有一组有序的列，每列中元素的类型必须相同，不同的列可以是不同的类型(数值、字符串、布尔值等)。DataFrame 既有行索引也有列索引，其中的数据是以一个或多个二维块存放的，而不是列表、字典或别的一维数据结构。

1. DataFrame 的创建

DataFrame 的创建方法有很多种，常用方法有传入一个等长的列表，或者 NumPy 列表。Series 是 DataFrame 的一个特例。与 Series 相同，若创建过程中没有指定行的索引标签，创建完成后会自动加上 0～N－1 范围内的标签，并有序排列 DataFrame 的行。如果指定了列序列、索引，则 DataFrame 的列会按指定顺序及索引进行排列。具体语法如下：

```
pandas.DataFrame(data=None, index=None, columns=None, dtype=None)
```

其中，data 表示数据，index 表示行索引，columns 表示列索引，dtype 表示数据类型。

【例 10-26】 DataFrame 的创建程序示例。

```
>>>import numpy as np
>>>import pandas as pd
>>>
>>>
>>>data1={'index':[1,2,3,4,5],
          'year':[2012,2013,2014,2015,2016],
          'status':['good','verygood','well','very well','wonderful']}
>>>frame1=pd.DataFrame(data1)
>>>frame1
  index    status  year
0      1      good  2012
1      2  very good  2013
2      3      well  2014
3      4  very well  2015
4      5  wonderful  2016

>>>data2={"aa":np.array([5,6,7,8,9]),"bb":np.array([15,16,17,18,19])}
>>>frame2=pd.DataFrame(data2)
>>>frame2
  aa  bb
0  5  15
1  6  16
2  7  17
3  8  18
4  9  19

>>>frame3=pd.DataFrame(data1,
columns=['status','year','index'],
index=['one','two','three','four','five']) # 为了便于观察,可以自行定义行名与列名
>>>>frame3
           status  year  index
one          good  2012      1
two     very good  2013      2
three        well  2014      3
four    very well  2015      4
five    wonderful  2016      5
```

2. DataFrame 的索引和切片

DataFrame 对象拥有行索引和列索引,可以通过索引标签对其中的数据进行存取,其中,index 属性保存行索引,columns 属性保存列索引。例如,在例 10-26 中,可以通过如下代码访问 frame3 的行列索引。

```
>>>frame3.index
index(['one', 'two', 'three', 'four', 'five'], dtype='object')
>>frame3.columns
index(['status', 'year', 'index'], dtype='object')
```

与二维数组相同,DataFrame 对象也有两个轴,其中,第 0 轴为纵轴,第 1 轴为横轴。当某个方法或函数有 axis、orient 等参数时,该参数可以使用整数 0 和 1 或者 index 和 columns 来表示纵轴方向和横轴方向。

1) []运算符

[]运算符可以通过列索引标签获取指定的列,当下标是单个标签时,所得到的是 Series 对象。例如 frame1[‘year’]。而当下标是列表时,则得到一个新的 DataFrame 对象,例如 print(frame1[[‘year’,‘status’]])。

【例 10-27】 DataFrame 的索引和切片程序示例。

```
>>>frame1[['year']]
  year
0  2012
1  2013
2  2014
3  2015
4  2016
>>>frame1[['year','status']]
  year    status
0  2012       good
1  2013  very good
2  2014       well
3  2015  very well
4  2016  wonderful
```

2) .loc[]和.iloc[]存取器

.loc[]可通过行索引标签获取指定的行,例如,frame1.loc[0]获取的是第一行数据,返回的是一个 Series 对象;frame1.loc[0:2]获取的是前三行数据,返回的是一个新的 DataFrame 对象;frame1.loc[[0, 2]]获取的是第一行和第三行数据;frame1.loc[[0,2],["status","year"]]获取的是第一行和第三行中的 status 和 year 两列的数据。

此外,.iloc[]与.loc[]的功能一致,也可以完成 DataFrame 的存取操作,但是.iloc[]只能使用整数下标。

【例 10-28】 DataFrame 的索引和切片程序示例(利用.loc[]和.iloc[]操作)。

```
>>>frame1.loc[0]
index        1
status    good
year      2012
Name: 0, dtype: object

>>>frame1.loc[0:2]
```

```
  index    status  year
0     1      good  2012
1     2 very good  2013
2     3      well  2014

>>>frame1.loc[[0,2]]
  index status  year
0     1  good  2012
2     3  well  2014

>>>frame1.loc[[0,2],["status","year"]]
  status  year
0  good  2012
2  well  2014

>>>frame1.iloc[[0,2],[1,2]]
  status  year
0  good  2012
2  well  2014
```

3) .at[]和.iat[]存取器

与.loc[]和.iloc[]返回的 Series 或 DataFrame 对象不同,.at[]和.iat[]返回的是 DataFrame 中的单个元素,其中,.iat[]和.iloc[]一样,只能使用整数下标。此外,get_value()与.at[]类似,但其执行速度要更快一些。以下两句代码返回的都是 DataFrame 的单个元素 2012。

```
>>>frame1.at[0,"year"]
2012
>>>frame1.iat[0,2]
2012
```

3. 其他数据和 DataFrame 之间的转换

pandas 支持将多种其他格式的数据转换成 DataFrame 对象,它的三个参数 data、index 和 columns 分别为数据、行索引和列索引。data 参数可以是以下两种形式。

(1) 二维数组或者其他能转换为二维数组的嵌套列表。

(2) 字典:字典中的每对"键-值"将成为 DataFrame 对象的列,其值可以是一维数组、列表或者 Series 对象。

【例 10-29】 转换其他数据为 DataFrame 对象的程序示例。

```
>>>df1 =pd.DataFrame(np.random.randint(0,10,(4,2)), index=["A","B","C","D"],
columns=["a","b"])# 代码 1
>>>df1
   a  b
A  5  4
B  7  7
```

```
C  9  9
D  3  9

>>>df2 =pd.DataFrame({"a":[1,2,3,4],"b":[5,6,7,8]}, index=["A","B","C","D"])#代码 2
>>>df2
  a  b
A  1  5
B  2  6
C  3  7
D  4  8

>>>list =np.array(df1)# 代码 3
>>>list
array([[5, 4],
      [7, 7],
      [9, 9],
      [3, 9]])
```

代码 1:将一个形状为(4,2)的二维数组转换成 DataFrame 对象,通过 index 和 columns 参数指定行和列的索引。代码 2:将字典转换为 DataFrame 对象,其列索引由字典的键决定,行索引由 index 参数指定。代码 3:将 DataFrame 转换为列表。

10.2.4　pandas 的基本操作

Series 和 DataFrame 对象的常用基本操作较多,本节选取查看前 n 行数据、查看后 n 行数据、整合、拼接、分组、复制、排序、筛选等基本操作进行说明。pandas 的基本操作函数如表 10-6 所示。

表 10-6　pandas 的基本操作函数

函数名	说　　明
head(n)	查看数据对象的前 n 行数据
tail(n)	查看数据对象的后 n 行数据
concat()	对数据对象进行整合的表操作
merge()	对数据对象进行拼接的表操作
groupby()	对数据对象进行分组的表操作
copy()	对数据对象进行复制的表操作
sort_index()	根据行索引标签对数据对象进行排序
sort()	根据某列或某几列数据对象进行排序
T	数据对象转置
index	查看数据对象的索引
values	查看数据对象的值
columns	查看数据对象的列名

1. 基本操作

本节针对一些常见的、简单的基本操作进行说明，例如 head、tail、copy 等。由于这些方法的用法较为简单，且受篇幅限制，对这些方法的参数不再进行说明，感兴趣的用户可以查看 pandas 的官网。

【例 10-30】 pandas 数据对象的基本操作程序示例。

```
>>>import numpy as np
>>>import pandas as pd
>>>np.random.seed(40)
>>>dates=pd.date_range("20170301",periods=6)
>>>df=pd.DataFrame(np.random.randint(0,9, size=(6,5)), index=dates, columns=
list("ABCDE"))
>>>df
            A  B  C  D  E
2017-03-01  6  7  5  8  8
2017-03-02  2  1  7  2  3
2017-03-03  7  3  0  1  5
2017-03-04  8  4  4  8  6
2017-03-05  3  3  7  7  1
2017-03-06  3  5  2  2  3

>>>df.head(2) # 前两行
            A  B  C  D  E
2017-03-01  6  7  5  8  8
2017-03-02  2  1  7  2  3

>>>df.tail(2)  # 后两行
            A  B  C  D  E
2017-03-05  3  3  7  7  1
2017-03-06  3  5  2  2  3

>>>pieces=[df[:2],df[-2:]]
>>>pd.concat(pieces)  # 将前两行和后两行合并成一个新的数据对象
            A  B  C  D  E
2017-03-01  6  7  5  8  8
2017-03-02  2  1  7  2  3
2017-03-05  3  3  7  7  1
2017-03-06  3  5  2  2  3

>>>df1 =df.copy()  # 拷贝操作,生成新的表格数据对象
>>>df1
```

```
           A  B  C  D  E
2017-03-01  6  7  5  8  8
2017-03-02  2  1  7  2  3
2017-03-03  7  3  0  1  5
2017-03-04  8  4  4  8  6
2017-03-05  3  3  7  7  1
2017-03-06  3  5  2  2  3

>>>df.index # 索引序号
DatetimeIndex(['2017-03-01', '2017-03-02', '2017-03-03', '2017-03-04',
               '2017-03-05', '2017-03-06'],
               dtype='datetime64[ns]', freq='D')

>>>df.columns  # 列名
Index(['A', 'B', 'C', 'D', 'E'], dtype='object')

>>>df.values # 对象的值(实际内容)
array([[6, 7, 5, 8, 8],
      [2, 1, 7, 2, 3],
      [7, 3, 0, 1, 5],
      [8, 4, 4, 8, 6],
      [3, 3, 7, 7, 1],
      [3, 5, 2, 2, 3]])

>>>df.T # 转置
  2017-03-01 2017-03-02 2017-03-03 2017-03-04 2017-03-05 2017-03-06
A          6          2          7          8          3          3
B          7          1          3          4          3          5
C          5          7          0          4          7          2
D          8          2          1          8          7          2
E          8          3          5          6          1          3
>>>
```

2. 拼接操作

在例 10-30 中，concat ()方法完成了多行之间的整合操作，这些行数据具有相同的列。有时需要完成不同列之间的拼接操作，此时可以使用 pandas 提供的 merge()方法完成两个数据对象的拼接操作，该操作类似 SQL 里的 join()。

【例 10-31】 pandas 数据对象的拼接操作程序示例。

```
>>>import pandas as pd
>>>dates=pd.date_range("20170301",periods=8)
>>>df=pd.DataFrame(np.random.randn(8,5), index=dates, columns=list("ABCDE"))
>>>left =pd.DataFrame({"key":["x","y"],"value":[1,2]})
>>>right=pd.DataFrame({"key":["x","z"],"value":[3,4]})
```

```
>>>left
  key  value
0  x      1
1  y      2

>>>right
  key  value
0  x      3
1  z      4

>>>pd.merge(left,right,on="key",how="left")
  key  value_x  value_y
0  x        1      3.0
1  y        2      NaN

>>>pd.merge(left,right,on="key",how="right")
  key  value_x  value_y
0  x      1.0        3
1  z      NaN        4

>>>pd.merge(left,right,on="key",how="inner")
  key  value_x  value_y
0  x        1        3

>>>pd.merge(left,right,on="key",how="outer")
  key  value_x  value_y
0  x      1.0      3.0
1  y      2.0      NaN
2  z      NaN      4.0
```

3. 分组操作

使用 pandas 数据对象提供的 groupby()可以将表格数据分组。数据分组的好处是可以一次性计算得到所有分组中的统计量。例如,计算男女学生的平均成绩,可以先按照男女分组,然后一次性完成平均数的计算,不用计算完女生再计算男生。该操作类似 SQL 里的 groupby()。

【例 10-32】 pandas 数据对象分组操作的程序示例。

```
>>>df=pd.DataFrame({"A":["a","b","c","b"],"B":list(range(4))})
>>>
>>>df
  A  B
0  a  0
1  b  1
```

```
2  c  2
3  b  3
>>>df.groupby("A").sum()
  B
A
a  0
b  4
c  2
```

4. 排序操作

排序操作是一种常用的操作，pandas 针对 DataFrame 和 Series 提供了 sort_index()和 sort_values()两种方法。其中，sort_index()是对数据对象的索引进行排序，而 sort_values()是对数据对象的列进行排序（内容排序），二者的参数大致相同，具体如下。

(1) DataFrame. sort_values(by, axis=0, ascending=True, inplace=False, na_position='last')。

(2) DataFrame. sort_index(axis=0, level=None, ascending=True, inplace=False, na_position='last')。

(3) Series. sort_values (axis=0, ascending=True , inplace=False, na_position='last')。

(4) Series. sort_index(axis=0, level=None, ascending=True, inplace=False, sort_remaining=True)。

一些常用的参数如下。

(1) by:要进行排序的列名称。

(2) ascending:排序的方式，True 为升序，False 为降序，默认为 True。

(3) axis:排序的轴，0 表示 index，1 表示 columns，当对数据的列进行排序时，axis 必须设置为 0。

(4) inplace:对数据表进行排序，不创建新实例，默认为 False。

(5) na_position:对 NaN 值的处理方式，可以选择 first 和 last 两种方式，默认为 last，也就是将 NaN 值放在排序的结尾。

【例 10-33】 pandas 数据对象的索引排序操作程序示例。

```
>>>s1 =pd.Series([4,9,6,20,4],index=['d','a','e','b','c'])
>>>s1
d    4
a    9
e    6
b    20
c    4
dtype: int64

>>>s2 =s1.sort_index()
>>>s2
a    9
```

```
b    20
c    4
d    4
e    6
dtype: int64

>>>s1.sort_index(inplace=True)
>>>s1
a    9
b    20
c    4
d    4
e    6
dtype: int64

>>> df1 = pd.DataFrame (pd.Series ([3, 5, 2, 6, 9, 23, 12, 34, 12, 15, 11, 0]).values.
reshape(3,4),
... columns=['c','f','d','a'],index=['C','A','B'])
>>>
>>>df1.sort_index(inplace=True)
>>>df1
    c  f   d   a
A   9  23  12  34
B  12  15  11  0
C   3  5   2   6
```

注意,参数 inpalce 默认为 False,使用 sort_index()对数据对象的索引进行排序后,默认对原数据对象不产生任何影响,排序后的结果需保存到新数据对象变量中。若在原数据对象的内容上直接进行排序,则需要设置参数 inpalce 为 True。

【例 10-34】 pandas 数据对象的内容排序操作程序示例。

```
>>> df1 = pd.DataFrame (pd.Series ([3, 5, 2, 6, 9, 23, 12, 34, 12, 15, 11, 6]).values.
reshape(3,4),
... columns=['c','f','d','a'],index=['C','A','B'])
>>>
>>>df1
    c  f  d  a
C  3   5   2   6
A  9   23  12  34
B  12  15  11  6

>>>df2 =df1.sort_values(["a"]) # 单列排序
>>>df2
```

```
    c  f  d  a
C   3  5  2  6
B  12 15 11  6
A   9 23 12 34

>>>df3 =df1.sort_values(["a","c"])# 双列排序
>>>df3
    c  f  d  a
C   3  5  2  6
B  12 15 11  6
A  9  23 12 34

>>>df1.sort_values(["a"],inplace=True) # 改变 df1 的排序关系
>>>df1
    c  f  d  a
C   3  5  2  6
B  12 15 11  6
A   9 23 12 34
```

5. 筛选操作

本节介绍的筛选操作有两种方式。第一种方式是在某列排序(sort_values())的基础上选定前 n 行(head)或后 n 行(tail)。例如,选取学生成绩表中数学成绩的前 10 名或者后 10 名。第二种方式是根据指定的筛选条件(loc())进行筛选。

【例 10-35】 pandas 数据对象的筛选操作的程序示例。

对以下内容进行筛选:①选取 C 列中第一大值和第二大值的记录、第一小值和第二小值的记录;②选取 B 列中值为 3 和大于 3 的记录。

	A	B	C	D	E
2017-03-01	6	7	5	8	8
2017-03-02	2	1	7	2	3
2017-03-03	7	3	0	1	5
2017-03-04	8	4	4	8	6
2017-03-05	3	3	7	7	1
2017-03-06	3	5	2	2	3

代码如下:

```
>>>np.random.seed(40)
>>>dates=pd.date_range("20170301",periods=6)
>>>df=pd.DataFrame(np.random.randint(0,9, size=(6,5)), index=dates, columns=
list("ABCDE"))
>>>df
              A  B  C  D  E
2017-03-01  6  7  5  8  8
2017-03-02  2  1  7  2  3
```

```
2017-03-03  7  3  0  1  5
2017-03-04  8  4  4  8  6
2017-03-05  3  3  7  7  1
2017-03-06  3  5  2  2  3
>>># 筛选方式 1
>>>df.sort_values(["C"], inplace=True, ascending=False)
>>>df.head(2)
            A  B  C  D  E
2017-03-02  2  1  7  2  3
2017-03-05  3  3  7  7  1
>>>df.tail(2)
            A  B  C  D  E
2017-03-06  3  5  2  2  3
2017-03-03  7  3  0  1  5

>>># 筛选方式 2
>>>df.loc[df["B"]==3].head()
            A  B  C  D  E
2017-03-05  3  3  7  7  1
2017-03-03  7  3  0  1  5
>>>df.loc[df["B"]>3].head()
            A  B  C  D  E
2017-03-01  6  7  5  8  8
2017-03-04  8  4  4  8  6
2017-03-06  3  5  2  2  3
```

10.2.5　pandas 的数值运算

Series 和 DataFrame 对象都支持 NumPy 的数组接口，因此，可以直接使用 NumPy 提供的 ufunc()函数对它们进行运算。此外它们还提供了各种运算方法，如 max()、min()、mean()等函数。除了支持加减乘除等运算外，pandas 还提供了 add()、sub()、mul()、mod()等与二元运算符对应的函数。以上这些常用数值运算通过 axis、level 等参数控制运算行为。pandas 提供的常用数值运算函数如表 10-7 所示。

表 10-7　pandas 提供的常用数值运算函数

函数名	说　明
describe()	获取数据对象的数据概要信息(均值、方差、最小值、最大值、分位数)
max()	获取数据对象的最大值
min()	获取数据对象的最小值
mean()	获取数据对象的均值
add()	数据对象的加法操作
sub()	数据对象的减法操作

续表

函数名	说 明
mul()	数据对象的乘法操作
mod()	数据对象的求余操作

【例 10-36】 pandas 数据对象的数值运算的程序示例。

```
>>>np.random.seed(40)
>>>dates=pd.date_range("20170301",periods=6)
>>>df=pd.DataFrame(np.random.randint(0,9, size=(6,5)), index=dates, columns=
list("ABCDE"))
>>>df
            A  B  C  D  E
2017-03-01  6  7  5  8  8
2017-03-02  2  1  7  2  3
2017-03-03  7  3  0  1  5
2017-03-04  8  4  4  8  6
2017-03-05  3  3  7  7  1
2017-03-06  3  5  2  2  3

>>>df.max() # 计算每列的最大值
A    8
B    7
C    7
D    8
E    8
dtype: int32

>>>df.mean() # 计算每列的均值
A    4.833333
B    3.833333
C    4.166667
D    4.666667
E    4.333333
dtype: float64

>>>df.mean(axis=1) # 计算每行的均值
2017-03-01    6.8
2017-03-02    3.0
2017-03-03    3.2
2017-03-04    6.0
2017-03-05    4.2
2017-03-06    3.0
```

```
Freq: D, dtype: float64

>>>df.describe() # 查看数据概要信息
              A         B         C         D         E
count  6.000000  6.000000  6.000000  6.000000  6.000000
mean  4.833333  3.833333  4.166667  4.666667  4.333333
std    2.483277  2.041241  2.786874  3.326660  2.503331
min    2.000000  1.000000  0.000000  1.000000  1.000000
25%    3.000000  3.000000  2.500000  2.000000  3.000000
50%    4.500000  3.500000  4.500000  4.500000  4.000000
75%    6.750000  4.750000  6.500000  7.750000  5.750000
max    8.000000  7.000000  7.000000  8.000000  8.000000

>>>df1 =pd.DataFrame(np.random.randint(0,9, size=(2,2)))
>>>df1
   0  1
0  7  3
1  2  2

>>>df2 =pd.DataFrame(np.random.randint(0,9, size=(2,2)))
>>>df2
   0  1
0  5  0

>>>df3 =df1.add(df2) # 数据对象的加法(逐个元素相加)
>>>df3
   0  1
0  12  3
1  3  9

>>>df4 =df1.sub(df2)# 数据对象的减法(逐个元素相减)
>>>df4
   0  1
0  2  3
1  1 -5
1  1  7
```

注意,describe()方法返回的结果中各个结果的含义。count:每个属性的行数(数量)。mean:每个属性的平均值。min:每个属性的最小值。25:每个属性的最小四分位数。50%:每个属性的中位数。75%:每个属性的上四分位数。max:每个属性的最大值。

10.2.6　pandas的文件操作

数据处理过程中,当数据量比较大时,数据经常存放在文件或数据库中。为了操作方便,pandas提供了文件、数据库的输入/输出函数。本节以常见的CSV文件和Sqlites数据库为例进行说明。pandas常用的文件操作输入/输出函数如表10-8所示。

表10-8　pandas常用的文件操作输入/输出函数

函数名	说　明
read_csv()	从CSV格式的文本文件中读取数据
read_excel()	从Excel文件中读取数据
read_sql()	从数据库的查询结果中载入数据

1. CSV文件的相关操作

read_csv()从文本文件读入数据,它的可选参数非常多。下面介绍一些常用的参数,其他参数请查看pandas的官网。

(1) sep参数:指定数据的分隔符号,默认值为逗号。有时,为了便于阅读,CSV文件在逗号之后加一些空格以对齐每列的数据。如果希望忽略这些空格,可以将skipinitialspace参数设置为True。此外,如果数据使用空格或者制表符分隔,可以不设置sep参数,而将delim_whitespace参数设置为True。

(2) encoding参数:如果数据中包含中文,需要通过encoding参数设置文件的编码,如"utf-8""gbk"等,指定编码后得到的字符串为Unicode字符串。

(3) usecols参数:指定需要读入的列。

(4) chunksize参数:当文件很大时,利用chunksize参数设定一次性读入文件内容的行数。注意,当使用该参数时,read_csv()方法返回的是一个迭代器,而不是DataFrame对象。

此外,利用read_csv()读取CSV文件返回的是DataFrame对象,如data =pandas. read_csv("xxx. csv"),有一些方法也经常用到,具体如下。

(1) first_rows = data. head(n):返回前n条数据,默认返回5条。

(2) cols = data. columns:返回全部列名。

(3) dimensison = data. shape:返回数据的格式、数组(行数,列数)。

(4) data. values:返回底层的NumPy数据。

【例10-37】　CSV文件的读取程序示例。

在项目的data目录下建立一个CSV文件,文件名为score. csv,其内容如下:

姓名	英语	数学	物理	化学
Tom	90	86	80	86
Marry	95	89	85	90
Owen	95	90	86	92
Rose	89	90	90	90
Linda	99	85	92	99

编写程序分别实现:读取文件中的所有内容;读取文件中前两行数据和所有列名;读取文件的"英语"和"化学"两列数据;每次读取数据时,读取两行到内存,该文件分3次读取到内存中。

```
import pandas as pd
# (1)读取文件中的所有内容
df1 =pd.read_csv(u"data/score.csv", encoding='gbk')
print(df1)
# (2)读取文件中前两行数据和所有列名
print(df1.head(2))
print(df1.columns)
# (3)读取文件的"英语"和"化学"两列数据
df2 =pd.read_csv(u"data/score.csv", encoding='gbk',usecols=[u"英语",u"化学"])
print(df2)
# (4)每次读取数据时,读取两行到内存,该文件分 3 次读取到内存中
reader =pd.read_csv(u"data/score.csv", encoding='gbk',chunksize=2)
for row in reader:
    print(row)
```

2. Excel 文件的读取

read_excel ()从 Excel 文件读入数据,它的可选参数也非常多。下面介绍一些常用参数,其他参数请查看 pandas 的官网。

(1) sheetname 参数:指定为读取几个 Excel 的 sheet,sheet 数目从 0 开始。例如,sheetname=[0,2],代表读取第 0 页和第 2 页的 sheet。

(2) skiprows 参数:指定不读取行的索引。例如,skiprows=[0]代表不读取第 0 行,不写代表不跳过标题。

【例 10-38】 Excel 文件的读取程序示例。

将例 10-37 中的 CSV 文件保存为 Excel 文件 score. xls,利用程序完成读取。具体实现:读取文件所有内容;不读取第一行列名。

```
import pandas as pd
df1 =pd.read_excel("data/score.xls")
df2 =pd.read_excel("data/score.xls", sheetname=0, skiprows=[0])
```

3. 数据库的读取

to_sql()方法支持从数据库中读取数据到 DataFrame 对象中,该方法有许多参数,由于篇幅有限,下面仅介绍部分参数,其他参数请查看 pandas 的官网。

(1) sql 参数:SQL 查询语句。

(2) con 参数:表示数据库连接的 Engine 对象,Engine 对象在 sqlalchemy 库中定义。

第 9 章简要介绍了 Python 操作 SQLite 数据库的方法,通过创建数据库表和增删改查的操作,在硬盘上形成数据库文件 school. db。下面利用. read_sql()方法读取该库中的 course 表到 DataFrame 对象中。

【例 10-39】 数据库的读取程序示例。

```
>>>from sqlalchemy import create_engine
>>>import pandas as pd


>>>engine =create_engine('sqlite:///e:\\school.db')
>>>df_api =pd.read_sql("SELECT *  FROM  course",engine)
```

```
>>>frame1 =pd.DataFrame(df_api)
>>>frame1
    id      name   hours
0  0001  English    100
1  0002  Computer    200
2  0003  Physics    150
3  0004  MathAAA    170
```

10.2.7 pandas 的缺失值处理

缺失值的处理方式有两种，一种是丢弃，另外一种就是填充一个值，其中，填充过程分为填充固定值和填充插值。pandas 中缺失值处理的常用函数如表 10-9 所示。

表 10-9　pandas 中缺失值处理的常用函数

函数名	说　　明
dropna()	丢弃缺失值所在的行或列
fillna()	对缺失值进行填充
isnull()	返回一个含有布尔值的对象，这些布尔值表示哪些值是缺失值 NA，该对象的类型与源类型一样
notnull()	isnull()的否定式

【例 10-40】 pandas 数据对象中缺失值处理的程序示例。

```
>>>import numpy as np
>>>import pandas as pd
>>>
>>>df =pd.DataFrame(np.random.randint(0,9,size= (4,6)), columns=['A','B','C',
'D','E','F'])
>>>df.iloc[0,1] =np.nan
>>>df.iloc[1,2] =np.nan
>>>df
   A   B    C   D  E  F
0  6  NaN  2.0  0  7  8
1  3  7.0  NaN  1  1  3
2  6  0.0  3.0  1  1  8
3  5  1.0  7.0  3  6  8

>>>df1 =df.dropna()# 删除有缺失值的行
>>>df1
   A   B    C   D  E  F
2  6  0.0  3.0  1  1  8
3  5  1.0  7.0  3  6  8
```

```
>>>df2 =df.dropna(axis=1) # 删除有缺失值的列
>>>df2
  A  D  E  F
0  6  0  7  8
1  3  1  1  3
2  6  1  1  8
3  5  3  6  8

>>>df3 =df.fillna(value=88) # 填充缺失值
>>>df3
  A    B     C  D  E  F
0  6  88.0  2.0  0  7  8
1  3  7.0  88.0  1  1  3
2  6  0.0  3.0  1  1  8
3  5  1.0  7.0  3  6  8

>>>df.isnull() # 缺失值判断
      A      B      C      D      E      F
0  False  True  False  False  False  False
1  False  False  True  False  False  False
2  False  False  False  False  False  False
3  False  False  False  False  False  False
```

本章小结及习题

第 11 章　数据可视化

本章学习目标

- 掌握 Matplotlib 的常见图形绘制方法
- 掌握 Matplotlib 的子图绘制方法
- 掌握 Matplotlib 的图像绘制方法
- 掌握 pandas 的常见图形绘制方法

在数据分析工作中，人们往往对数据可视化这一步不够重视，但实际上它非常重要，因为错误或不充分的数据表示方法可能会毁掉原本出色的数据分析工作。数据科学家使用 Python 编写了一系列令人印象深刻的可视化和分析工具。最流行的工具之一是 Matplotlib，它是一个数学绘图库。本章将结合 Matplotlib 讲解数据可视化的知识，提高数据分析工作过程中的数据展示能力，提高数据分析的工作效率。

11.1　Matplotlib 简介

Matplotlib 库专门用于开发图表（包括 2D、3D 图表），其最初模仿了 Matlab 图形命令，但是它与 Matlab 是相互独立的。由于其具有简单、易用等特性，近年来被广泛用于数据可视化。其官网地址为 http://matplotlib.org。采用 Matplotlib，开发者仅用几行代码便可以生成图——折线图、散点图、柱状图、饼图、直方图、子图等。Matplotlib 使用 NumPy 进行数组运算，并调用一系列其他的 Python 库来实现硬件交互。在它成为使用最多的数据图形化表示工具的众多优点中，以下几点最为突出。

（1）使用起来极其简单。

（2）以渐进、交互式方式实现数据可视化。

（3）表达式和文本使用 LaTex 排版。

（4）对图像元素的控制力强。

（5）可输出 PNG、PDF、SVG 和 EPS 等多种格式的文件。

如果使用 AnaConda 管理 Python 安装包，则安装 Matplotlib 非常简单，只需要输入命令——conda install matplotlib 即可。

11.2　Matplotlib 快速入门

本节主要详细介绍如何使用 Matplotlib 绘制一些常用的图表。Matplotlib 的每个绘图函数都有很多关键字参数，用来设置图表的各种属性。由于篇幅有限，本书不能对其一一进行介绍，具体可以查看官网 https://matplotlib.org/。如果需要对某种 Matplotlib 图表进行特殊的设置，在官网的绘图函数说明文档或者 Matplotlib 的演示页面中均可以找到相关的说明。Matplotlib 模块中的 pyplot 对象的部分常用函数说明如表 11-1 所示。

表 11-1　Matplotlib 模块中的 pyplot 对象的部分常用函数说明

常用函数	功能说明	常用函数	功能说明
figure()	设置图形外观，如尺寸、背景色等	plot()	绘制折线图
subplot()	设置子图	bar()	绘制柱状图
title()	设置图形的标题	scatter()	绘制散点图
tick_params()	设置轴上的刻度标记的样式	contour()	绘制等值线图
legend()	设置图例显示	contourf()	绘制等值线图(填充)
show()	显示图形	imread()	图像读取
xlabel()/ylabel()	设置图形 x 轴/y 轴标题	imshow()	图像显示
xticks()/yticks()	设置图形 x 轴/y 轴刻度样式	xlim()/ylim()	设置图形 x 轴/y 轴刻度范围

下面设计了一个快速入门 Matplotlib 模块的小案例。该案例先使用 Matplotlib 绘制了一个简单的折线图，再对其进行定制，以实现信息更丰富的数据可视化。使用平方数序列 1、4、9、16 和 25 来绘制这个图表，只需向 Matplotlib 提供如下数字，Matplotlib 就能完成其他工作。

```
import matplotlib.pyplot as plt
squares =[1, 4, 9, 16, 25]
plt.plot(squares)
plt.show()
```

首先，导入了模块 pyplot ，并给它指定了别名 plt ，以免反复输入 pyplot。pyplot 模块包含很多用于生成图表的函数。接着，创建了一个列表，在其中存储了一些平方数，再将这个列表传递给函数 plot() ，这个函数尝试根据这些数字绘制出有意义的图形。用 plt.show() 打开 Matplotlib 查看器，并显示绘制的图形，如图 11-1 所示。查看器能够缩放、保存图形。

图 11-1 所示的图形表明数字是越来越大的，但图中无标签，此外，没有正确地绘制数据，折线图的终点指出 4.0 的平方为 25，原因在于，当向 plot() 提供一系列数字时，它假设第一个数据点对应的 x 坐标值为 0，但第一个点对应的 x 值应为 1。为改变这种默认行为，可以给 plot()提供输入值和输出值。改善这些问题的具体代码如下。

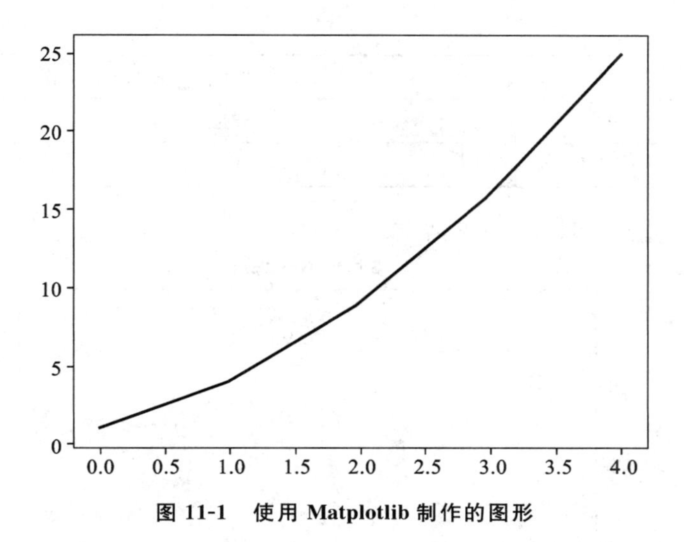

图 11-1　使用 Matplotlib 制作的图形

```
import matplotlib.pyplot as plt
input_values =[1, 2, 3, 4, 5]
squares =[1, 4, 9, 16, 25]
plt.plot(input_values, squares,'ro--', linewidth=1)
# 设置图表标题,并给坐标轴加上标签
plt.title("Square Numbers", fontsize=24)
plt.xlabel("Value", fontsize=14)
plt.ylabel("Square of Value", fontsize=14)
# 设置刻度标记的大小
plt.tick_params(axis='both', labelsize=14)
plt.show()
```

其中，参数 linewidth 决定了 plot()绘制的线条的粗细；函数 title()给图表指定了标题；参数 fontsize 指定了图表中文字的大小；函数 xlabel() 和 ylabel() 为每条轴设置了标题；函数 tick_params()用于设置刻度的样式，其指定的实参影响了 x 轴和 y 轴上的刻度，并将刻度标记的字号设置为 14。

此外，通过如下代码，可修改折线图的样式。

```
plt.plot(input_values, squares,'ro--', linewidth=1)
```

其中，Matplotlib 模块支持颜色、线型和标记三种样式的设定，具体如下。

(1) 常用颜色之间的对应关系：b 为蓝色、c 为青色、g 为绿色、k 为黑色、r 为红色、w 为白色、y 为黄色。

(2) 常用线型之间的对应关系：-为实线、--为短线、-. 为短点相间线、:为虚线。

(3) 常用标记之间的对应关系如表 11-2 所示。

表 11-2　常用标记之间的对应关系

值	形状	值	形状	值	形状
.	点	＜	左三角	＋	加号
o	圆	＞	右三角	*	星形

续表

值	形状	值	形状	值	形状
V	下三角	s	方形	p	五边形
∧	上三角	—	—	—	—

最终，修改后的折线图如图 11-2 所示。

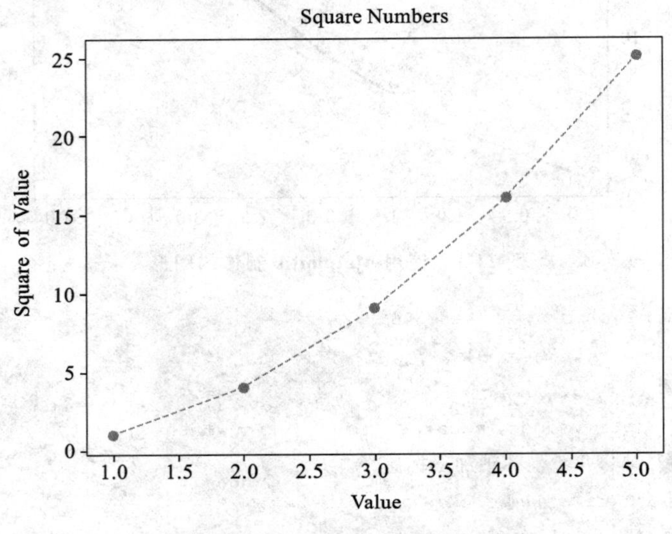

图 11-2　修改后的折线图

11.3　Matplotlib 中的绘图函数

11.3.1　柱状图

柱状图用每根柱子的长度表示值的大小，其通常用来比较两组或多组值。下面的程序利用随机数演示三组数据的柱状图对比情况，具体代码如下。

```
import numpy as np
import matplotlib.pyplot as plt
size =5
a =np.random.random(size)
b =np.random.random(size)
c =np.random.random(size)
d =np.random.random(size)
x =np.arange(size)

total_width, n =0.8, 3     # 有多少个类型,只需更改 n 即可
width =total_width / n
```

```
x =x - (total_width -width) / 2
plt.bar(x, a,  width=width, label='a')
plt.bar(x +width, b, width=width, label='b')
plt.bar(x +2 *width, c, width=width, label='c')
plt.legend()
plt.show()
```

程序运行结果如图 11-3 所示。

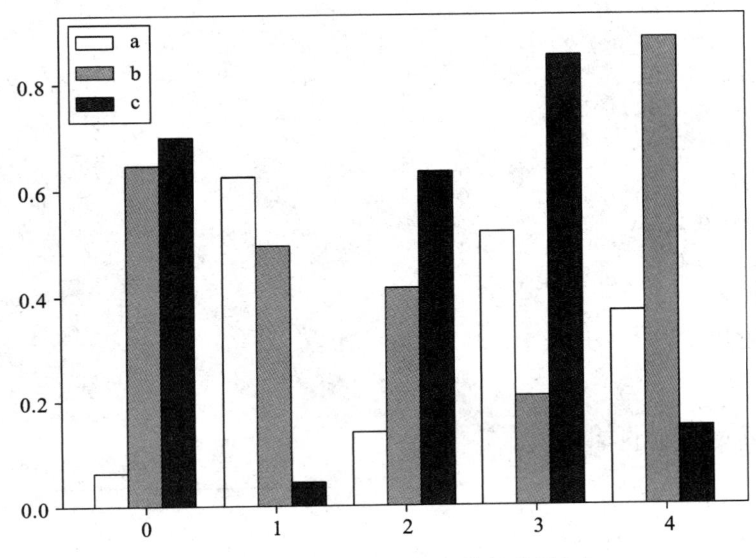

图 11-3 用 Matplotlib 绘制的柱状图(1)

具体绘制过程如下。

(1) x 的值为[0,1,2,3,4],代表每组第二根柱子的横坐标,width 为柱子宽度,因此,每组第二根柱子的横坐标为 x+width,每组第三根柱子的横坐标为 x+2×width。

(2) a,b,c 分别代表三根柱子在每组中的值。

(3) bar()用于绘制柱子,其中,第一个参数为每根柱子的左边缘的横坐标,第二个参数为每根柱子的高度,第三个参数为所有柱子的宽度,第四个参数为该根柱子所属类别标签。

为加强读者对用 Matplotlib 绘制柱状图的理解,下面给出第二个关于绘制柱状图的案例。该案例通过柱状图对比两组随机数,同时为加强可视化对比效果,将其中一组随机数的值取反,绘制在第一组柱子的下方,具体代码如下。

```
import numpy as np
import matplotlib.pyplot as plt
n =12  #  画 12 个柱子
X =np.arange(n)
print(X)
Y1 = (1-X/float(n))* np.random.uniform(0.5, 1.0, n)
Y2 = (1-X/float(n))* np.random.uniform(0.5, 1.0, n)
```

```
plt.bar(X, +Y1, facecolor='# 9999ff', edgecolor='white')  # 上柱,facecolor代表柱体颜色
plt.bar(X, -Y2, facecolor='# ff9999', edgecolor='white')  # 下柱,edgecolor代表背景色

for x, y in zip(X, Y1):  # 将X,Y1分别传到x,y中,传两个
    plt.text(x, y +0.05, '%.2f' %y, ha='center', va='bottom')  # ha,va用于规定坐标表示的点,默认左下
for x, y in zip(X, Y2):
    plt.text(x, -y -0.05, '%.2f' %y, ha='center', va='top')  # 字体上边沿中点的坐标为x, -y -0.05

plt.xlim(-0.5, n)
plt.ylim(-1.25, 1.25)
plt.xticks([])
plt.yticks([])
plt.xlabel('A')
plt.ylabel('B')
plt.show()
```

程序运行结果如图 11-4 所示。

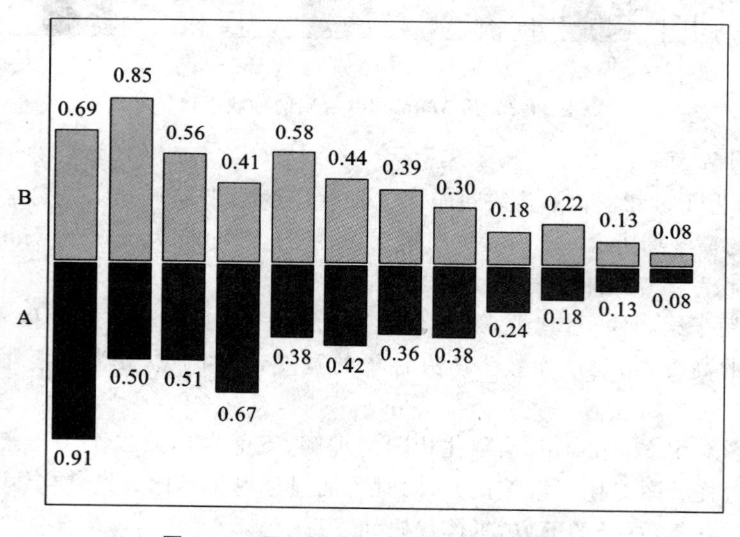

图 11-4　用 Matplotlib 绘制的柱状图(2)

对于上述代码,要注意如下几个问题。

(1) plt. xlim()和 plt. ylim()用于设置 x 轴和 y 轴的坐标值范围。

(2) plt. xticks()和 plt. yticks()用于设置坐标轴上刻度的显示方式,如果坐标轴设置为不显示刻度,则传入空参数即可。

(3) plt. xlabel()和 ylabel()用于设置坐标轴的标题。

(4) plt. text()方法用在前两个参数指定的坐标位置处进行文字的绘制。

11.3.2 散点图

与柱状图不同，散点图主要用于可视化一组二维数据，从而有效地表示数据的密集分布程度。在 Matplotlib 中，使用 plot()绘图时，如果指定样式参数为只绘制数据点，那么所绘制的就是一幅散点图，但是用这种方法所绘制的点无法被单独指定颜色和大小。

例如：

```
plt.plot(np.random.random(100), np.random.random(100),'o')
```

在 Matplotlib 中，散点图的绘制利用 scatter()函数完成，该函数可以单独指定每个点的颜色和大小。下面的程序演示了 scatter()的用法。

```
import numpy as np
import matplotlib.pyplot as plt
plt.figure(figsize=(8,4))
x =np.random.random(100)
y =np.random.random(100)
plt.scatter(x, y, s=x*1000, c=y, marker=(5, 1), alpha=0.8, lw=2, facecolors=
"None")
plt.xlim(0,1)
plt.ylim(0,1)
plt.show()
```

程序运行结果如图 11-5 所示。

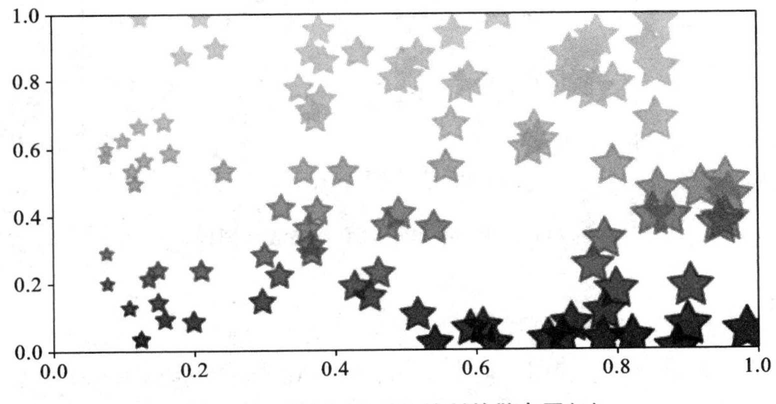

图 11-5　用 Matplotlib 绘制的散点图(1)

在上述代码中，对于 scatter()函数要注意如下几个问题。

(1) scatter()的前两个参数是两个数组，分别指定每个点的 x 轴和 y 轴的坐标。

(2) s 参数用于指定点的大小，其值和点的面积成正比，其可以是单个数值或数组。

(3) c 参数用于指定每个点的颜色，其可以是数值或数组。这里使用一个一维数组为每个点指定了一个数值。通过颜色映射表，每个数值都会与一个颜色相对应。默认的颜色映射表中蓝色与最小值对应，红色与最大值对应。当 c 参数是形为(N,3)或(N,4)的二维数组时，则直接表示每个点的 RGB 颜色。

(4) 通过 alpha 参数设置点的透明度、lw(line width 的缩写)参数用于设置线宽，facecolors 参数为 None 表示散点没有填充色。

(5) marker 参数用于设置点的形状。该参数默认是圆,其值可以是一个表示形状的字符串,或是表示多边形的两个元素的元组。第一个元素表示多边形的边数,第二个元素表示多边形的样式,取值范围为 0、1、2、3。0 表示多边形,1 表示星形,2 表示放射形,3 表示圆形。

下面的代码演示了利用数组存储颜色绘制圆形形状的散点图。散点数量为 200 个,绘制过程中第 1,3,5,…个点被绘制成红色,第 2,4,6,…个点被绘制成黄色,具体代码如下。

```
import numpy as np
import matplotlib.pyplot as plt
N =200
x =np.random.randn(N)
y =np.random.randn(N)
color =['r','y']
plt.scatter(x, y,c=color,marker=(0,3))
plt.show()
```

程序运行结果如图 11-6 所示。

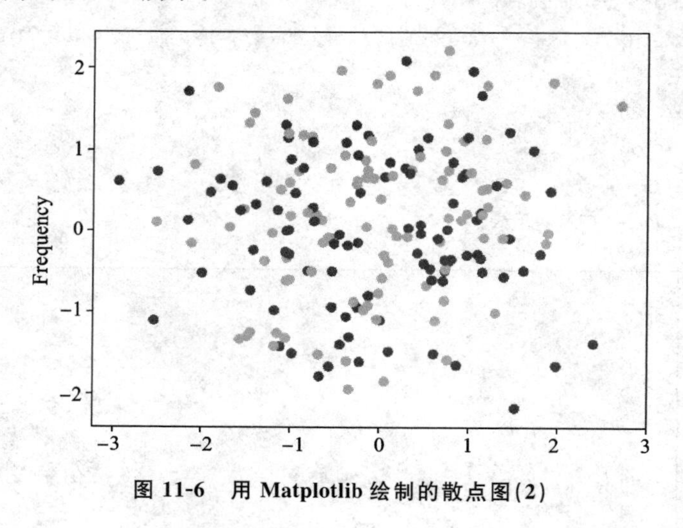

图 11-6　用 Matplotlib 绘制的散点图(2)

11.3.3　子图

Matplotlib 支持绘制多个子图,即将多个小图存在于一个大图中,便于进行对比分析。具体实现包括两种方法,一种是 subplot()方法,另外一种是 subplots()方法。

1) subplot()方法

subplot()方法中,figure()用于指定图形,subplot()用于指定一个坐标系。例如,figure(1)指定图形 1,subplot(211)指定子图 1(上下两个子图的第一幅图像),subplot(212)指定子图 2(上下两个子图的第二幅图像),即 subplot()的三个数字中,第 1 个数字表示行,第 2 数字表示列,第 3 个数字表示图像的序号。利用 figure()或 subplot()指定图形和子图后,所有绘图命令都是针对当前图形的。

下面的代码演示了 4 条正弦曲线的绘制方法,并且 4 条曲线分别形成了不同的子图。

```
import numpy as np
import matplotlib.pyplot as plt
```

```
t=np.arange(0.0,2.0,0.1)
s=np.sin(t* np.pi)
plt.subplot(2,2,1) # 两行两列,这是第 1 个图
plt.plot(t,s,'b^--')
plt.ylabel('y1')
plt.subplot(2,2,2) # 两行两列,这是第 2 个图
plt.plot(2* t,s,'ro--')
plt.ylabel('y2')
plt.subplot(2,2,3)# 两行两列,这是第 3 个图
plt.plot(3*t,s,'ms--')
plt.subplot(2,2,4)# 两行两列,这是第 4 个图
plt.plot(4*t,s,'kp--')
plt.show()
```

程序运行结果如图 11-7 所示。

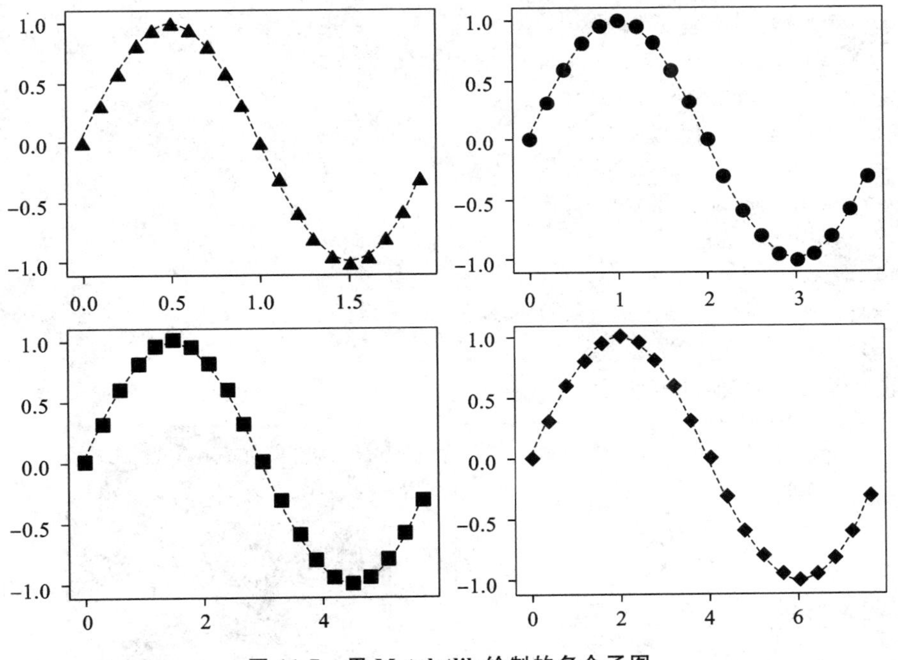

图 11-7　用 Matplotlib 绘制的多个子图

2）subplots()方法

subplots()方法与 subplot()方法有些不同。首先,利用 Matplotlib 的 subplots()方法将画板分割好,并且该方法返回 matplotlib. axes. _subplots. AxesSubplot 类型的子图对象;然后,调用该对象,通过下标指定具体的子图;最后,调用 plot()方法进行绘图。上例采用此种方法的代码如下。

```
import numpy as np
import matplotlib.pyplot as plt
t=np.arange(0.0,2.0,0.1)
s=np.sin(t* np.pi)
```

```
figure,ax=plt.subplots(2,2)
ax[0][0].plot(t,s,'b^--')
ax[0][1].plot(2* t,s,'ro--')
ax[1][0].plot(3* t,s,'ms--')
ax[1][1].plot(4* t,s,'kp--')
plt.show()
```

11.3.4　等值线图

等值线是指由函数值相等的各点连成的平滑曲线。等值线可以直观地表示二元函数值的变化趋势，如等值线密集的地方表示函数值在此处的变化较大。Matplotlib 中可以使用 contour()和 contourf()描绘等值线，它们的区别是，contourf()绘制的是具有填充效果的等值线。下面的程序演示了这两个函数的用法。

```
# -*-coding: utf-8 -*-
import numpy as np
import matplotlib.pyplot as plt
y, x =np.ogrid[-2:2:200j, -3:3:300j]  # 代码 1
z =x *np.exp( -x**2 -y**2)
plt.figure(figsize= (10,4))
plt.subplot(121)
cs =plt.contour(z, 10)  # 代码 2
plt.clabel(cs)  # 代码 3
plt.subplot(122)
plt.contourf(x.reshape(-1), y.reshape(-1), z, 20)  # 代码 4
plt.show()
```

程序运行结果如图 11-8 所示。

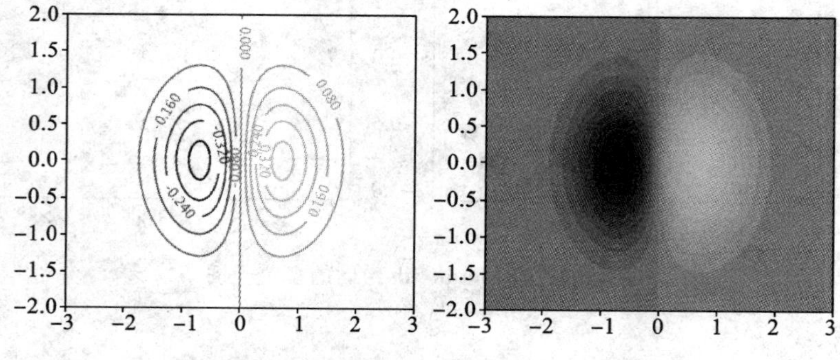

图 11-8　用 Matplotlib 绘制的等值线图

代码 1：为了更清楚地区分 x 轴和 y 轴，这里让它们的取值范围和等分次数均不相同，这样所得的数组 z 的形状为(200,300)，它的第 0 轴对应 y 轴，第 1 轴对应 x 轴。其中，NumPy 的 ogrid()函数主要是返回等间距数组，前两个参数分别为起始值和终点值，第 3 个参数若为实数，则为步长，若为虚数，则为个数，因此，本例的 y, x = np.ogrid[－2:2:200j, －3:3:300j] 的含义是 y 在[－2,2]之间取 200 个等间距的点。

代码 2：调用 contour()绘制数组 z 的等值线图，其中，第二个参数为 10，表示将整个函数的取值范围等分为 10 个区间，即所显示的等值线图中有 9 条等值线。

代码 3：contour()所返回的是一个 QuadControlSet 对象，将它传递给 clabel()，为其中的等值线标上对应的值。

代码 4：调用 contourf()绘制带填充效果的等值线。这里演示了另外一种设置 x 轴、y 轴取值范围的方法。它的前两个参数分别是计算数组 z 时所使用的 x 轴和 y 轴上的取样点，这两个数组必须是一维数组或是形状与数组 z 相同的数组。

11.3.5　三维图

mpl_toolkits. mplot3d 模块在 Matplotlib 的基础上提供了三维作图的功能。由于它使用 Matplotlib 的二维绘图功能实现三维图形的绘制工作，因此其绘图速度有限，不适合大规模数据的三维绘图。下面是绘制三维曲面的一个程序示例。

```
import numpy as np
import matplotlib.pyplot as plt
from mpl_toolkits.mplot3d import Axes3D
x,y =np.mgrid[-2:2:20j, -2:2:20j]
z =x* np.exp(-x* * 2-y* * 2)
fig =plt.figure(figsize=(8,6))
ax =plt.subplot(111, projection='3d')
ax.plot_surface(x, y, z)
ax.set_xlabel("X")
ax.set_ylabel("Y")
ax.set_zlabel("Z")
plt.show()
```

程序运行结果如图 11-9 所示。

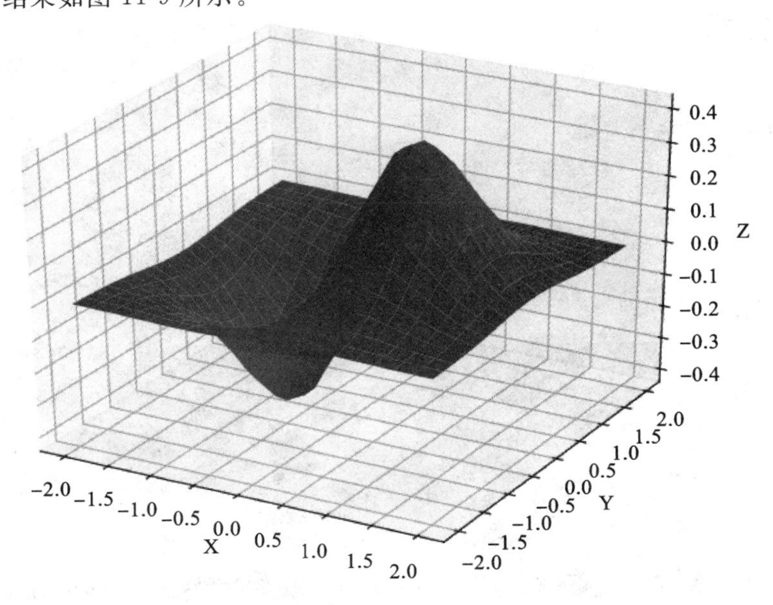

图 11-9　用 Matplotlib 绘制的三维曲面图

11.3.6　图像

imread()和imshow()提供了简单的图像载入和显示功能。imread()可以从图像文件读入数据，得到一个表示图像的NumPy数组，它的第一个参数是文件名或文件对象。format参数用于指定图像类型，如果其被省略则由文件的扩展名决定图像类型。对于灰度图像，它返回一个形为(M,N)的数组；对于彩色图像，它返回形为(M,N,C)的数组。其中，M为图像高度，N为图像宽度，C为3或4，表示图像的通道数。

下面的程序从lena.jpg中读入图像数据。所得到的数组img是一个形状为(393,512,3)的单字节无符号整数数组。这是因为通常所使用的图像采用单字节分别保存每个像素的红、绿、蓝三个通道的分量。

```
img =plt.imread("lena.jpg")
print(img.shape,img.dtype)
```

程序运行结果：

```
(393, 512, 3) uint8
```

下面使用imshow()显示img所表示的图像。

(1) imshow()可以用来显示imread()所返回的数组。如果数组是表示多通道图像的三维数组，则每个像素的颜色由各个通道的值决定。

(2) 用imshow()绘制的图表的y轴的正方向是从上往下的。如果设置imshow()的origin参数为lower，则所显示图表的原点在左下角，但是整个图像就上下颠倒了。

```
import numpy as np
import matplotlib.pyplot as plt
plt.subplot(121)
img =plt.imread("lena.jpg")
plt.imshow(img)

plt.subplot(122)
plt.imshow(img, origin="lower")
for ax in plt.gcf().axes:
    ax.set_axis_off()
    ax.set_axis_off()
plt.show()
```

程序运行结果如图11-10所示。

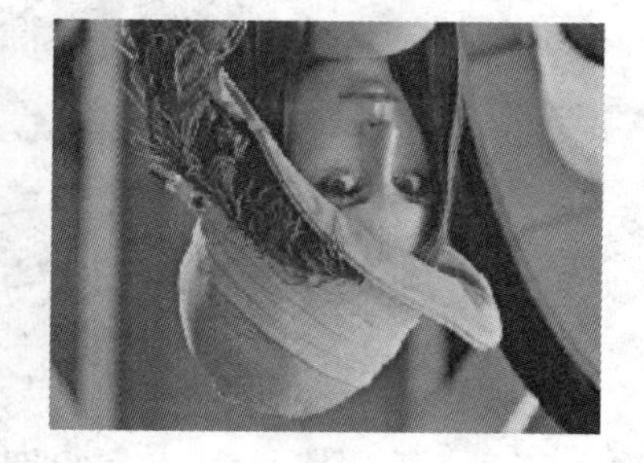

图11-10　用Matplotlib读取和显示图像

11.4　Matplotlib 的面向对象绘图

11.4.1　面向对象绘图

Matplotlib 实际上是一套面向对象的绘图库，它所绘制的图表中的每个绘图元素，如线条、文字、刻度等，在内存中都有一个对象与之对应。为了方便快速绘图，Matplotlib 通过 pyplot 模块提供了一套和 Matlab 类似的绘图 API，将由众多绘图对象所构成的复杂结构隐藏在这套 API 内部。只需要调用 pyplot 模块所提供的函数就可以实现快速绘图，并设置图表中的各种细节。pyplot 模块虽然简单，但不适合用于较大的应用程序，下面简要介绍一下 Matplotlib 的面向对象绘图。

为了将面向对象的绘图库包装成只使用函数的 API，pyplot 模块内部保存了当前图表以及当前子图等信息，可以使用 gcf()和 gca()获得这两个对象，它们分别是 get current figure 和 get current axes 的缩写。其中，用 gcf()获得的是表示图表的 Figure 对象，而用 gca()获得的则是表示子图的 Axes 对象。

```
import matplotlib.pyplot as plt
plt.plot([1,2,5,6,8])
plt.ylabel('Numbers')
fig =plt.gcf()
axes =plt.gca()
plt.show()
```

在 pyplot 模块中，许多函数都是对当前的 Figure 或 Axes 对象进行处理的函数，如 plot()、xlabel()等函数。这些函数在底层的代码实现过程中，也是通过 gca()获得当前的 Axes 对象，然后再调用该对象的 plot()函数来实现真正的绘图。

11.4.2　配置属性

用 Matplotlib 所绘制的图表的每个组成部分都和一个对象对应，可以通过调用这些对象的属性设置方法(方法名以 set 开头)或者 pyplot 模块的属性设置函数 setp()来设置它们的属性值。例如，plot()返回一个元素类型为 Line2D 的对象列表，可以通过以下方式设置其属性。

```
import numpy as np
import matplotlib.pyplot as plt
plt.figure(figsize=(4,3))
plt.subplot(211)
x =np.arange(0,5,0.1)
line1 =plt.plot(x, 0.05*x*x)[0]
line1.set_alpha(0.5)
plt.subplot(212)
```

```
lines =plt.plot(x, np.sin(x), x, np.cos(x))
plt.setp(lines[0], color='r', linewidth=4)
plt.show()
```

其中，通过调用 Line2D 对象的 set_alpha()来设置第一个子图中曲线的透明度，第二个子图中共绘制两条曲线，利用 setp()方法设置第一条曲线(正弦)的颜色和线宽。

程序运行结果如图 11-11 所示。

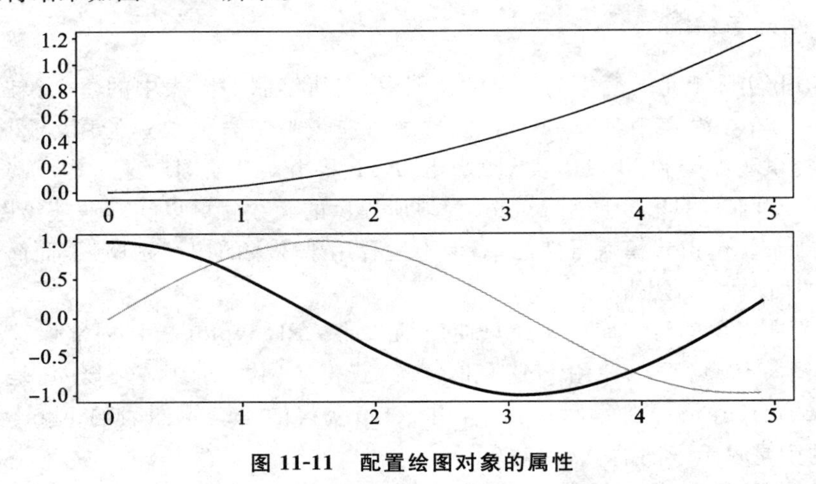

图 11-11　配置绘图对象的属性

同样可以通过调用 Line2D 对象的以 get()开头的方法来获取当前对象的属性值。例如：

```
print(line1.get_linewidth())
print(plt.get(line1,"color"))
```

注意，get()和 setp()不同，它只能对一个对象进行操作，它有以下两种用法。

(1) 指定属性名：返回对象的某个属性的值。

(2) 不指定属性名：输出对象的所有属性和值。

11.5　pandas 绘图

Matplotlib 是众多 Python 可视化包的鼻祖，也是 Python 最常用的标准可视化库，其功能非常强大，同时也非常复杂，想要搞明白并非易事。但自从 Python 进入 3.0 时代以后，pandas 的使用变得更加普及，它经常用于市场分析、金融分析以及科学计算中。

作为数据分析工具的集大成者，pandas 的可视化功能比 Matplotlib 的更加简便。但如果是对图表细节有较高的要求，那么建议大家仍然使用 Matplotlib 的底层图表模块进行编码，否则 pandas 仍然是更加简便的可视化方案的首选。pandas 绘图功能提供了较为常用的折线图、柱状图、直方图、饼图、散点图、块形图、箱型图等。受篇幅限制，本节介绍部分图的绘制方法，感兴趣的用户可以查看 pandas 官网(网址为 http://pandas.pydata.org/)。

11.5.1　折线图

对于 pandas 的内置数据类型，Series 和 DataFrame 都有一个用于生成各类图表的 plot() 方法。默认情况下，它们所生成的是折线图。其实 Series 和 DataFrame 的这个功能只是使用 Matplotlib 库的 plot()方法的简单包装实现。

（1）根据 Series 生成折线图。

```
import pandas as pd
import numpy as np
import matplotlib.pyplot as plt
s =pd.Series(np.random.randn(10))
s.plot()
plt.show()
```

（2）根据 DataFrame 生成折线图。

```
import pandas as pd
import numpy as np
import matplotlib.pyplot as plt
df = pd. DataFrame (np. random. randn (10, 4), index= pd. date_range ('2018/12/18',
periods= 10),columns= list('ABCD'))
df.plot()
plt.show()
```

程序运行结果如图 11-12 所示。

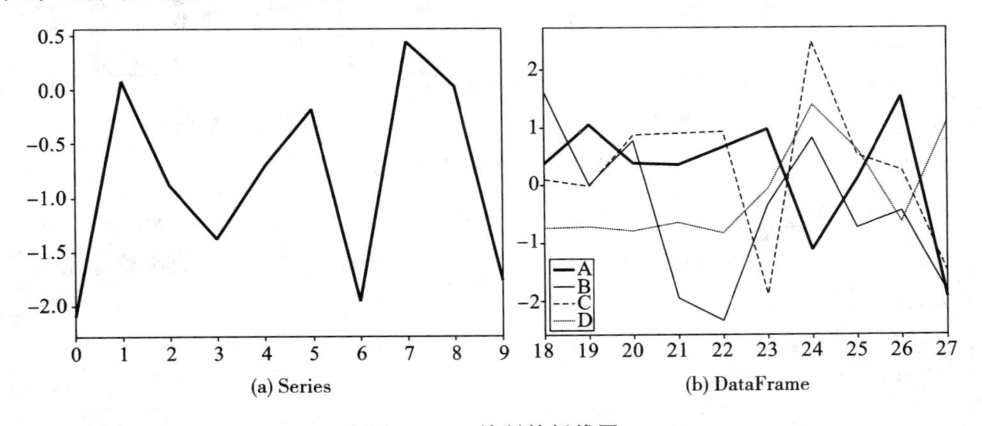

图 11-12　绘制的折线图

11.5.2　柱状图

在生成折线图的代码中加上 kind='bar'(垂直柱状图)或 kind='barh'(水平柱状图)即可生成柱状图。这时，Series 和 DataFrame 的索引将会被用作 x 轴或 y 轴刻度。

下面的程序演示了利用 Series 和 DataFrame 绘制柱状图的过程，其中，利用 Series 分别绘制了垂直和水平柱状图。

```
import pandas as pd
import numpy as np
import matplotlib.pyplot as plt
plt.figure(1)
plt.subplot(121)
data1 =pd.Series(np.random.rand(7), index=list('ABCDEFG'))
data1.plot.bar()
plt.subplot(122)
data1.plot.barh()
plt.figure(2)
data2 =pd.DataFrame(np.random.rand(10,4),columns=['a','b','c','d'])
print(data2)
data2.plot.bar()
plt.show()
```

程序运行结果如图 11-13 所示。

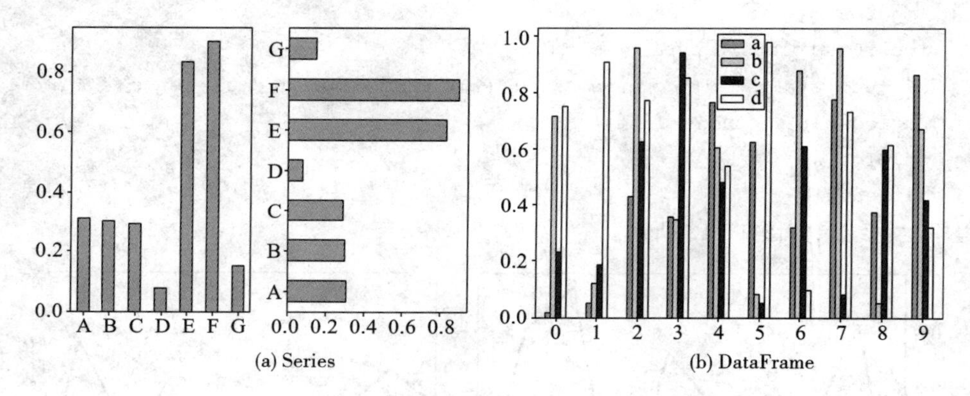

图 11-13　绘制的柱状图

pandas 中的大部分绘图方法都有一个可选的 ax 参数，它可以是 Matplotlib 的一个 subplot 对象。这使操作者能够在网格布局中更为灵活地处理 subplot 的位置。下面的程序演示了另外一种柱状图绘制方法。

```
import pandas as pd
import numpy as np
import matplotlib.pyplot as plt
fig, axes =plt.subplots(2, 1)
data =pd.Series(np.random.rand(7), index=list('ABCDEFG'))
data.plot(kind='bar',  ax=axes[0], color='g', alpha=0.5)
data.plot(kind='barh', ax=axes[1], color='b', alpha=0.5)
plt.show()
```

程序运行结果如图 11-14 所示。

根据 DataFrame 绘制柱状图的过程，可以将多列数据合并到一根柱子上进行显示，此时利用 Stacked＝True 即可。下面的程序演示了这种堆积柱状图的绘制过程。

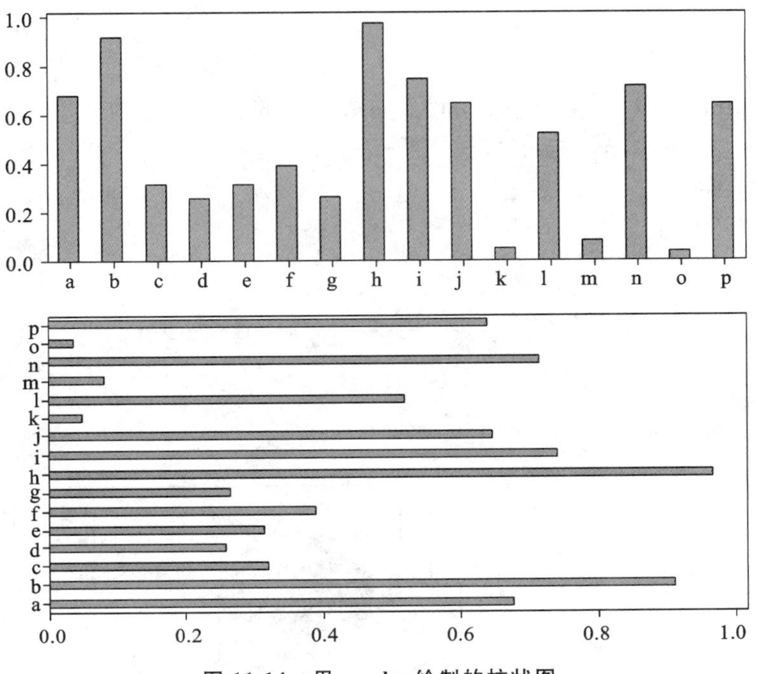

图 11-14　用 pandas 绘制的柱状图

```
import pandas as pd
import numpy as np
import matplotlib.pyplot as plt
df =pd.DataFrame(np.random.rand(10,4),columns=['a','b','c','d'])
df.plot.bar(stacked=True)
plt.show()
```

程序运行结果如图 11-15 所示。

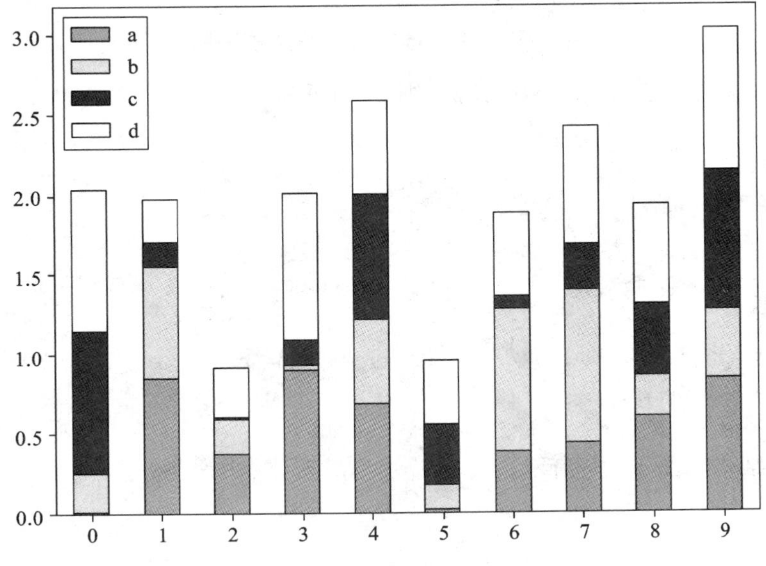

图 11-15　用 pandas 绘制的堆积柱状图

11.5.3　直方图

可以使用 plot. hist()方法绘制直方图。可以指定 bins 的数量值。

```
import pandas as pd
import numpy as np
from matplotlib import pyplot as plt
df =pd.DataFrame({'a': np.random.randn(1000) +1, 'b': np.random.randn(1000), 'c
':
    np.random.randn(1000) -1}, columns=['a', 'b', 'c'])
df.plot.hist(bins=20)
plt.show()
```

程序运行结果如图 11-16 所示。

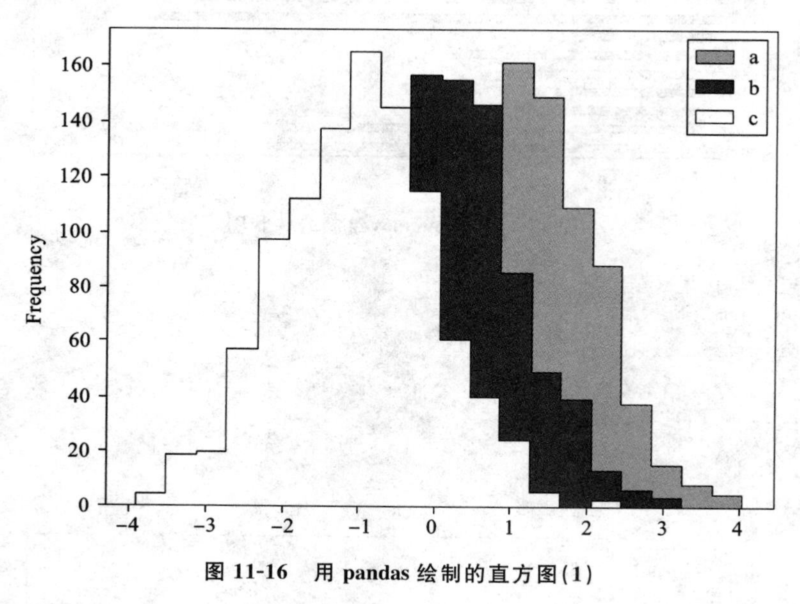

图 11-16　用 pandas 绘制的直方图(1)

注意，若 df 对象直接调用 hist()方法，则 df 的每列绘制的直方图会单独显示在子图中。具体程序如下。

```
import pandas as pd
import numpy as np
from matplotlib import pyplot as plt
df =pd.DataFrame({'a': np.random.randn(1000) +1, 'b': np.random.randn(1000), 'c
':
    np.random.randn(1000) -1}, columns=['a', 'b', 'c'])
df.hist(bins=20)
plt.show()
```

程序运行结果如图 11-17 所示。

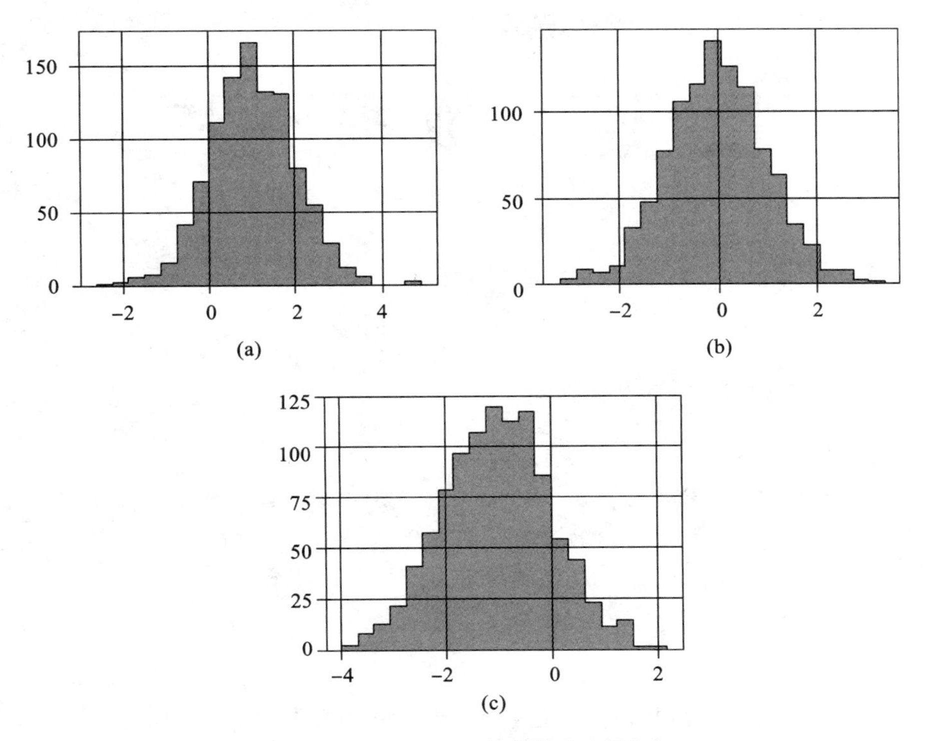

图 11-17　用 pandas 绘制的直方图(2)

本章小结及习题

第12章 数据分析

本章学习目标

- 掌握决策树的基本原理和算法的编程实现
- 理解神经网络的BP训练算法
- 掌握Keras中BP神经网络的具体编程实现
- 掌握K-近邻分类和K-Means聚类的基本原理和编程实现

通过对前面章节的学习，相信读者已经对Python的数据存储、数据处理技术有了一定的认识。本章将以人工智能中的一些常用算法为基础，进入Python数据分析部分的学习，包括数据分类、聚类、预测等分析算法。通过本章的学习，相信读者会对基本的数据分析方法有一定的认识。受篇幅限制，本章很难全面、系统地介绍这些算法的理论基础、公式推导等，若读者对此有兴趣，可以参考这些算法的相关专业书籍。本章的目的是让读者在对这些算法有一定了解的基础上，利用Python和相应的开源类库来完成算法的编写，使读者能快速了解Python的数据分析的相关知识。

12.1 数据分析概述

1. 数据分析简介

本章将深入了解数据分析中的几大经典算法，在简要介绍其基础原理的基础上，给出Python实现的具体过程。随着大数据产业的不断发展，机器学习在数据分析中的重要性越发凸显。其中，机器学习是数据分析的基础，也是其具体应用的重要手段。因此，本章围绕机器学习的经典算法，对数据分析这一领域进行阐述。

机器学习研究的是数据分析的模式与方法，从数据中学习并进行预测。所有的机器学习都是以建立特定的模型为基础的。要建立能够学习的机器，有多种方法，不同的方法有各自的特点，选用哪种方法取决于数据的特点和预测模型的类型。其中，选用哪个方法的问题被称为学习问题。为方便读者对机器学习有所了解，也便于对后面内容进行阐述，在这里先介绍一些常用的基本概念。

(1) 特征。在学习阶段，遵从某种模式的数据可以是数组形式的，其中的每个元素包含单个值或多个值，这些值被称为特征(feature)或属性(attribute)。

(2) 有监督学习。训练集包含特征和目标值，这些信息可以指导模型对新数据(测试集)进行预测或者分类，常见的应用包括分类和回归。其中，分类指训练集数据包含两种或以上类别，已标注的数据可指导系统学习，能够识别每个类别的特征。预测系统见到新数据时，会根据新数据的特征，评估它的类别。回归指被预测结果为连续性变量，如在散点图中找出能够描述一系列数据的趋势的直线。

(3) 无监督学习。训练集由一系列的特征组成，但目标值未知。常见的应用包括聚类、降维等。聚类指发现数据集中并由相似个体组成的群组。降维指将高维数据集的维数降低，减小模型的计算量和复杂度。

(4) 训练集和测试集。在算法学习过程中，经常要评估算法的好坏，评估算法需要把算法分为训练集和测试集两部分，从前者中学习数据的特性，从后者中测试数据的特性。

2. scikit-learn 介绍

scikit-learn 是从 Python 的科学计算模块 SciPy 中分化而来的，最早由数据科学家 David Cournapeau 在 2007 年发起，需要 NumPy 和 SciPy 等其他包的支持，是 Python 语言中专门针对机器学习应用而发展起来的一款开源框架，其提供了较为完善的机器学习工具箱。该模块的官网地址为 http://scikit-learn.org/。scikit-learn 的基本功能主要被分为六大部分：分类、回归、聚类、数据降维、模型选择和数据预处理。

安装 scikit-learn 需要 NumPy 和 SciPy 等其他包的支持，因此，在安装 scikit-learn 之前需要提前安装一些支持包。具体列表和教程可以查看 scikit-learn 的官方文档(网址为 http://scikit-learn.org/stable/install.html)。安装方法和其他模块的安装过程类似，可以自己下载安装，也可以使用 pip install scikit-learn 安装。

利用 scikit-learn 创建一个普通的机器学习的模型很简单，其接口如下。

(1) 所有模型提供的接口。

model.fit()：训练模型，对于监督模型是 fit(x,y)，对于非监督模型是 fit(x)。

(2) 监督模型提供的接口。

①model.predict(x_new)：预测新样本。

②model.predict_proba(x_new)：预测概率，注意仅对某些模型有用。

③model.score()：得分越高，fit 越好。

(3) 非监督模型提供的接口。

①model.transform()：从数据中学到新的“基空间”。

②model.fit_transform()：从数据中学到新的基，并将这个数据按照这组基进行转换。

12.2 决策树概述

12.2.1 决策树简介

决策树(decision tree)指一种监督学习。监督学习指给定一堆样本，每个样本都有一组属性和一个类别，且这些类别是事先确定的，通过学习得到一个分类器，这个分类器对于新出现的对象可以给出正确的分类。决策树在分类、预测、规则提取等领域有着广泛的应用。20世纪70年代后期至80年代初期，J. Ross Quinlan提出了ID3算法以后，决策树在机器学习、数据挖掘领域得到了极大的发展。J. Ross Quinlan后来又提出了C4.5算法，该算法成为新的监督学习算法。1984年，几位统计学家提出了CART算法，该算法和ID3算法都是使用类似的方法从训练样本中学习决策树。

目前决策树是分类算法中应用较多的算法之一，其原理就是从一组无序、无规律的因素中总结出符合要求的分类规则。决策树算法的一个突出优点就是程序设计人员和使用者不需要掌握大量的基础知识和相关内容，计算可以自行归纳完成。任何一个只要符合key-value模式的分类数据都可以根据决策树进行推断，因此，它的应用非常广泛。决策树是在已知各种情况的发生概率的基础上，通过构建决策树来求取净现值的期望值大于等于零的概率，评价项目风险，判断其可行性的决策分析方法。它是直观运用概率分析的一种图解法。因为这种决策分支画成的图形很像一棵树的枝干，所以称其为决策树。

例如，在水晶球游戏中，一个神秘的水晶球摆放在桌子中央，它发出声音向你询问问题，最后给出答案，如下。

问：你在想一个人，这个人是男性？

答：不是。

问：这个人是你的亲属？

答：是。

问：这个人比你年长？

答：是。

问：这个人对你很好很温柔？

答：是。

水晶球最后显示的答案是“母亲”。这是一个比较常见的游戏，但是如果作为一个整体去研究的话，整个系统的结构如图12-1所示。系统的最高处代表根节点，是系统的开始。每个分支和树叶代表一个分支向量。每个节点代表一个输出结果或分类。

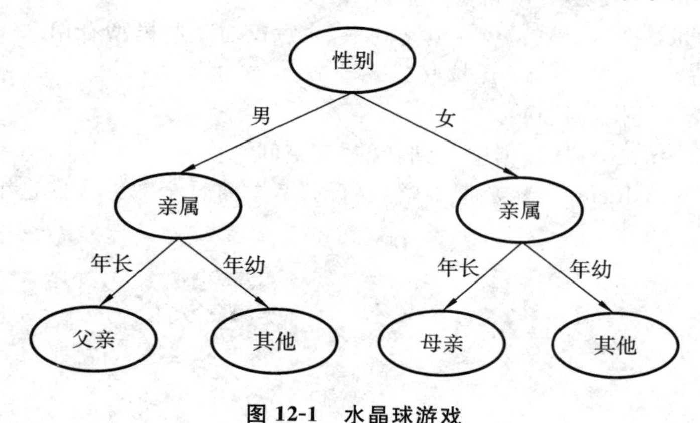

图12-1　水晶球游戏

由图12-1可以看出，决策树的生成算法从根部开始，输入一系列带有标签分类的示例（向量），从而构造出一系列的决策节点。这些节点又称为逻辑判断，表示该属性的某个分支供下一步继续判定，一般有几个分支就有几条有向的线作为类别标记。

12.2.2　ID3 原理简介

1. 信息熵

信息熵是决策树算法的理论基础，它指对事件中不确定信息的度量。在一个事件或者属性中，信息熵越大，其含有的不确定信息就越大，对数据分析的计算也越有益。因此，信息熵的选择总是选择当前事件中拥有最高信息熵的那个属性作为待测属性。

设 S 是 s 个数据样本的集合，假定类别属性具有 m 个不同的值：C_i（$i=1,2,\cdots,m$）。设 s_i 是类 C_i 中的样本数。对于一个给定样本，总信息熵为

$$I(s_1,s_2,\cdots,s_m)=-\sum_{i=1}^{m}P_i\log_2(P_i)$$

其中，P_i 是任意样本属于 C_i 的概率，一般可以用 $\frac{s_i}{s}$ 进行估计。

若一个属性 A 具有 k 个不同的值 $\{a_1,a_2,\cdots,a_k\}$，利用属性 A 将集合 S 划分为 j 个子集 $\{S_1,S_2,\cdots,S_j\}$，其中 S_j 包含了集合 S 中属性 A 取值为 a_j 的样本。若选择属性 A 作为测试属性，则这些子集就是从集合 S 的节点上生长出来的新的叶节点。设 s_{ij} 是子集 S_j 中类别为 C_i 的样本数，则根据属性 A 划分样本的信息熵为

$$E(A)=\sum_{j=1}^{k}\frac{s_{1j}+s_{2j}+\cdots+s_{mj}}{s}I(s_{1j},s_{2j},\cdots,s_{mj})$$

其中，$P_{ij}=\dfrac{s_{ij}}{s_{1j}+s_{2j}+\cdots+s_{mj}}$ 是子集 S_j 中类别为 C_i 的样本的概率。

2. 信息增益

ID3 算法是基于信息熵的一种经典决策树构建算法，以信息熵的下降速度作为选取测试属性的标准，即在每个节点选取尚未被用来划分的、具有最高信息增益的属性作为划分标准，然后继续这个过程，直到生成的决策树能完美地分类训练样例。因此，ID3 算法的核心就是信息增益的计算。信息增益指一个事件前后发生的不同信息之间的差值，换句话说，其指在决策树的生成过程中，属性选择划分前和划分后不同的信息熵的差值。

用属性 A 划分样本集 S 后所得的信息增益为

$$\text{Gain}(A)=I(s_1,s_2,\cdots,s_m)-E(A)$$

显然，$E(A)$ 越小，$\text{Gain}(A)$ 的值越大，说明选择属性 A 对于分类提供的信息越大，选择 A 之后分类的不确定程度就越小。属性 A 的 k 个不同的值对应样本集 S 的 k 个子集或分支，通过递归调用上述过程（不包括已选择的属性），生成其他属性作为节点的子节点和分支来生成整棵决策树。ID3 算法作为一个典型的决策树学习算法，其核心是在决策树的各级节点上都用信息增益作为判断标准进行属性的选择，使得在每个非叶子节点上进行测试时，都能获得最大的分类增益，使分类后数据集的熵最小。这样的处理方法使得决策树的平均深度较小，从而有效地提高了分类效率。

3. ID3 算法步骤

（1）对当前样本集合计算所有属性的信息增益。

（2）选择信息增益最大的属性作为测试属性，把测试属性取值相同的样本划分为同一个子样本集。

(3) 若子样本集的类别属性只含有单个属性,则分支为叶子节点,判断其属性值并标上相应的符号,算法结束,否则对子样本集递归调用本算法。

12.2.3　应用案例

下面将结合餐饮案例实现ID3算法的具体实施步骤。

【例12-1】　使用决策树对餐饮行业的数据集进行决策分析。

T餐饮企业作为大型连锁企业,生产的产品种类比较多,且涉及的分店比较多,分店所处的位置也不同。对于企业的决策者来讲,了解能够影响门店销量的信息至关重要。因此,为了让决策者准确了解与销量有关的一系列影响因素,需要构建模型来分析天气、是否是周末和是否促销对销量的影响。下面以单个门店为例进行分析。

(1) 天气属性,分为“好”和“坏”两种。多云、多云转晴、晴这些天气状况均适宜外出,因此,将它们归为好天气。小雨、中雨等天气归为坏天气。

(2) 是否周末、是否促销这两个属性都分为“是”和“否”两种。

(3) 销量为数值型,需要对属性进行离散化,根据平均值将销量分为“高”和“低”两种。

经过以上处理,某门店的销售统计数据如表12-1所示。

表12-1　某门店的销售统计数据

序号	天气(Weather)	是否周末(Weekend)	是否促销(Promotion)	销量(Sales)
1	坏	是	是	高
2	坏	是	是	高
3	坏	是	是	高
4	坏	否	是	高
…	…	…	…	…
32	好	否	是	低
33	好	否	否	低
34	好	否	否	低

采用ID3算法构建决策树的具体步骤如下。

(1) 根据公式,计算总的信息熵。其中,数据的总记录为34,而销量“高”的记录为18,“低”的记录为16。

$$I(18,16)=-\frac{18}{34}\log_2\frac{18}{34}-\frac{16}{34}\log_2\frac{16}{34}\approx 0.997503$$

(2) 根据公式,计算每个测试属性的信息熵。

天气属性:天气“好”的条件下,销量“高”的记录为11,“低”的记录为6,可以表示为(11,6);天气“坏”的条件下,销量“高”的记录为7,“低”的记录为10,可以表示为(7,10)。天气属性的信息熵的计算过程如下。

$$I(11,6)=-\frac{11}{17}\log_2\frac{11}{17}-\frac{6}{17}\log_2\frac{6}{17}\approx 0.936667$$

$$I(7,10)=-\frac{7}{17}\log_2\frac{7}{17}-\frac{10}{17}\log_2\frac{10}{17}\approx 0.977418$$

$$E(\text{Weather}) = \frac{7}{34}I(11,6) + \frac{17}{34}I(7,10) \approx 0.957043$$

是否周末属性:该属性为“是”的条件下,销量“高”的记录为 11,“低”的记录为 3,可以表示为(11,3);该属性为“坏”的条件下,销量“高”的记录为 7,“低”的记录为 13,可以表示为(7,13)。是否周末属性的信息熵的计算过程如下。

$$I(11,3) = -\frac{11}{14}\log_2\frac{11}{14} - \frac{3}{14}\log_2\frac{3}{14} \approx 0.749595$$

$$I(7,13) = -\frac{7}{20}\log_2\frac{7}{20} - \frac{13}{20}\log_2\frac{13}{20} \approx 0.934068$$

$$E(\text{Weekend}) = \frac{14}{34}I(11,3) + \frac{20}{34}I(7,13) \approx 0.858109$$

是否促销属性:该属性为“是”的条件下,销量“高”的记录为 15,“低”的记录为 7,可以表示为(15,7);该属性为“坏”的条件下,销量“高”的记录为 3,“低”的记录为 9,可以表示为(3,9)。是否促销属性的信息熵的计算过程如下。

$$I(15,7) = -\frac{15}{22}\log_2\frac{15}{22} - \frac{7}{22}\log_2\frac{7}{22} \approx 0.902393$$

$$I(3,9) = -\frac{3}{12}\log_2\frac{3}{12} - \frac{9}{12}\log_2\frac{9}{12} \approx 0.811278$$

$$E(\text{Promotion}) = \frac{22}{34}I(15,7) + \frac{12}{34}I(3,9) \approx 0.870235$$

(3) 根据公式,计算天气、是否周末、是否促销属性的信息增益值。

$$\text{Gain}(\text{Weather}) = I(18,16) - E(\text{Weather}) \approx 0.04046$$
$$\text{Gain}(\text{Weekend}) = I(18,16) - E(\text{Weekend}) \approx 0.139394$$
$$\text{Gain}(\text{Promotion}) = I(18,16) - E(\text{Promotion}) \approx 0.127268$$

(4) 根据第(3)步的计算结果可知,是否周末属性的信息增益值最大,它应该作为决策树的根节点,两个属性值“是”和“否”作为该根节点的两个分支。然后按照第(1)步至第(3)步所示步骤继续对该根节点的分支进行节点划分,针对每一个分支节点继续进行信息增益的计算。如此循环反复,直到没有新的节点分支,最终完成决策树的构建,如图 12-2 所示。

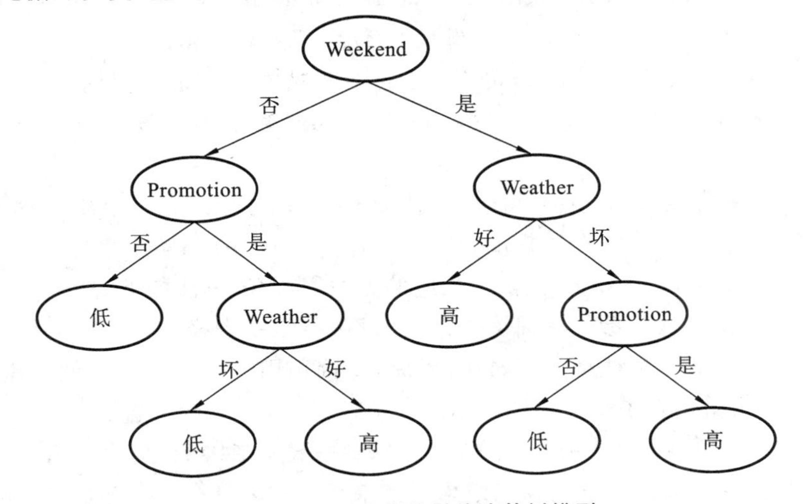

图 12-2　ID3 生成的最终决策树模型

从决策树模型中可以看出门店的销量高低和各个属性之间的关系，并可以提取出以下规则。

(1) 周末：是；天气：好；销量：高。

(2) 周末：是；天气：坏；促销：是；销量：高。

(3) 周末：是；天气：坏；促销：否；销量：低。

(4) 周末：否；促销：否；销量：低。

(5) 周末：否；天气：好；促销：是；销量：高。

(6) 周末：否；天气：坏；促销：是；销量：低。

由于ID3决策树算法采用信息增益作为选择测试属性的标准，会偏向于选择取值较多的，即所谓的高度分支属性，而这类属性并不一定是最优的属性。同时，ID3决策树算法只能处理离散属性，对于连续属性，在分类前需要对其进行离散化。为了解决倾向于选择高度分支属性的问题，人们采用信息增益率作为选择测试属性的标准，这样便得到C4.5决策树算法。

本例题使用scikit-learn库中提供的决策树算法完成，具体模块为tree，在使用前需要先从scikit-learn库中进行导入声明，才能进行决策树模型的定义。导入声明和创建决策树的方法有如下三种。

方式1：

```
from sklearn import tree
dtc =tree.DecisionTreeClassifier()
```

方式2：

```
from sklearn.tree import DecisionTreeClassifier
dtc =DecisionTreeClassifier()
```

方式3：

```
from sklearn.tree import DecisionTreeClassifier as DTC
dtc =DTC()
```

定义决策树的具体类为DecisionTreeClassifier，它的构造函数中包含很多参数，具体可以参看scikit-learn官网http://scikit-learn.org/stable/modules/generated/sklearn.tree.DecisionTreeClassifier.html。受篇幅限制，下面仅介绍主要参数。

(1) criterion参数：字符串类型，可选，设定决策树内部选定节点时的算法，可供选择的有gini和entropy，其中，gini代表的是gini impurity(基尼不纯度)，entropy则为信息增益。

(2) splitter参数：字符串类型，可选，默认为best，一种用来在节点中选择分类的策略，支持的策略有best，选择最好的分类；random，选择最好的随机分类。

此外，DecisionTreeClassifier提供了相应的方法，常用的方法如下。

(1) fit()：训练函数。参数是训练数据集，每一行是一个样本，每一列是一个属性。它返回对象本身，即只是修改对象内部属性，因此，直接调用它就可以了。后面用该对象的预测函数取预测结果就用到了这个训练的结果。

(2) predict()：预测函数。参数是测试数据集，一般是二维数组，每一行是一个样本，每一列是一个属性，返回数组类型的预测结果。如果每个样本只有一个输出，则输出为一个一维数组。如果每个样本的输出是多个的，则输出二维数组，其中，每一行是一个样本，每一列是一个输出。

(3) predict_prob()：基于概率的预测，也是预测函数，只是并不是给出某一个样本的输出是哪一个值，而是给出该输出是各种可能值的概率各是多少，其使用方法和 predict()一致，只是 predict()输出的是值，该方法输出的是概率。例如，输出结果有 0 或者 1 两种选择，预测函数 predict()给出的是长为 n 的一维数组，代表各样本一次的输出是 0 还是 1，而概率预测函数 predict_prob()返回的是 n×2 的二维数组，每一行代表一个样本，每一行有两个数，这两个数分别是该样本输出为 0 的概率和输出为 1 的概率。而各种可能的顺序是按字典顺序排列的，如先 0 后 1。

以上是对 DecisionTreeClassifier 的用法所做的基本介绍，下面是具体的实现代码。

```
# -*-coding: utf-8 -*-
# 使用 ID3 决策树算法预测销量高低
import pandas as pd
# 参数初始化
inputfile ='data/sales_data.xls'
data =pd.read_excel(inputfile, index_col =u'序号') # 导入数据
# 数据是类别标签,要将它转换为数据
# 用 1 来表示"好" "是" "高"这三个属性,用-1 来表示"坏" "否" "低"这三个属性
data[data ==u'好'] =1
data[data ==u'是'] =1
data[data ==u'高'] =1
data[data ! =1] =-1
x =data.iloc[:,:3].as_matrix().astype(int)
y =data.iloc[:,3].as_matrix().astype(int)

from sklearn.tree import DecisionTreeClassifier as DTC
dtc =DTC(criterion='entropy') # 基于信息熵,建立决策树模型
dtc.fit(x, y) # 训练模型

# 导入相关函数,可视化决策树
# 导出的结果是一个.dot 文件,需要安装 Graphviz 才能将它转换为 pdf 或 png 格式
from sklearn.tree import export_graphviz
from sklearn.externals.six import StringIO
x =pd.DataFrame(x)
with open("data/tree.dot", 'w') as f:
  # 按照原有列的顺序,设置列名为英文,否则导出后会出现中文乱码
  f =export_graphviz(dtc, feature_names=["Weather", "Weekend", "Promotion"],
out_file =f)
```

运行代码后，将会输出一个 tree. dot 文件。该文件中尽量不要包含中文，否则容易出现乱码。若在输出的文件中含有中文，需要用文本编辑器打开 tree. dot 后指定中文字体，如下。

```
digraph Tree {
  edge [fontname="SimHei"]; /* 添加这两行,指定中文字体为黑体* /
  node [fontname="SimHei"] ;/* 添加这两行,指定中文字体为黑体* /
  0 [label=
  ⋮
```

然后,将它保存为 UTF-8 格式。为了进一步将它转换为可视化格式,需要借助 Graphviz(跨平台的、基于命令行的绘图工具),然后在命令行中以如下方式编译。

```
dot -Tpdf  tree.dot  -o  tree.pdf
dot -Tpng  tree.dot  -o  tree.png
```

最后,本例最终生成的决策树模型如图 12-3 所示。

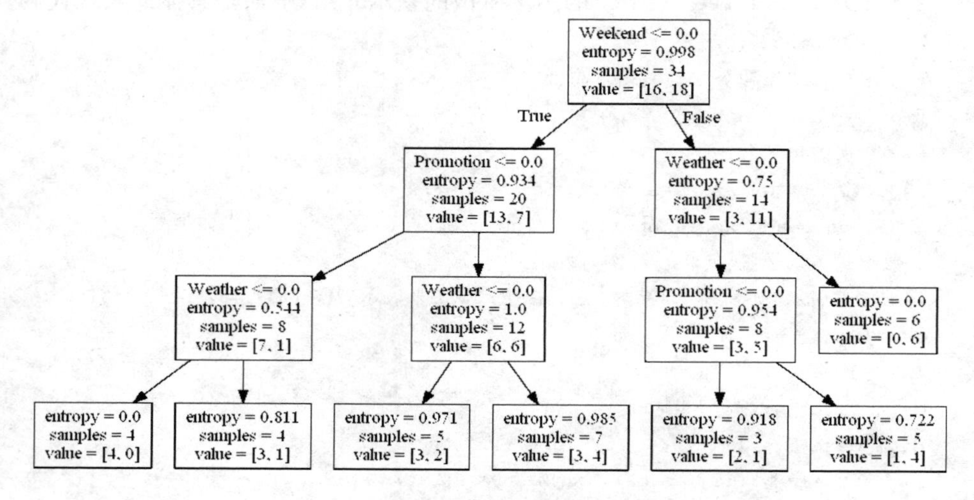

图 12-3　最终生成的决策树模型

【例 12-2】　使用决策树对 Iris 数据集进行分类。

Iris 数据集的中文名是安德森鸢尾花卉数据集,英文全称是 Anderson's Iris data set。Iris 数据集包含 150 个样本,对应数据集的每行数据。每行数据包含每个样本的四个特征和样本的类别信息,所以 Iris 数据集是一个 150 行 5 列的二维表。此外,Python 的机器学习库 scikit-learn 中已经内置了 Iris 数据集,如果没有安装 scikit-learn,可以参考 scikit-learn 安装教程。

通俗地说,Iris 数据集是用来给花做分类的数据集,每个样本包含了花萼长度、花萼宽度、花瓣长度、花瓣宽度四个特征(前 4 列),需要建立一个分类器,分类器可以通过样本的四个特征来判断样本属于山鸢尾(setoa)、变色鸢尾(versicolor)还是维吉尼亚鸢尾(virginica),这三个都是花的品种。Iris 的每个样本都包含了品种信息,即目标属性(第 5 列,也叫 target 或 label)。Iris 数据集的部分样本如表 12-2 所示。

表 12-2　Iris 数据集的部分样本

花萼长度	花萼宽度	花瓣长度	花瓣宽度	类别
5.1	3.5	1.4	0.2	setosa
4.9	3.0	1.4	0.2	setosa

续表

花萼长度	花萼宽度	花瓣长度	花瓣宽度	类别
4.7	3.2	1.3	0.2	setosa
4.6	3.1	1.5	0.2	setosa
5.0	3.6	1.4	0.2	setosa
5.4	3.9	1.7	0.2	setosa
4.6	3.4	1.4	0.2	setosa
5.0	3.4	1.5	0.2	setosa

利用 Python 实现 Iris 数据集中花萼长度和宽度的绘图。

为更好地理解这个数据集，利用 Matplotlib 模块绘制这三种鸢尾花的种类分布的散点图，其中 x 轴表示花萼的长度，y 轴表示花萼的宽度。具体代码如下。

```
# Iris 数据集的分析与绘图
import matplotlib.pyplot as plt
from sklearn.datasets import load_iris
iris =load_iris()
# 用前两列数据统计分析种类，即花萼的长度和宽度
x =iris.data[:,0]
y =iris.data[:,1]
species =iris.target
x_min, x_max =x.min()-.5, x.max()+.5
y_min, y_max =y.min()-.5, y.max()+.5
plt.figure()
plt.title('Iris DataSet -Classification By Sepal Sizes')
plt.scatter(x,y, c=species)
plt.xlabel('Sepal length')
plt.ylabel('Sepal width')
plt.xlim(x_min, x_max)
plt.ylim(y_min, y_max)
plt.xticks(())
plt.yticks(())
plt.show()
```

不同鸢尾花种类的散点图如图 12-4 所示。从图 12-4 中可以看出，山鸢尾与另外两种花卉不同，它的样本数据点形成一簇，与其他点明显区分开来。

以上是对 Iris 数据集的介绍，下面给出使用决策树完成 Iris 数据集样本分类的具体代码。

```
# 1. 数据预处理
from sklearn.datasets import load_iris
iris =load_iris()
print(iris)
from sklearn.cross_validation import train_test_split
```

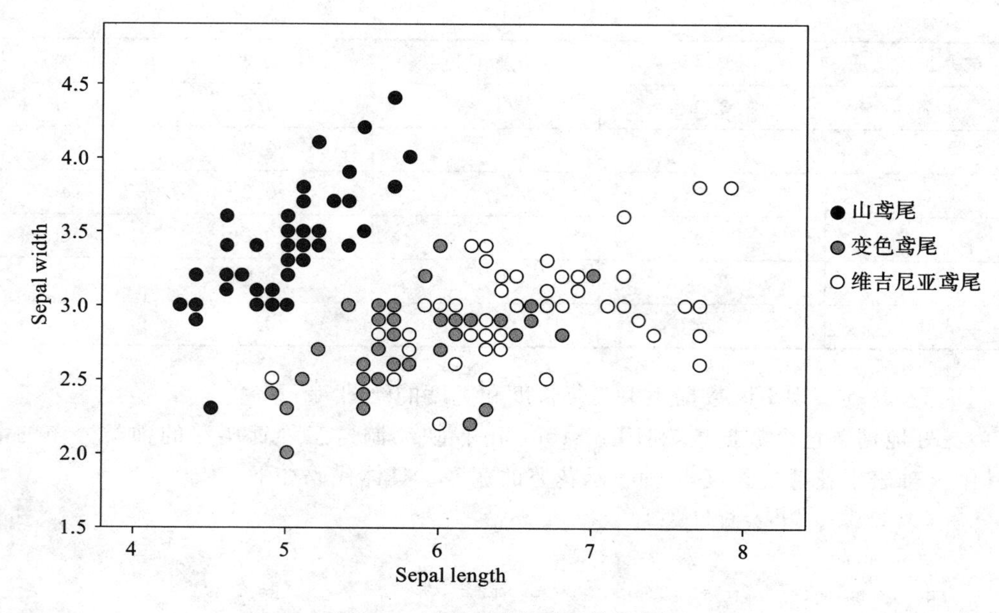

图 12-4　不同鸢尾花种类的散点图

```
# 在 Iris 数据集中随机选择 20%的数据作为测试集
train_data, test_data, train_target, test_target =train_test_split(iris.data,
iris.target, test_size=0.2,random_state=1)

# 2. 数据建模
from sklearn import tree
clf =tree.DecisionTreeClassifier(criterion="entropy")
clf.fit(train_data,train_target) # 建模
y_pred =clf.predict(test_data)  # 预测

# 3. 验证指标
# 3.1 准确率
from sklearn import metrics
print(metrics.accuracy_score(y_true=test_target, y_pred=y_pred))
# 3.2 混淆矩阵(横轴表示实际值,纵轴表示预测值)
print(metrics.confusion_matrix(y_true=test_target, y_pred=y_pred))

# 4. 输出决策树
with(open("./data/tree.dot","w")) as fw:
    tree.export_graphviz(clf, out_file=fw)
```

程序运行结果：

```
0.966666666667
[[11  0  0]
 [ 0 12  1]
 [ 0  0  6]]
```

在上述代码中，利用 metrics 模块可快速计算分类器(如本例的决策)的常用性能评估指标，包括准确率、混淆矩阵等。其中，准确率就是分类正确的样本占全部样本的百分比。混淆矩阵是一个较为抽象的概念，为形象理解该指标，下面用一个例子来理解混淆矩阵。

假设有一个用来对猫、狗、兔子进行分类的系统，混淆矩阵就是为了进一步分析性能而对该算法测试结果做出的总结。假设总共有 27 只动物：8 只猫，6 条狗，13 只兔子。混淆矩阵如表 12-3 所示。

表 12-3　混淆矩阵

		预测分类		
		猫	狗	兔子
真实分类	猫	5	3	0
	狗	2	3	1
	兔子	0	2	11

在这个混淆矩阵中，实际有 8 只猫，但是其中 3 只被预测成了狗；有 6 条狗，其中 1 条被预测成了兔子，2 条被预测成了猫。从混淆矩阵中可以看出，系统对于区分猫和狗存在一些问题，但是区分兔子的效果还是不错的。

对于本例的使用决策树进行鸢尾花分类，通过程序输出的混淆矩阵结果可清晰看出对 11 个山鸢尾(setoa)和 6 个维吉尼亚鸢尾(virginica)的分类全部正确，而 13 个变色鸢尾(versicolor)中有 1 个被错误分类。所有正确的预测结果都在对角线上，错误的预测结果都在对角线外。

12.3　人工神经网络

12.3.1　概述

人工神经网络(artificial neural network，ANN)通过借鉴人脑的结构和特点，通过大量简单处理单元(神经元或节点)互连组成的大规模并行分布式信息处理和非线性动力学系统，实现一种类似于大脑神经突触连接的结构进行信息处理的数学模型，其具有并行性、结构可变性、高度非线性、自学习性和自组织性等特点，它能解决常规信息处理方法难以解决或无法解决的问题。从总体上来说，人工神经网络包括输入层、隐层和输出层三个部分，信息经过输入层进入神经网络，在节点中不断进行信息计算与传输，最后到达输出层，得到最终处理后的信息。人工神经网络在学习算法的基础上，经过数据训练后，它就具有类似于人脑的能力，如听歌识曲、图像识别、价格预测等。但由于人工神经网络是一门较为复杂的理论，受篇幅限制，下面仅简单介绍神经网络的理论，感兴趣的读者可以进一步详细参考该领域的相关著作。

1943 年，McCulloch 和 Pitts 按照人脑神经网络的结构特征，提出了 M-P 神经元模型，该模型一直沿用至今，其结构如图 12-5 所示。在这个模型中，神经元接收到来自 n 个其他神经元传递过来的输入信号,这些输入信号通过带权重的连接(connection)进行传递,神经元接收到的总输入值将与神经元的阈值进行比较,然后通过激活函数(activation function)进行处理,以产生神经元的输出。

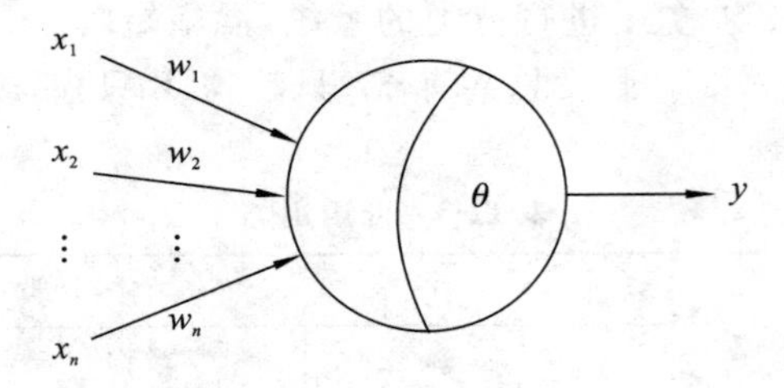

图 12-5　M-P 神经元模型

图 12-5 中,$x_1, x_2, \cdots, x_n$ 为神经元输入,$w_1, w_2, \cdots, w_n$ 为输入与神经元之间的连接权重,θ 为阈值,y 为神经元的输出。

神经元的输入与输出间的映射关系相当于对 n 个输入进行加权和操作,具体公式为

$$y = f\left(\sum_{i=1}^{n} w_i x_i - \theta\right) \tag{12.1}$$

12.3.2　感知机模型

1. 简单感知机模型

感知机(perceptron)由两层神经元组成,如图 12-6 所示。输入层接收外界的输入信号后传递给输出层,输出层为 M-P 神经元。

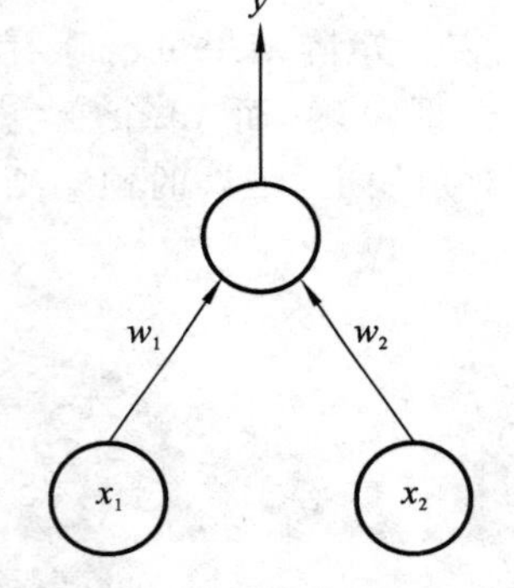

图 12-6　具有两层神经元的感知机

此时 M-P 神经元的输出对应的计算式为

$$y = f(w_1 x_1 + w_2 x_2 - \theta) \tag{12.2}$$

设感知机的激活函数 f 为阶跃函数 $\mathrm{sgn}(x) = \begin{cases} 1, & x \geqslant 0 \\ 0, & x < 0 \end{cases}$,则 M-P 神经元的输出为

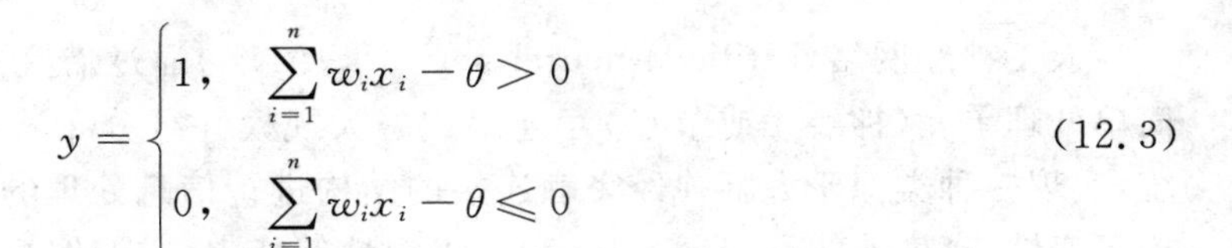

$$y = \begin{cases} 1, & \sum_{i=1}^{n} w_i x_i - \theta > 0 \\ 0, & \sum_{i=1}^{n} w_i x_i - \theta \leqslant 0 \end{cases} \tag{12.3}$$

则感知机模型能够实现逻辑与、或、非运算,对应的输入和输出如表 12-4 所示。

表 12-4　感知机模型的逻辑与、或、非运算

x_1	x_2	$y = x_1 \wedge x_2$	$y = x_1 \vee x_2$	$\overline{x_1}$
0	0	0	0	1
0	1	0	1	1
1	0	0	1	0
1	1	1	1	0

(1) 与运算,即 $y = x_1 \wedge x_2$ 。当取 $w_1 = w_2 = 1, \theta = 1.5$ 时,式(12.3)完成逻辑“与”的运算。

(2) 或运算,即 $y = x_1 \vee x_2$ 。当取 $w_1 = w_2 = 1, \theta = 0.5$ 时,式(12.3)完成逻辑“或”的运算。

(3) 非运算,即 $\overline{x_1}$ 。当取 $w_1 = w_2 = -1, \theta = -1$ 时,式(12.3)完成逻辑“非”的运算。

更一般地,给定训练数据集,权重 w_i ($i = 1,2,\cdots,n$) 以及阈值 θ 可通过学习得到。阈值 θ 可看作一个固定输入为 -1.0 的“哑结点”所对应的连接权重 w_{n+1} ,此时权重和阈值的学习统一为权重的学习。感知机的学习规则非常简单,对于训练样例 (x,y) ,若当前感知机的输出为 $\hat{y}$,则权重调整方式为

$$w_i \leftarrow w_i + \Delta w_i, \quad \Delta w_i = \eta(y - \hat{y})x_i \tag{12.4}$$

其中, $\eta \in (0,1)$ 为学习率(learning rate)。从式(12.4)可以看出,若感知机对训练样例 (x,y) 预测正确,即 $\hat{y} = y$,则感知机不发生变化,否则将根据错误的程序进行权重调整。

2. *多层感知机模型*

简单感知机模型只在输出神经元进行激活函数处理,即只拥有一层功能神经元,其学习能力十分有限。上述的逻辑与、或和非运算仅能解决线性可分问题,但对于线性不可分问题(如异或问题),简单的单层感知机模型无法完成求解。对于异或问题,两层感知机模型就可以完成求解。

多层感知机模型是在输入层与输出层之间增加了一个或多个隐层(hidden layer),隐层中的每个神经元都是拥有激活函数的功能神经元,其中两层感知机模型是多层感知机模型的一种。更一般的,常见的神经网络结构示意图是如图 12-7 所示的层级结构,每层神经元与下一层神经元全部互连,神经元之间不存在同层连接,也不存在跨层连接。图 12-7(b)这样的神经网络结构通常称为多层前馈神经网络(muti-layer feeddorward neural networks),其中输入层神经元接收外界的输入,隐层与输出层神经元对信号进行加工,输出层神经元输出最终结果。换言之,输入层神经元仅是接收输入,不进行函数处理,隐层和输出层包含功能神经元。

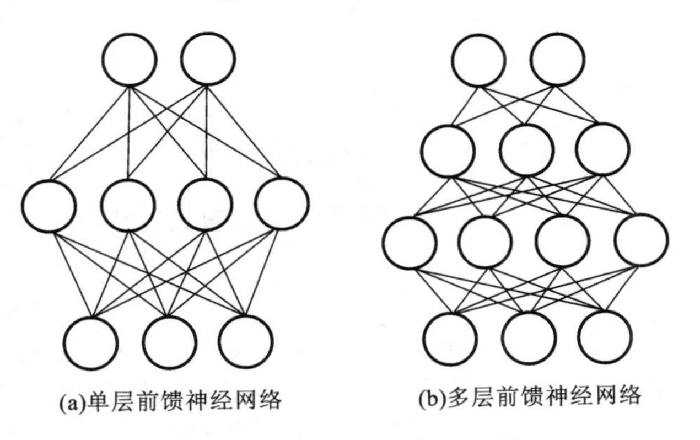

图 12-7　神经网络结构示意图

12.3.3　误差反向传播算法

多层网络的学习能力比单层感知机的强得多,因此式(12.4)的学习规则显然不够了,需

要更强大的学习算法。误差反向传播(error back propagation,BP)算法就是杰出代表,其使用较为广泛,除训练多层前馈神经网络外,还可训练其他类型的神经网络。但通常BP网络一般是指用BP算法训练的多层前馈神经网络。

给定训练集 $D=\{(x_1,y_1),(x_2,y_2),\cdots,(x_m,y_m)\}$,为便于讨论,图12-8给出了一个拥有 d 个输入神经元、l 个输出神经元、q 个隐层神经元的多层前馈神经网络结构,其中,θ_j 为输出层第 j 个神经元的阈值,γ_h 为隐层第 h 个神经元的阈值,v_{ih} 为输入层第 i 个神经元与隐层第 h 个神经元间的权重,w_{hj} 为隐层第 h 个神经元与输出层第 j 个神经元间的权重。

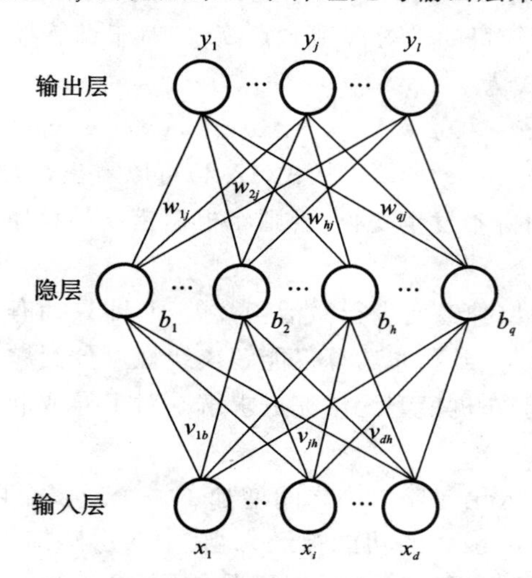

图12-8　前馈神经网络结构

隐层第 h 个神经元的输入为 $\alpha_h=\sum_{i=1}^{d}v_{ih}x_i$,输出层第 j 个神经元的输入为 $\beta_j=\sum_{h=1}^{q}w_{hj}b_h$,其中,b_h 为隐层第 h 个神经元的输出。假设隐层和输出层神经元都使用sigmoid函数作为激活函数。

对训练样本 (x_k,y_k) ,假定神经网络的输出为 $\hat{y}_k=(\hat{y}_1,\hat{y}_2,\cdots,\hat{y}_l)$,即

$$\hat{y}_j^k=f(\beta_j-\theta_j) \tag{12.5}$$

则神经网络在 (x_k,y_k) 上的均方误差为

$$E_k=\frac{1}{2}\sum_{j=1}^{l}(\hat{y}_j^k-y_j^k)^2 \tag{12.6}$$

BP算法基于梯度下降策略,以目标负梯度方向对参数调整,对式(12.6)的误差 E_k ,给定学习率 η ,有

$$\Delta w_{hj}=-\eta\frac{\partial E_k}{\partial w_{hj}}=-\eta\frac{\partial E_k}{\partial\hat{y}_j^k}\cdot\frac{\partial\hat{y}_j^k}{\partial\beta_j}\cdot\frac{\partial\beta_j}{\partial w_{hj}}=-\eta\frac{\partial E_k}{\partial\hat{y}_j^k}\cdot\frac{\partial\hat{y}_j^k}{\partial\beta_j}\cdot b_h \tag{12.7}$$

根据sigmoid函数的性质 $f'(x)=f(x)(1-f(x))$,则式(12.7)为

$$\Delta w_{hj}=-\eta\hat{y}_j^k(1-\hat{y}_j^k)(\hat{y}_j^k-y_j^k)b_h \tag{12.8}$$

类似可得

$$\Delta\theta_j=-\eta g_j,\quad \Delta v_{ih}=\eta e_h x_i,\quad \Delta\gamma_h=-\eta e_h \tag{12.9}$$

其中,$e_h=-\frac{\partial E_k}{\partial b_h}\cdot\frac{\partial b_h}{\partial\alpha_h}=b_h(1-b_h)\sum_{j=1}^{l}w_{hj}g_j$ 。

12.3.4　应用案例

【例 12-3】　根据 Keras 的 BP 神经网络模块进行 Iris 数据集的分类实验。

根据 BP 神经网络训练的基本原理，如果直接使用 Python 编写具体实现代码，则代码较为复杂。与此同时，Python 中提供的机器学习模块 scikit-learn 在神经网络方面的功能较弱。在上述基础上，本书为方便读者快速入门，使用 Keras 框架来搭建神经网络。事实上，Keras 并非简单的神经网络库，而是一个基于 Theano 的强大的深度学习库，利用它可以搭建普通的神经网络，还可以搭建其他各种深度学习模型，如自编码器、循环神经网络、卷积神经网络等。以下部分首先介绍 Keras 的相关内容，然后在此基础上给出应用案例的具体实现过程。

1）Keras 的安装过程

在 Windows 中利用 Anaconda Prompt 安装 Keras 的步骤如下。

（1）conda install mingw lipython。

（2）conda install theano。

（3）conda install Keras。

2）Keras 提供的神经网络的层

Keras 框架提供了神经网络常用层的表示方法，包括全连接、激活层等，具体如下。

（1）Dense 表示全连接层，其中参数 input_dim 常用来表示输入数据的维度。当 Dense 层作为网络的第一层时，必须指定该参数或 input_shape 参数。参数 Activation 表示激活函数，为预定义的激活函数名。如果不指定该参数，将不会使用任何激活函数。

（2）Activation 表示激活层，即对某层的输出施加激活函数计算。

（3）Dropout 层为输入数据施加 Dropout。Dropout 将在训练过程中每次更新参数时随机断开一定百分比的输入神经元连接，Dropout 层用于防止过拟合。

（4）Reshape 层将输入 shape 转换为特定的 shape。

3）Keras 的 Sequential 模型的使用

在 Keras 中提供了快速开始序贯（Sequential）模型来完成神经网络模型的快速搭建，序贯模型是多个网络层的线性堆叠，也就是“一条道走到黑”。

可以通过向 Sequential 模型传递一个 layer 的 list 来构造该模型。

```
from keras.models import Sequential
from keras.layers import Dense, Activation
model =Sequential([
    Dense(32, units=784),
    Activation('relu'),
    Dense(10),
    Activation('softmax'),
])
```

也可以通过.add()方法一个个地将 layer 加入模型中。

```
model =Sequential()
model.add(Dense(32, input_shape=(784,)))
model.add(Activation('relu'))
```

4）指定 Sequential 模型的输入数据的 shape

模型需要知道输入数据的 shape，因此，Sequential 的第一层需要接受一个关于输入数据 shape 的参数，后面的各个层则可以自动地推导出中间数据的 shape，因此不需要为每个层都指定这个参数。有以下几种方法来为第一层指定输入数据的 shape。

（1）传递一个 input_shape 的关键字参数给第一层，input_shape 是一个 tuple 类型的数据，其中也可以填入 None，如果填入 None 则表示此位置可能是任何正整数。数据的 batch 大小不应包含在其中。

```
model =Sequential()
model.add(Dense(32, input_shape=(784,)))
```

（2）Dense 层还支持通过指定其输入维度 input_dim 来隐含指定的输入数据 shape 是一个 int 类型的数据。

```
Model =Sequential()
model.add(Dense(32, input_dim=784))
```

5）Keras 的编译

在训练模型之前，需要通过 compile 对学习过程进行配置。compile 主要接收以下两个参数。

（1）优化器 optimizer：该参数可指定为已预定义的优化器名，如 rmsprop、adagrad 或一个 optimizer 类的对象。

（2）损失函数 loss：该参数为模型试图最小化的目标函数，它可为预定义的损失函数名，如 categorical_crossentropy、mse 也可以为一个损失函数。详细介绍可参考官网。

6）应用案例的具体实现代码

本例使用 Keras 来搭建神经网络模型，模型结构为 4-5-3，其中，隐层的激活函数采用 relu 函数，输出层采用 sigmoid 函数。具体实现过程如下，能够明显看出，使用 Keras 可以完成对神经网络的快速搭建，大大降低了普通用户的神经网络应用复杂度。

```
import numpy as np
from keras.models import Sequential
from keras.layers import Dense, Activation
from keras.optimizers import SGD
# Sequential 表示神经网络各个层的容器。Dense:每一层。Activation:激活函数。SGD:随
机梯度下降
# 加载数据集
from sklearn import datasets
iris =datasets.load_iris()
# 把输出类别标签化.Iris 输出有 3 种类别,因此神经网络应该有 3 个输出神经元,第一类输出
为 100,第二类为 010,第三类输出 001
from sklearn.preprocessing import LabelBinarizer
LabelBinarizer().fit_transform(iris["target"])
# 数据集划分,20%的作为测试数据
from sklearn.cross_validation import train_test_split
train_data, test_data, train_target, test_target =train_test_split(iris.data,
iris.target, test_size=0.2,random_state=1)
```

```
labels_train =LabelBinarizer().fit_transform(train_target) # 把训练输出标签化
labels_test =LabelBinarizer().fit_transform(test_target)  # 把测试输出标签化
# 构建模型
# (1)定义模型结构 4-5-3
# 方法 1
model =Sequential(
    [
        Dense(5,input_dim=4),# 第1层输出有5个,输入有4个
        Activation("relu"),
        Dense(3),
        Activation("sigmoid"),
    ]
)
# 方法 2
# model =Sequential();
# model.add(Dense(5,input_dim=4))
# (2)定义模型优化器
sgd =SGD(lr=0.01,decay=1e-6, momentum=0.9, nesterov=True)
model.compile(optimizer=sgd,loss="categorical_crossentropy")
# (3)模型训练
model.fit(train_data, labels_train,nb_epoch=200, batch_size=40)
# (4)模型预测
print(model.predict_classes(test_data))
# (5)模型保存
model.save_weights("./data/w")
# model.load_weights("./data/w")# 下次使用时,无须训练,直接读取保存的参数
```

12.4 K-近邻分类

12.4.1 概述

K-近邻(K-nearest neighbor,KNN)分类算法可以说是最简单的机器学习算法。它采用测量不同特征值之间的距离方法进行分类。它的思想很简单:一个样本在特征空间中,总会有 k 个最相似(即特征空间中最邻近)的样本。其中大多数样本属于某一个类别,则该样本也属于这个类别,即“近朱者赤,近墨者黑”。

12.4.2 KNN 原理简介

1. 基本原理

有两类数据——矩形和三角形,它们分布在二维特征空间中。假设有一个新数据(用圆

形表示)需要预测其所属的类别。根据“物以类聚”的直觉,找到离圆形最近的几个数据点,以它们中的大多数的所属类别来决定新数据的所属类别,这便是一次 KNN 的分类预测,如图 12-9 所示。

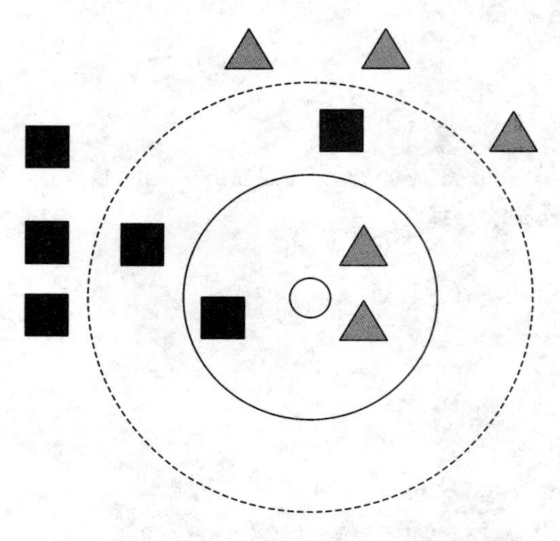

图 12-9　KNN 的分类预测示意图

(1) 如果 $k=1$,看离圆形最近的那个数据的类型是什么。由图 12-9 可知离圆形最近的是三角形,所以将新数据判定为属于三角形这个类别。

(2) 如果 $k=3$,看离圆形最近的 3 个数据的类型是什么。由图可知离圆形最近的 3 个数据中,有 2 个是矩形,1 个是三角形,所以将新数据判定为属于矩形这个类别。

(3) 如果 $k=9$,看离圆形最近的 9 个数据的类型是什么。由图可知离圆形最近的 9 个数据中,有 5 个是三角形,4 个是矩形,所以将新数据判定为属于三角形这个类别。

上面的三种情况也可以称为 1-近邻算法、3-近邻算法、9-近邻算法。当然,k 还能够取更大的值。样本越多,且样本类别的分布越好,k 值就越大,划分的类别就越正确。KNN 中的 k 表示划分数据时所取类似样本的个数。KNN 算法中,所选择的近邻都是已经正确分类的对象,该方法在分类决策上依据最邻近的 k 个样本的类别来决定待分样本所属的类别。

当 $k=1$ 时,其抗干扰能力较差。假如样本中出现了某种偶然的类别,那么新的数据就极有可能被分错。那么在样本有限的情况下,KNN 算法的误判概率和距离的计算方法就有了直接关系。即用何种方式判定哪些数据与新数据近邻。不同的样本选择不同的距离计算函数,这能够提高分类的正确率。通常情况下,KNN 算法能够采用欧氏距离(euclidean distance)、曼哈顿距离(manhattan distance)、马氏距离(mahalanobis distance)等距离计算方法。

另外,KNN 分类算法是一种非参数模型。简单来说,参数模型(如线性回归、逻辑回归)都包含待确定的参数,训练过程的主要目的就是寻找代价最小的最优参数。参数一旦确定,模型就完全固定了,进行预测时完全不依赖于训练数据。非参数模型则相反,在每次预测中都需要重新考虑部分和全部训练数据。因此,KNN 分类算法与决策树、人工神经网络有着较大的区别。

2. KNN 的不足

(1) 样本数据集中的类别存在不平衡现象，即某些类别的样本数量非常多，而其他类别的样本数量非常少。此时对某个属于小类别的样本进行分类时，该样本的 k 个近邻中，大类别的样本占多数，从而极易导致分类错误。针对此种情况，一般可以考虑采用样本加权的方法，将权重纳入分类的参考根据。

(2) 分类时需要先计算待分类样本和全体已知样本的距离，才能确定所需的 k 近邻点，因此计算量较大，尤其是样本数量较多时。针对这样的情况，需要事先对已知样本进行裁减，去除对分类作用不大的样本。这一处理步骤仅适用于样本数量较大的情况，如果在原始样本数量较少时也采用这样的处理方式，反而会添加误分类的概率。

12.4.3　KNN 算法流程

(1) 计算已知类别数据集中的点与当前点之间的距离。

(2) 按照距离递增次序排序。

(3) 选取与当前点距离最小的 k 个点。

(4) 确定这 k 个点所在类别对应的出现频率。

(5) 返回这 k 个点出现频率最高的类别作为当前点的预测分类。

12.4.4　应用案例

【例 12-4】 使用 KNN 算法进行身高体重数据集的分类。

本例题使用 scikit-learn 库中提供的 KNN 算法完成，具体模块为 neighbors，在使用前需要从 scikit-learn 库中导入声明，语句如下。

```
from sklearn import neighbors
```

在 neighbors 模块中，定义 KNN 分类器的具体类为 KNeighborsClassifier，它的构造函数中包含很多参数，具体可以参看 scikit-learn 官网：http://scikit-learn.org/dev/modules/generated/sklearn.neighbors.KNeighborsClassifier.html#sklearn.neighbors.KNeighborsClassifier。受篇幅限制，下面仅介绍主要参数。

(1) n_neighbors 参数：int 类型，KNN 算法中指定 k 值，即最近的几个近邻样本具有分类预测的投票权，默认值为 5。

(2) weights 参数：字符串类型，每个拥有投票权的样本是按什么比重投票，其中，uniform 表示按等比重投票，distance 表示按距离反比投票，[callable]表示自己定义的一个函数，这个函数接收一个距离数组，返回一个权重数组。weights 参数默认值为 uniform。

(3) matric 参数：字符串类型或者距离度量对象，即怎么度量样本间的距离，默认值为 minkowski(闵氏距离)。值得注意的是，闵氏距离不是一种具体的距离度量方法，它包括了其他距离度量方式，是其他距离度量的推广，具体计算方式如下。在程序中设定的 KNN 分类器具体采用哪种距离度量方式，需要在此参数的基础上，进一步参考参数 p 的取值。

$$\mathrm{dist}(x,y) = \left(\sum_{i=1}^{n} |x-y|^{p}\right)^{\frac{1}{p}}$$

(4) p 参数：int 类型，就是闵氏距离中各种不同的距离参数，默认值为 2，即欧氏距离。若 p=1 则代表曼哈顿距离。

（5）n_jobs 参数：int 类型，指并行计算的线程数量，默认值为 1，表示一个线程。若为－1 则表示 CPU 的内核数，也可以指定为其他数量的线程，若不是对速度的要求很高的话，则不用设定该参数。

以上是对 KNeighborsClassifier 用法所做的基本介绍，下面具体来看本例题的数据。

```
1.5 40 thin
1.5 50 fat
1.5 60 fat
1.6 40 thin
1.6 50 thin
1.6 60 fat
1.6 70 fat
1.7 50 thin
1.7 60 thin
1.7 70 fat
1.7 80 fat
1.8 60 thin
1.8 70 thin
1.8 80 fat
1.8 90 fat
1.9 80 thin
1.9 90 fat
```

具体实现代码如下：

```
import numpy as np
from sklearn import neighbors
from sklearn.cross_validation import train_test_split
''''' 数据读入 '''
data =[]
labels =[]
with open("data\\1.txt") as ifile:
    for line in ifile:
        tokens =line.strip().split(' ')
        data.append([float(tk) for tk in tokens[:-1]])
        labels.append(tokens[-1])
x =np.array(data)
labels =np.array(labels)
y =np.zeros(labels.shape)
''''' 标签转换为 0/1 '''
y[labels =='fat'] =1
''''' 拆分训练数据与测试数据 '''
x_train, x_test, y_train, y_test =train_test_split(x, y, test_size=0.2)
''''' 训练 KNN 分类器 '''
```

```
clf =neighbors.KNeighborsClassifier(algorithm='kd_tree')
clf.fit(x_train, y_train)
''''' 对测试集进行分类预测 '''
answer =clf.predict(x_test)
```

【例 12-5】 使用 KNN 算法进行 Iris 数据集的分类。

Iris 数据集的描述参见 12.2.3 节，下面给出具体的使用 KNN 算法进行 Iris 数据集分类的代码。

```
# 使用 KNN 算法分类 Iris 数据集，并画出数据决策边界
import numpy as np
from sklearn import datasets
from sklearn.neighbors import KNeighborsClassifier
import matplotlib.pyplot as plt
from matplotlib.colors import ListedColormap
# 加载数据
iris =datasets.load_iris()
# 为方便绘图，仅采用数据其中的两个特性
x =iris.data[:,:2]
y =iris.target
# KNN 建模
KNN =KNeighborsClassifier(n_neighbors=15, weights='uniform')
KNN.fit(x, y)
# 画出决策边界，用不同的颜色表示
x_min, x_max =x[:,0].min()-.5, x[:,0].max()+.5
y_min, y_max =x[:,1].min()-.5, x[:,1].max()+.5
h =.02
xx, yy =np.meshgrid(np.arange(x_min, x_max, h), np.arange(y_min, y_max, h))
# 分类预测
Z =KNN.predict(np.c_[xx.ravel(), yy.ravel()])
Z =Z.reshape(xx.shape)
# 绘制结果图
plt.figure()
cmap_light =ListedColormap(['# AAAAFF','# AAFFAA','# FFAAAA'])
plt.pcolormesh(xx, yy, Z, cmap=cmap_light)
plt.scatter(x[:,0],x[:,1], c=y)
plt.xlim(xx.min(), xx.max())
plt.ylim(yy.min(), yy.max())
plt.show()
```

程序运行结果如图 12-10 所示。

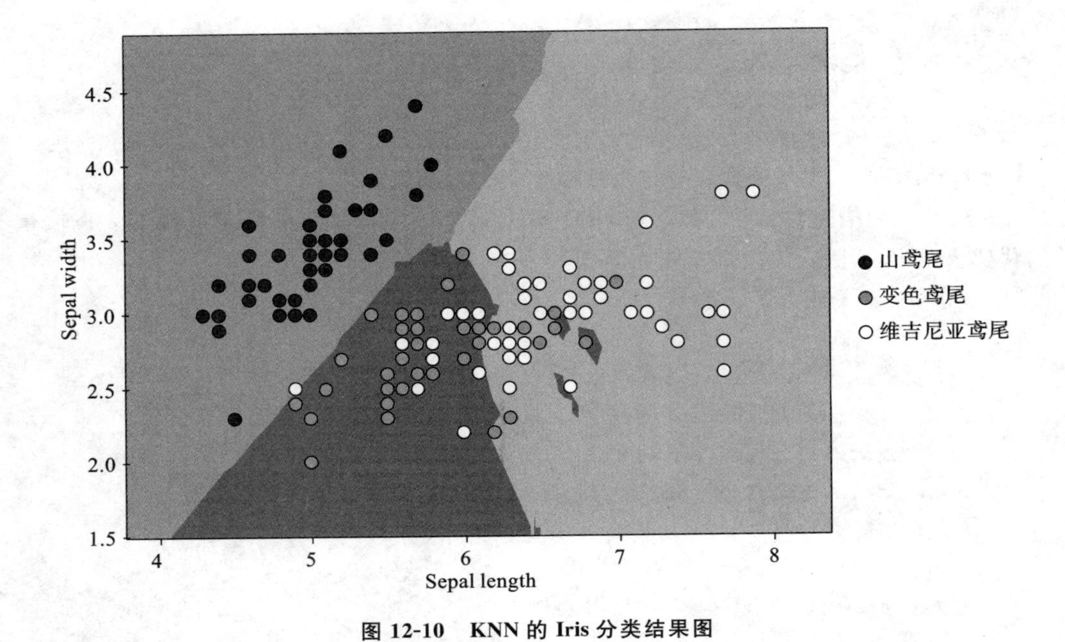

图 12-10　KNN 的 Iris 分类结果图

12.5　K-Means 聚类

12.5.1　概述

聚类与分类是数据分析中常用的两个概念，它们的算法和计算方式有很大区别。具体区别如下。

(1) 分类是将事物按某种特征或规则划分成不同部分的一种归纳方式。在机器学习中，分类指有监督的学习，即要分类的样本是有标记的，且类别是已知的。前面所介绍的神经网络、决策树都是常用的分类方法，它们的用法千差万别，对数据的要求不同，应用场景也不同，目前来说还没有能适合各种分类要求的数据模型。分类的应用很多，例如，可以通过划分不同的类别对银行贷款进行审核，也可以根据以往购买历史对客户进行区分，从而找出 VIP 用户。在计算机网络安全领域，分类技术有利于帮助检测入侵威胁，可以帮助安全人员更好地识别正常访问和入侵行为。

(2) 聚类是将一组对象划分成若干类，并且每类中的对象之间的相似度较高，不同类中的对象之间的相似度较低或差异明显。在机器学习中，与分类不同，聚类指无监督的学习，样本没有被标记，根据某种相似度度量方法把样本聚成 k 类。在工作开始之前，并不知道结果如何，也不知道最终将数据或样本划分成多少类、每类中的数据有何种规则。聚类的目的在于发现数据或样本属性之间的规律，要求聚类后的同一类中样本相似度最大，不同类中的相似度最小。

12.5.2　K-Means 原理简介

K-Means 算法是无监督的聚类算法,它实现起来比较简单,聚类效果也不错,因此应用很广泛。K-Means 算法有大量的变体,本文就从最传统的 K-Means 算法讲起,在其基础上讲述 K-Means 的优化变体方法,包括初始化优化 K-Means++算法、距离计算优化 elkan K-Means 算法和大数据情况下的优化 Mini Batch K-Means 算法。K-Means 算法的思想很简单,对于给定的样本集,按照样本之间的距离大小,将样本集划分为 k 个簇。让簇内的点尽量紧密地连在一起,而让簇间的距离尽量大。

如果用数据表达式表示,假设簇划分为 $C_1,C_2,\cdots,C_k$,则目标是最小化平方误差 E ,即

$$E=\sum_{i=1}^{k}\sum_{x\in C_i}\|x-\mu_i\|_2^2$$

其中,μ_i 是簇 C_i 的均值向量,有时也称为质心,表达式为

$$\mu_i=\frac{1}{|C_i|}\sum_{x\in C_i}x$$

12.5.3　K-Means 算法

在上一节对 K-Means 原理做了初步的探讨,下面对 K-Means 算法做一个总结。对于 K-Means 算法有以下要点。

(1) K-Means 算法中要注意的是 k 值的选择,一般来说,根据对数据的先验经验选择一个合适的 k 值,如果没有先验经验,则可以通过交叉验证选择一个合适的 k 值。

(2) 在确定了 k 的个数后,需要选择 k 个初始化的中心点,由于是启发式方法,k 个初始化的中心点的位置选择对最后的聚类结果和运行时间都会有很大的影响,因此需要选择合适的 k 个初始化的中心点,这些初始化的中心点不能靠太近。

为描述方便,设输入的是样本集 $D=\{x_1,x_2,\cdots,x_m\}$,输出的是簇的划分 $C=\{C_1,C_2,\cdots,C_k\}$,其中簇 C_i 的中心点设为 $u_i(i=1,2,\cdots,k)$,则传统的 K-Means 算法流程如下。

(1) 从数据集中随机选择 k 个点作为簇的初始中心点 $\{u_1,u_2,\cdots,u_k\}$ 。

(2) 计算每个样本 x_j 到每个簇中心点 u_i 的距离,一般使用欧式距离。

(3) 根据距离,将每个样本分配到距离最近的簇中。

(4) 分配结束后,对每一个簇 C_i ,通过均值重新计算簇中心 u_i 。

(5) 如果通过(2)～(4)的迭代更新后,簇中心 u_i 与更新前的差值微小,则迭代结束,算法收敛,执行步骤(6),否则,继续重复执行(2)～(4)。

(6) 输出簇划分 $C=\{C_1,C_2,\cdots,C_k\}$ 。

12.5.4　应用案例

scikit-learn 中包括如下两个 K-Means 算法。

(1) 传统的 K-Means 算法,对应的类是 KMeans。

(2) 基于采样的 MiniBatch K-Means 算法,对应的类是 MiniBatchKMeans。受篇幅限制,下面仅介绍 K-Means 聚类算法。

在 scikit-learn 的 KMeans 中,一般要注意的仅仅就是 k 值的选择,即参数 n_clusters。

该类主要有以下参数。

(1) n_clusters：即 k 值，一般需要多试一些值以获得较好的聚类效果。k 值好坏的评估标准在后面会讲到。

(2) max_iter：最大的迭代次数，一般数据集是凸的时，可以不管这个值，如果数据集不是凸的，可能很难收敛，此时可以指定最大的迭代次数，让算法可以及时退出循环。

(3) n_init：用不同的初始化质心运行算法的次数。由于 K-Means 是结果受初始值影响的局部最优的迭代算法，因此，需要多跑几次以选择一个较好的聚类效果，其默认值是 10，一般不需要改，如果 k 值较大，可以适当增大这个值。

(4) init：初始值选择的方式，可以为完全随机选择 random、优化过的 K-Means＋＋或者指定初始化的 k 个质心，一般建议使用默认的 K-Means＋＋。

(5) algorithm：有 auto、full 或 elkan 三种选择。full 就是传统的 K-Means 算法，elkan 是另外一种 K-Means 算法。默认的 auto 则会根据数据值是否是稠密的，来决定如何选择 full 和 elkan。若数据是稠密的，那么就是 elkan，否则就是 full。一般建议使用默认的 auto。

【例 12-6】 使用 K-Means 进行 Iris 数据集的聚类。

```
import matplotlib.pyplot as plt
import numpy as np
from sklearn.cluster import KMeans
from sklearn import datasets
from sklearn.datasets import load_iris
iris =load_iris()
X =iris.data[:, 2:4]  # # 表示只取特征空间中的后两个维度
print(X.shape)

estimator =KMeans(n_clusters=3)  # 构造聚类器
estimator.fit(X)  # 聚类
label_pred =estimator.labels_  # 获取聚类标签
# 绘制 K-Means 结果
x0 =X[label_pred ==0]
x1 =X[label_pred ==1]
x2 =X[label_pred ==2]
plt.scatter(x0[:, 0], x0[:, 1], c ="red", marker='o', label='label0')
plt.scatter(x1[:, 0], x1[:, 1], c ="green", marker='*', label='label1')
plt.scatter(x2[:, 0], x2[:, 1], c ="blue", marker='+', label='label2')
plt.xlabel('petal length')
plt.ylabel('petal width')
plt.legend(loc=2)
plt.show()
```

聚类后的结果如图 12-11 所示，其中+、*和●分别代表聚类后不同的簇。从图中可以看出，利用 K-Means 算法对 Iris 数据集进行聚类的效果是很不错的，从而验证了算法的有效性。

【例 12-7】 使用 K-Means 进行其他数据集的聚类。

scikit-learn 中的 make_blobs()方法常被用来生成聚类算法的测试数据，直观地说，

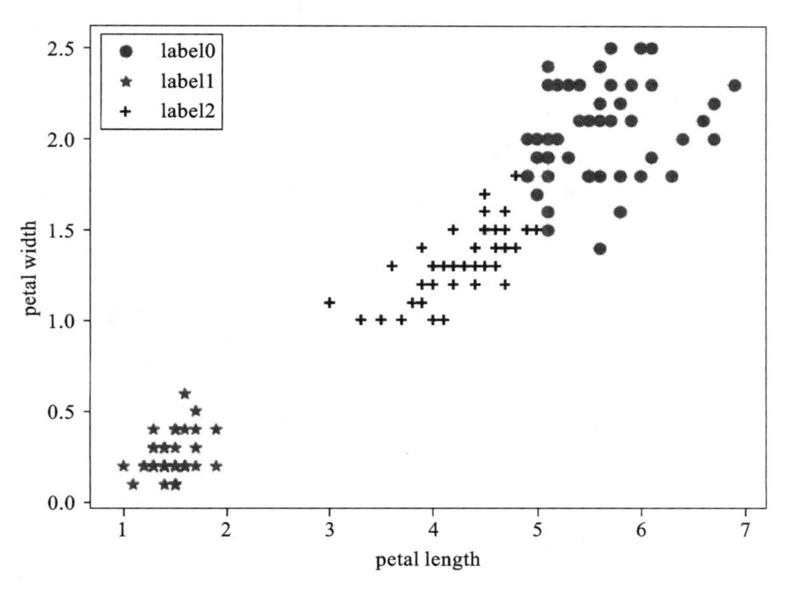

图 12-11　K-Means 的 Iris 数据集的聚类结果

make_blobs()会根据用户指定的特征数量、中心点数量、范围等来生成几类数据，这些数据可用于测试聚类算法的效果。该方法的参数如下。

（1）n_samples 是待生成的样本的总数。

（2）n_features 是每个样本的特征数。

（3）centers 表示类别数。

（4）cluster_std 表示每个类别的方差。例如，要生成 2 类数据，且其中一类比另一类具有更大的方差，可以将 cluster_std 设置为[1.0, 3.0]。

例如，生成 3 类数据用于聚类，共 100 个样本，每个样本有 2 个特征，并在 2D 图中绘制样本，每个样本的颜色不同，如图 12-12(a)所示。具体代码如下。

```
from sklearn.datasets import make_blobs
from matplotlib import pyplot
data,target=make_blobs(n_samples=100,n_features=2,centers=3)
pyplot.scatter(data[:,0],data[:,1],c=target);
pyplot.show()
```

若为每个类别设置不同的方差，只需要在上述代码中加入 cluster_std 参数即可，如图 12-12(b)所示。具体代码如下。

```
data,target=make_blobs(n_samples=100,n_features=2,centers=3,cluster_std=
[1.0,3.0,2.0])
```

前面简单介绍了 make_blob()方法的使用，下面介绍 K-Means 算法在随机样本集上的聚类效果。根据 make_blobs()方法随机创建一些二维数据作为训练集，选择二维特征数据主要是为了方便对数据进行可视化。本例中，x 为样本特征，y 为样本簇类别，共 1000 个样本，每个样本有 4 个特征，共 4 个簇。簇中心在[-1,-1]，[0,0]，[1,1]，[2,2]，簇方差分别为[0.4, 0.2, 0.2]。本案例的具体代码如下。

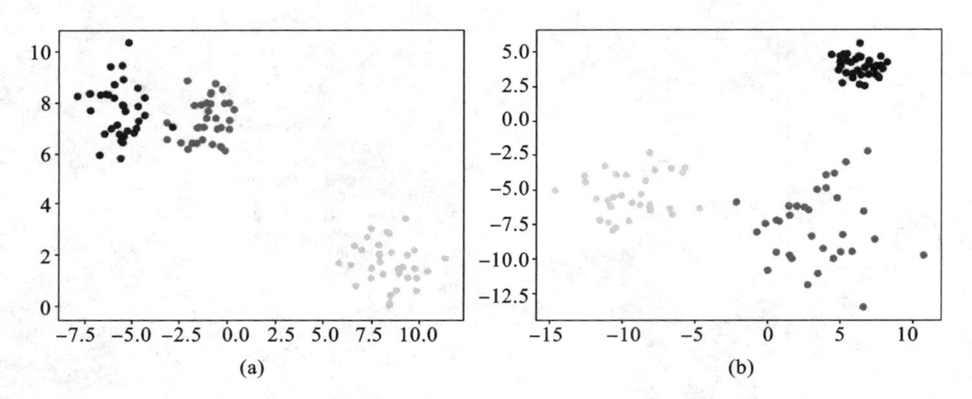

图 12-12　K-Means 的自定义数据集的聚类结果(1)

```
import numpy as np
import matplotlib.pyplot as plt
from sklearn.datasets.samples_generator import make_blobs
x, y =make_blobs(n_samples=1000, n_features=2, centers=[[-1,-1], [0,0], [1,1],
[2,2]], cluster_std=[0.4, 0.2, 0.2, 0.2], random_state =9)
plt.scatter(x[:, 0], x[:, 1], marker='o')
plt.show()
from sklearn.cluster import KMeans
y_pred =KMeans(n_clusters=2, random_state=9).fit_predict(x)
plt.scatter(x[:, 0], x[:, 1], c=y_pred)
plt.show()
```

聚类结果如图 12-13 所示。

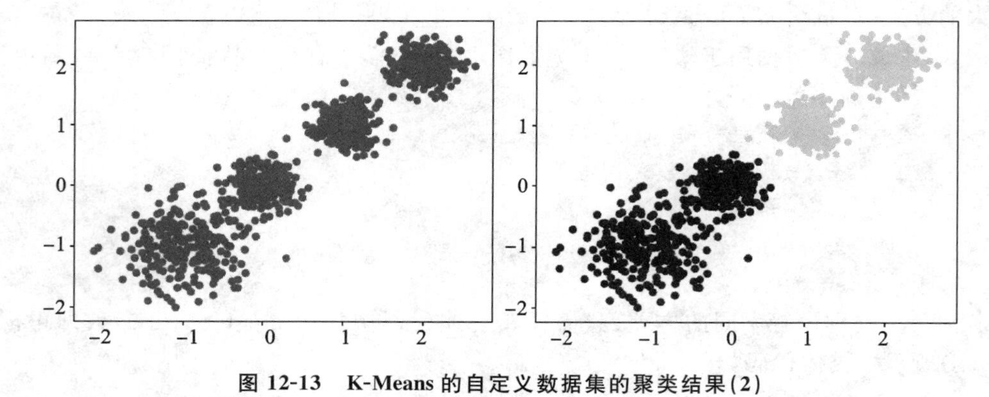

图 12-13　K-Means 的自定义数据集的聚类结果(2)

本章小结及习题

应 用 篇

第13章 应用案例——图书馆大数据分析

本章学习目标

■ 掌握基于 CRISP-DM 的大数据分析流程，了解图书馆大数据分析的需求
■ 掌握利用 Python 语言开展数据探索的过程
■ 掌握利用 Python 进行数据读写的方法
■ 理解利用 pandas 进行数据处理的各种方法和技巧
■ 理解利用 Python 进行数据可视化的方法

前面章节介绍了 Python 的基本编程方法和常用的数据存储、数据处理、数据分析技术。本章通过对图书馆借阅数据进行分析，介绍在实际应用中开展大数据分析的基本过程，逐步实现需求分析、数据理解、数据处理、数据分析、数据可视化等全部过程。

13.1 案例背景

13.1.1 图书馆大数据分析的需求

当前我国图书馆基本实现了数字化，建立了电子图书资源库、文献检索系统、图书借阅系统等，为读者提供方便快捷的图书资料服务。随着数字化图书馆的运行，图书馆积累了大量的读者借阅书籍、检索文献。随着大数据技术的发展，人们开始关注如何利用这些数据为读者提供更加高级、周到的服务。

在大数据环境下，图书馆及其服务也必将产生新的巨大变化，深层次的服务功能可以通过大数据技术加以实现，主要体现在以下两个方面。

(1) 提供以人为本的个性化服务。在大数据的支持下，高细腻的个性化服务能够得到更加有效地开展。图书馆可以基于不同个体的个性特点、性格偏好提供定制式的个体服务，如个性化图书推荐，也可以根据对热门书籍的分析，为图书馆购书提供参考信息。通过对读

者借阅数据进行分析，为学校在课程、教学方面提供参考信息。

(2) 图书馆服务的内容将发生变化。传统的图书馆提供的服务是以文献或书籍为图书资源的服务，不对资源内容进行进一步处理。在大数据环境下，图书馆服务开始向知识服务方向发展。知识服务的内容通过文本挖掘、大数据技术等，从图书资源中分析出更加细致的知识单元，并通过知识单元挖掘图书资源间的内在关系，提供高附加值的信息分析、决策咨询、知识问答等高级服务。

本章仅针对个性化服务方面，列出部分基本的图书馆大数据分析需求。

1. 最热门的图书种类

最热门的图书有哪些是学生、老师、图书馆都关心的问题。学生关心"我应该学习什么"，学校关心"学生们的兴趣是什么"，图书馆关心"哪些书最受欢迎"，这些都可以从这个问题中得到答案。

更深入地，对这个问题还可从不同角度进行分析，包括以下方面。

(1) 全校最热门的书。

(2) 某专业最热门的书。

(3) 各年级最热门的书。

(4) 最流行的小说。

(5) 最好的考研数学书。

更广泛地，这个问题还可与其他数据结合起来进行分析。与课表相结合，可以分析以下方面。

(1) 学生借阅的与上课相关的图书有哪些。

(2) 学生借阅的与上课无关的图书有哪些。

(3) 哪些老师的课会引起同学们读书的兴趣。

与科研管理信息结合，可以分析以下方面。

(1) 哪些图书对科学研究有帮助。

(2) 哪些书与研究生的研究方向有关系。

结合多年的数据，还可以分析近年来热门图书的变化趋势是怎样的。

2. 精准把握图书馆藏量

受成本限制和出于对使用效率的考虑，图书馆每本书的采购量是有限的。如何精准把握图书馆藏量是一个很难的问题。书买多了，借得少，会造成资源浪费；书买少了，不够借，满足不了读者需要。图书借阅趋势分析可以辅助图书馆科学合理地进行图书采购。

3. 如何推荐读者可能感兴趣的书籍

如何推荐读者可能感兴趣的书籍是一个非常有趣的问题，广告营销、网站搜索等经常会遇到类似的现象。根据图书借阅历史数据，可以分析出不同专业、不同课程的热门书籍，再结合读者的专业，可以做出推荐。当读者给出检索词后，可以向读者推荐有经验的老师会借哪些书。当读者择定要借的书后，可以进一步推荐借过此书的人还借过哪些书。

上面列出的这些需求，在本课程结束之后，读者可以用课程知识实现这些需求。受篇幅限制，本章仅针对第 1 个需求中的"全校最热门的书"这一问题进行分析。

13.1.2　分析步骤

当前大数据分析流程比较流行的是采用跨行业数据挖掘标准流程(cross-industry

standard process for data mining,CRISP-DM)。该过程模型于 1999 年由欧盟机构联合起草。由于该模型是一个迭代优化的过程,而且该模型照顾了业务和技术两方面的关注点,用户和 IT 人员都可以理解,因此其在大数据分析中得到了广泛应用。

基于 CRISP-DM 的大数据分析流程如图 13-1 所示,其中的流程步骤介绍如下。

(1) 业务理解:理解项目目标和需求,定义数据分析问题,完成目标的初步计划。

(2) 数据理解:收集数据,并进行适当处理,目的是熟悉数据,发现数据的内部属性,把握数据分析目标的可行性,必要时需要重新定义分析目标。

(3) 数据准备:从未处理的数据中构造分析数据集,将其作为分析模型的输入数据。任务包括属性的选择、数据的抽取、格式转换和编码,以及数据清洗。

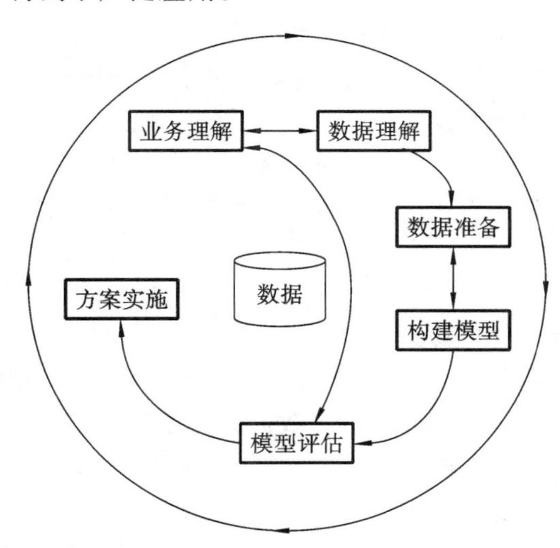

图 13-1　基于 CRISP-DM 的大数据分析流程

(4) 构建模型:选择合适的分析算法,包括统计分析方法、智能算法等,并形成分析流程。模型参数被调整到最佳的数值。有些算法在数据格式和数据编码上有特殊要求,因此需要经常跳回到数据准备阶段。

(5) 模型评估:对模型运行的测试结果进行解读和分析,确认其运行正确,可以完成业务目标。

(6) 方案实施:根据用户需求,实现一个重复的、复杂的数据挖掘过程,并将结果发布。

最外面一圈表示数据挖掘自身的循环本质,每一个解决方案部署之后代表另一个数据挖掘的过程也已经开始了,需要在运行过程中不断迭代、更新模型。所有活动都以数据为中心展开。

遵循 CRISP-DM,13.1.1 节完成了业务理解,给出了数据需求。下一步将进行数据理解、数据准备、构建模型和模型评估,这一过程是通过多次循环迭代完成的。前 n 次以理解数据为目的的循环称为数据探索。通过数据探索确定基本的分析方案后,开始详细地构建分析模型,后面的循环迭代过程称为数据分析。数据探索和数据分析并没有明确的分界线。

13.2　数据探索

当读者从网上拿到一份数据时,对这份数据是完全陌生的,会感觉无从下手。如果这时直接将数据交给分析模型,可能得不到分析结果,或结果不理想。那么就可能需要进行数据探索。就像要学会游泳就需要先熟悉水性一样,要准确地分析数据就需要先了解数据,了解数据的过程称探索性数据分析(exploratory data analysis,EDA),简称数据探索。数据探索的目的有以下方面。

(1) 了解数据里有什么，以及数据里没有什么。这将决定数据是否满足分析的要求。通过数据的结构了解数据的含义。

(2) 了解数据的质量，并进行适当的处理。思考是否缺少数据，是否有错误的数据，决定在分析前如何对数据进行数据清洗，需要补充哪些数据、过滤哪些数据。

(3) 了解数据类型是否符合分析模型，并进行数据转换。转换包括数据类型转换、数据编码等。

(4) 了解数据的基本统计情况，以确定一些分析模型的参数。如数据量有多大，是否需要采用并行计算模型计算数据的基本统计，确定模型的参数范围等。

13.2.1　数据结构

从某图书馆收集了真实的图书借阅数据，为了保护隐私，下文进行了脱敏处理。实验数据和本章的代码放在开源网站 github 上，网址为 https://github.com/wenbl/LibraryBigData/。数据文件存放在子目录 data 中，源代码存放在子目录 Python 中。

文件"图书目录.xlsx"是图书馆馆藏的纸质图书目录，其内容如表 13-1 所示。图书 ID 是书的标识，每一本书有一个唯一的标识。两本相同书名的图书的 ID 不同，虽然两名读者分别借了书名相同的书，但这两本书的图书 ID 是不相同的。图书分类号是这本书的一个分类检索号，一般用来在书架上查找书籍，其编码规则遵循《中国图书馆图书分类法》。

表 13-1　图书目录

图书 ID	书　名	图书分类号
B0000001	大庆指南	F279.273.5-62/1
B0000002	寒夜三部曲.第一部，寒夜	I247.5/1
B0000003	沧桑路	I247.5/184
B0000004	寻	I247.5/4
B0000005	曾经深爱过	I247.5/5
…	…	…

文件"《中国图书馆图书分类法》简表.txt"列出了主要的分类。按学科内容分成 22 个基本大类，每一大类下分为许多子类，每一子类下再分子类。最后，每一种书都可以分到某一个类目下，每一个类目都有一个类号。分类词表是层次结构的类号和类目的集合。例如，I 表示文学，I24 表示小说，I247 表示当代作品，TP 表示自动化技术、计算机技术，TP3 表示计算技术、计算机技术。图书馆对馆藏的书，可在标准的分类号后面增加附加编号/，后面的编号为图书馆自编号，保证相同的书具有同一个图书分类号。了解图书分类，对从学科的角度分析图书借阅情况很有帮助。

文件"读者信息.xlsx"给出了读者的基本信息，其内容如表 13-2 所示。读者 ID 是读者的借书证编号或一卡通卡号等，用来唯一标识读者。读者类型分为教师、本科生、硕士研究生、博士研究生。由于分析过程与读者姓名等无关，表中略掉了姓名等其他细节信息。

表 13-2　读者信息

读者 ID	读者类型	性别	单　位
0119IF051401	教师	男	化学化工学院
0219DJ102756	教师	男	离退处
0219ID010027	教师	女	数学科学与技术学院
0319FK020099	教师	女	电子科学学院
0319GC020074	教师	女	地球科学学院
…	…	…	…

文件“图书借还 2014～2017.xlsx”分别是图书馆 2014 年至 2017 年的借还记录。下面以 2017 年图书借还记录(见表 13-3)为例讲解分析过程。文件有 4 列,其中,操作时间指借书/还书操作的时间,操作类型有两个值:借、还。图书 ID 与表 13-1 中的图书 ID 对应。读者 ID 与表 13-2 中的读者 ID 对应。

表 13-3　2017 年图书借还记录

操作时间	操作类型	图书 ID	读者 ID
2017/1/1 7:35	还	B0451294	1606AC140313
2017/1/1 7:35	还	B0158316	1606AC140313
2017/1/1 7:35	还	B0445510	1606AC140313
2017/1/1 7:36	还	B0462168	1606AC140313
2017/1/1 7:36	还	B0462170	1606AC140313
…	…	…	…

采用以下代码将“图书目录.xlsx”和“图书借还 2017.xlsx”读到 Python 中。

```
>>>import pandas as pd
dataPath='数据文件保存路径'
book =pd.DataFrame(pd.read_excel(dataPath+'\\图书目录.xlsx'))
operation =pd.DataFrame(pd.read_excel(dataPath+'\\图书借还 2017.xlsx'))
```

其中,read_excel()用来读取 Excel 文件,pandas 通过调用 xlrd 包完成此函数,因此,不需要在程序中直接 import xlrd,但需要安装 xlrd 包。

13.2.2　初步了解数据

先看图书目录的数据,查看一下变量 book,再用 book.describe()查看 book 中数据的描述性统计情况。

panadas 的 DataFrame.describe()是用于了解数据基本情况的重要函数。describe()生成描述性统计,总结数据集分布的中心趋势、分散和形状。对于数值数据,结果将包括计数、平均值、标准差、最小值、最大值以及较低的百分位数。对于对象数据(如字符串或时间戳),结果将包括 count(个数)、unique(不重复的个数)、top(出现频率最多的)和 freq(最常见频度)。时间戳还包括第一个值和最后一个值。如果多个对象值具有最高的计数,则计数和顶部结果将从计数最高的那些中任意选择。

```
>>>book
图书 ID                书名图书分类号
0       B0000001             大庆指南  F279.273.5-62/1
1       B0000002       寒夜三部曲.第一部,寒夜        I247.5/1
           ⋮                  ⋮                      ⋮
400964  B0507928              傅雷家书      K825.6/789
400965  B0507929         摆渡人.2,重返荒原     I561.45/751:2
[400966 rows x 3 columns]
>>>book.describe()
图书 ID      书名图书分类号
count     400966   400716  393279
unique     400966   306210   339650
top     B0282350 材料力学   Z227/2
freq            1     200       87
```

从 book 的值可知，有 400966 本书，包括 3 列。

图书 ID 的个数和不重复的个数都为 400966，说明图书 ID 是唯一的，没有重复值，所有值的频度(freq)都为 1，其中 B0282350 是随意选择的一个，没有实际意义，每次运行程序后得到的结果可能不同。

书名只有 400716 条，可见有 400966－400716＝250 条空记录中书名为空；有 306210 种书名，说明有 400966－306210－250＝94506 条重复书名，其中书名重复次数最多的是《材料力学》，该书名共出现了 200 次。

图书分类号的值也有空缺、重复现象。

通过上述初步了解，如果分析中要用到书名或图书分类号，就需要去空值，并建议图书馆核对有关数据，进行空值补全，由于空值数量比较少，对分析影响不大，因此可对去掉空值后的数据进行进一步的分析。

下面查看借还操作的数据情况。

```
>>>operation
操作时间操作类型图书 ID              读者 ID
0        2017-01-01 07:35:34   还   B0451294   1606AC140313
1        2017-01-01 07:35:44   还   B0158316   1606AC140313
                        ⋮        ⋮      ⋮            ⋮
221618 2017-12-31 21:51:10   借   B0438409   1502AE140224
221619 2017-12-31 21:51:30   还   B0376580   1414AD140208
[221620 rows x 4 columns]
>>>operation.describe()
操作时间操作类型图书 ID             读者 ID
count                   221620  221620     221620        221620
unique                 220614       2      54288         12754
top     2017-11-29 15:42:19      还   B0461694   1403AD240128
freq                         3  110969        134           244
first   2017-01-01 07:35:34     NaN        NaN           NaN
last     2017-12-31 21:51:30     NaN        NaN           NaN
```

借还操作数据各字段的值都为221620,与记录数相同,没有空缺。

操作时间范围从“2017-01-01 07:35:34”到“2017-12-31 21:51:30”,正好基本覆盖2017年全年。有趣的是,操作时间的唯一性记录为220614条,并不是221620条,难道一个人可以在1秒钟内完成二本以上书的借还操作?其实可能是图书馆有二台自动借还书操作机,还有人工服务台,操作时间只精确到了秒,因此碰巧就会有同时操作的。

操作类型只有2种,即借和还。还的记录有110969条,借的记录有110651条,可见跨年度借还书的情况不少。

图书ID有54288个不重复项,每样书平均重复次数达221620/54288≈4次,可见一定有大量的书被重复借阅,即存在热门书。这表明分析“全校最热门的书”是有意义的。借还次数最多的为B0461694,共134次,即大约被借67次,查询对应书名的程序如下。

```
>>>book[book['图书 ID']=='B0461694']
图书 ID              书名图书分类号
354748  B0461694  偷影子的人:精装插图版  I565.45/187
```

读者ID不重复数为12754,考虑到学校在校师生只有不到2万,说明学校的师生是热爱读书的,平均每人借还书约221620/12754≈17.4次。进一步地可追踪热爱读书的学生的学习成绩、考研情况、科研情况,看是否与读书情况有关。

13.2.3 数据预处理

读者对数据有了初步了解,现在需要对数据进行一些必要的处理,以便顺利进行分析。

1. 只筛选借书的记录

本次分析只关心热门书,按借书频次进行,因此,选择借或还的记录都可以。不关心借还书具体时间,也不关心谁借的,只关心借了什么书,因此只需要字段图书ID。具体代码如下。

```
>>>borrowed=operation.loc[(operation['操作类型']=='借'),['图书 ID']]
```

变量borrowed表示借书的记录,只有图书ID一个字段。

2. 将图书ID转换为对应的图书分类号和书名

```
>>>borrowed=pd.merge(borrowed,book,how='left').loc[:,['图书分类号','书名']]
```

merge()用来将两个数据集进行合并。由于borrowed和book两个表中都有一个共同的字段——图书ID,merge()就按图书ID进行各记录的对齐,how='left'表示对齐的方式为左连接,即对每一条borrowed记录,根据其图书ID在book中查找对应的图书ID值相同的记录(可能有1条或多条),然后合并成多条记录。合并后表的字段为两个表中字段的并集。merge()合并返回的结果还是一个DataFrame。

合并后,不需要图书ID字段,只需要图书分类号和书名,因此,用loc函数进行筛选,格式为loc[行标签,列标签],这里省略了行标签,表示选择全部记录。

3. 去掉空值记录

book中存在许多书名或图书分类号为空的记录,这些记录会带到borrowed中,需要去掉。

```
>>>borrowed=borrowed[borrowed['书名'].notnull() & borrowed['图书分类号'].
notnull()] # 去掉空值行
borrowed=borrowed.reset_index(drop=True)
```

DataFrame的每一条记录都有一个索引号,通过筛选后索引号仍为原来的值。索引号通常用来对记录进行定位,因此需要用函数reset_index()重新建立索引,drop=True表示用新索引代替旧索引,drop=False表示将原来的索引转换为一个列保存到结果中。

至此,数据准备好了,borrowed是经过处理后的数据,含有2017年全年每次借书的书名和图书分类号。

按照CRISP-DM中的数据准备成果,borrowed就是一个分析数据集。分析数据集是通过关联、编码转换、数据筛选等操作后可直接供数据分析使用数据集。pandas DataFrame提供了非常好的数据集存储和操作机制。对于不同的分析需要用不同的分析数据集。在一个分析过程中,不同阶段也会有不同的数据集,数据集的变化构成一个分析过程的数据流。

13.2.4　试分析

分析borrowed中书名相同的次数。

```
>>>borrowed.describe()
图书分类号书名
count        110646  110646
unique        45351  41352
top     I313.45/514    小王子
freq            123    157
```

被借次数最多的是《小王子》,被借了157次。前面operation中借还最多的书是《偷影子的人:精装插图版》,被借约67次。为什么二次结果不一样呢?到book中查询一下书名为《小王子》的书,发现有多个结果的图书ID不同,有的图书分类号也不同,一部分按文学作品(I类)分类,一部分按外语(H类)分类,原来是同名书,被多个出版社按不同语种多次出版。从图书内容看,borrowed中以书名统计的结果更加合理。

下面按书名做一下统计。

```
>>>result=borrowed
result['count']=1 # 增加一列count,并赋初值为1
result=result.groupby('书名').sum()
result =result.sort_values(['count'],ascending=[False])
```

groupby('书名').sum()按书名进行分组,然后求分组内数值字段的和,数值字段只有count,得到的结果即个数,并保存在count列中。sort_values()按列count进行排序,ascending=[False]表示按降序排列。下面查看被借次数排前10的书。

```
>>>result[0:10]
count
书名
小王子            157
傲慢与偏见        136
了不起的盖茨比    124
解忧杂货店        123
白鹿原            122
高等数学          111
呼啸山庄          110
```

```
嫌疑人X的献身      108
论语               105
C语言程序设计      101
```

结果很符合2017年的潮流和热点。

问题是最热门的书中，除《高等数学》和《C语言程序设计》与课程学习有关外，其他的都是文学作品，难道全校师生都在看小说？这可是一所工科院校！问题出在哪里呢？

问题就出在书名上。文学作品的特点是同一内容的书名一般只有一个，但技术类的书就不一样，相似内容的书会有许多，书名不一定相同。例如，同样是C语言，除《C语言程序设计》外，还有《C语言程序设计教程》《新编C语言程序设计教程》《C语言程序设计600例》等，多达几百种。

那么，我们关注的是某一本书呢，还是某一类书呢？如果是最热门的某几本书，那么分析任务基本完成，只要将分析结果用表格或图形方式发布出去就行了。如果关注的是某一类书，如C语言方面的书，这种分析方法就不合适。显然，我们关注的是后者，因此，需要采用新的分析方法。

通过试分析，我们对分析目标更加明确了，在分析模型方面排除了最简单的分析方法。

13.3 数据分析

13.3.1 分析思路

通过数据探索，认识到分析热门书不能简单地按书名进行统计分析，需要按书所属类别进行分析，那么是否可以按图书分类号代表的分类进行分析呢？进一步分析《中国图书馆图书分类法》简表，发现这个分类不够细致，如《C语言程序设计》既可归到"TP311 程序设计、软件工程"，也可归到"TP312 程序语言、算法语言"，并没有专门的C语言类，而图书目录中的图书分类号也不能把C语言归为一个专门的类。由于可用的数据只有书名，因此需要通过对书名进行分析，以获取书的主题词。

采用主题词抽取中最常用的词频/逆文档频率(term frequency & inverse document frequency，TF-IDF)的思想进行主题词的抽取。TF-IDF的基本思想：一个词语在一篇文档中出现的频次越多，在其他文档中出现的频次越少，这个词越能够代表该文档，可作为该文档的主题词。

词频(term frequency，TF)指某一个给定的词条w在文档d中出现的频度，词条w的TF表达式为

$$TF_{wc}=\frac{dw\_count}{dw\_total}$$

其中，dw_count为文档d中词条w出现的频次，dw_total为文档d中所有的词条数目。

逆向文件频率(inverse document frequency，IDF)的主要思想：如果包含词条w的文档越少，IDF越大，则说明词条具有很好的类别区分能力。词条w的IDF表达式为

$$\mathrm{IDF_w}=\log\left(\frac{\mathrm{d\_total}}{\mathrm{d\_count}+1}\right)$$

其中，d_total 为文档总数，d_count 为包含词条 w 的文档数。

TF-IDF 用 $\mathrm{TFIDF_{wc}}=\mathrm{TF_{wc}}\times\mathrm{IDF_w}$ 来表示词条 w 可作为文档 c 主题词的权重。$\mathrm{TFIDF_{wc}}$ 越大，w 越能够代表文档 c 的主题。

计算出了词条在某文档中的 $\mathrm{TFIDF_{wc}}$ 值后，还需要采用一定的策略来按值选定主题词。如选择指定个数的词条作为主题词，只需要按序选择就行了。当主题词个数不确定时，就需要选择一个阈值，大于这个阈值的为主题词。计算阈值也比较复杂，需要根据不同的应用场景设计算法。

参照 TF-IDF 的思想，结合图书管理的特点，抽取主题词的方法如下。

(1) 把一个图书分类作为一个文档，同一分类下所有书名作为文档的内容。对书名进行中文分词，不考虑停用词的情况下，得到一个或多个词条。

(2) 如果一个词条在某个图书分类(按照《中国图书馆图书分类法》分类)中出现的频次很多，而在其他分类中出现的频次很少，这个词条可能是主题词。如 C 语言、程序设计、高等数学就是主题词。

(3) 如果一个词条在多个分类中都现出，则认为是通用词，不是主题词。如习题集、精通、宝典等。

(4) 一本书可能有一个或多个主题词。

(5) 文学类书籍直接以书名作为主题词，不进行分词。

按此思路，可先构建主题词表，再按书的主题词进行统计分析。

13.3.2　主题词提取

1. 对书名进行预处理

```
>>>book['图书分类号']=book['图书分类号'].str.strip()  # 去掉图书分类号前后的空字符
book['书名']=book['书名'].str.strip()  # 去掉书名前后的空字符
book['图书分类号']=book['图书分类号'].str.extract('([A-Z]+)', expand=False)
# 提取图书主要分类码
book=book[book['书名'].notnull() & book['图书分类号'].notnull()]  # 去掉空值行
book=book.drop_duplicates(['图书分类号','书名'])  # 去掉重复的,保留第 1 个
book=book.loc[~ book['图书分类号'].str.startswith('I')]  # 去掉文学作品,文学作品不参加主题词筛选
book=book.reset_index(drop=True)  # 重置索引
```

str. strip()用来对数据集中字符串列去掉前后的空字符。

str. extract()按照正则表达式进行字符抽取。正则表达式是文本分析中最常用的一种方法，几乎所有的程序设计语言都支持正则表达式，关于正则表达式的详细用法不在此介绍。'([A－Z]＋)'是一个正则表达式，表示以一个或多个大写字母开头的字符串。expand＝False 将提取结果按序列值返回。该语句的作用就是提取图书分类字母部分作为主要分类码。根据分析思路，按词条在主要分类中出现的频次进行分析。

drop_duplicates()函数用来按一列或多列去掉重复记录。

去掉了文学作品，文学作品不参加主题词筛选。

通过预处理，book 内的记录过滤掉了文学书籍，图书分类的值变成了主要分类码。

2. 对书名进行中文分词，提取词条

中文分词采用 jieba 中文分词，需要安装 jieba 包，并编写 import jieba. analyse 程序。

```
>>>import jieba.analyse
>>>jieba.analyse.extract_tags('C语言程序设计')
['C语言', '程序设计']
```

extract_tags()用于抽取参数字符串中的词条，以列表的方式返回。

如果在书名中有一些新的词条，jieba 不能识别，可以在调用 jieba 分词之前，加载用户词典，方式如下。

```
jieba.load_userdict("词典文件路径")
```

词典文件路径是一个 UTF-8 格式的文本文件，一个词占一行，每一行分三部分：词语、词频(可省略)、词性(可省略)，用空格隔开，顺序不可颠倒。下面是图书词典 library_new_words. txt 的部分样例。

```
J++
云计算
大数据
英语四级
```

下面的语句巧妙地利用 DataFrame 建立了一个词条表。

```
>>>words =pd.DataFrame(jieba.analyse.extract_tags(x) for x in book['书名'])
```

words 的值如下。

```
     0     1     2     3     4     5     6     7     8
0    大庆  指南  None  None  None  None  None  None  None
⋮
7    当代  建筑  理论  研究  None  None  None  None  None
```

words 的行数与 book 的行数相同，列数为书名的最长分词表长度，每一列对应一个词条，列号名按 0,1,2,…顺序编号，每行的列从左到右按顺序填写，填不满的列为空。索引号从 0 开始，每行按序号递增。为了对词条进行统一操作，对 words 的格式进行调整。

```
>>>words=words.stack()
```

stack()用来对数据集进行堆叠。堆叠就是将多列数据变成一个索引和一列值。索引值就是列号 0,1,2,…，列值的列名为空，空值被滤掉。堆叠后的结果如下。

```
0    0        大庆
     1        指南
⋮
7    0        当代
     1        建筑
     2        理论
     3        研究
```

堆叠后的 words 有两列索引，第 1 级为原来的索引，第 2 级为列号，需要对 words 的第 1 级索引重建。

```
>>>words=words.reset_index(level=1, drop=True)
```

重建索引后的 words 结果如下。

```
0        大庆
0        指南
⋮
7        当代
7        建筑
7        理论
7        研究
```

通过语句 words.rename('词条')可以为列值命名为'词条'。然后利用 join 将 book 与 words 按索引进行合并,join()方法可将两个 DataFrame 中的不同的列索引合并成一个 DataFrame。

```
words =words.rename('词条')
words =book.drop('书名', axis=1).join(pd.DataFrame(words))
```

上述过程可以合并为如下语句。

```
words =book.drop('书名', axis=1).join(pd.DataFrame(jieba.analyse.extract_tags
(x) for x in book['书名']).stack().reset_index(level=1, drop=True).rename('词条
'))
```

words 是一个分析数据集,合并后 words 结果如下。

```
图书分类号词条
0            F            大庆
0            F            指南
⋮
```

3. 对词条进行统计

根据前面的分析思路,按图书分类、词条进行统计,对每一组图书分类、词条提供以下统计量。

dw_count:词条在图书分类中出现的频次。

dw_total:图书分类中所有的词条数目。相同图书分类具有相同的值。图书分类中相同词条被重复计数。

d_total:图书分类总数。只有一个值,不计重复个数。

d_count:包含词条的图书分类数。相同词条具有相同的值。

w_total:词条在图书分类中出现的总频次,重复计数。

cumsum:相同词条的记录,按词条在分类中出现的频次降序排列时,词条出现频次是 dw_count 的累加和。

rank:相同词条的记录,按词条在分类中出现的频次降序排列时,词条出现频次最多的分类的 rank 值为 1。

tf:词频,词条在图书分类中出现的频次占该分类中所有词条总数的比例。

cumtf:词频的累加值,同一词条最后行的累加值总为 1。

tfidf:TF-IDF 权重值。

统计代码如下。

```
import math
words['dw_count'] =1
words =words.groupby(['图书分类号','词条']).sum()
words.reset_index(inplace=True)
words['dw_total'] =words.groupby('图书分类号')['dw_count'].transform('sum')
d_total =book.describe()['图书分类号']['unique']
words['d_count'] =words.groupby('词条')['dw_count'].transform('count')
words['w_total'] =words.groupby('词条')['dw_count'].transform('sum')
words =words.sort_values(['词条','dw_count'],ascending=[True, False])
words['cumsum'] =words.groupby('词条')['dw_count'].cumsum()
words['rank'] =words.groupby('词条')['cumsum'].rank()
words['tf'] =words['dw_count']/words['w_total']
words['cumtf'] =words.groupby('词条')['tf'].cumsum()
words['tfidf'] =  words['tf']* (d_total/(1+words['d_count'])).transform(math.
log)
```

这段代码利用 pandas 的分组统计函数对各个统计值进行了计算。求 cumsum、cumtf、rank 时，需要先将同一词条按在各图书分类中出现的次数从大到小排列。sort_values()的参数表示词条按升序排列，相同的词条按 dw_count 值降序排列。

4. 筛选主题词

利用对词条进行统计的统计量，按照一定的规则筛选主题词。

根据 TF-IDF 的思想，为了找出各图书分类的主题词，需要设计算法计算每个图书分类的 TF-IDF 阈值。在实际图书分类中，许多分类间具有相似的主题词，也就是说，一本书既可以划在 A 类中，也可以划在 B 类中，而且这样的情况很多，这进一步增加了为一个图书分类确定主题词的复杂性。本案例只关心一个词条是不是主题词，而不关心它是一个图书分类的主题词，还是多个图书分类的主题词。为此，直接利用前面的统计值进行判断，简化分析方法。下面以词条“程序设计”为例说明筛选方式。

```
>>>words.loc[(words['词条']=='程序设计'),]
图书分类号词条  dw_count  dw_total  w_total  d_count  cumsum  rank  tf  cum_tf
  tfidf
139596  TP  程序设计  1547  107565   1621   13   1547  1  0.954349  0.954349
1.356498
132709  TN  程序设计   29   26556   1621   13   1576  20.017890  0.972239
0.025429
152225  TU  程序设计   11   55129   1621   13   1587  30.006786  0.979025
0.009645
101980  O  程序设计   9   42618   1621   13   1596  40.005552  0.984577
0.007892
106535  P  程序设计   8   21863   1621   13   1604  50.004935  0.989513
0.007015
125887  TH  程序设计   6   13799   1621   13   1610  60.003701  0.993214
0.005261
```

```
129394  TM  程序设计    3    17440    1621    13    1613  7  0.001851   0.995065
0.002631
56860    G  程序设计    2    68092    1621    13    1615  80.001234   0.996299
0.001754
118547  TB  程序设计    2    13598    1621    13    1617  90.001234   0.997532
0.000877
19478    C  程序设计    1    31687    1621    13    1618  100.000617  0.998149
0.000877
45070   F  程序设计    1    134555    1621    13    1619  110.000617  0.998766
0.000877
66707    H  程序设计    1    93536    1621    13    1620  120.000617  0.999383
0.000877
142586  TQ  程序设计    1    11281    1621    13    1621  130.000617  1.000000
0.000877
```

将“程序设计”的频次和累加词频分别用直方图和折线图画在同一个图形中，就形成了一个帕累托图。帕累托图又称排列图、主次图，是按照发生频率的大小顺序绘制的直方图，采用双直角坐标系表示，左边纵坐标表示频次，右边纵坐标表示累积词频。帕累托图分析的基本原理：数据的绝大部分存在于很少的类别中，剩下的极少数据分散在大部分类别中。这与TF-IDF的思路高度吻合，但帕累托图更易于理解。下面的代码定义了一个绘制词条的帕累托图的函数Paretochart()，参数keyword用来指定词条。

```
import numpy as np
import pandas as pd
import matplotlib.pyplot as plt

def Paretochart(keyword):
    # 准备数据
    word =words.loc[(words['词条'] ==keyword),] # 提取词条对应的记录
    xlable =['']+list(word['图书分类号']) # 加一个空的分类号
    tf =[0]+list(word['dw_count']) # 空分类的词频为0
    cumtf=[0]+list(word['cumtf']* 100) # 空分类的累计词频为0,这样就会将累计曲线
起点设置到坐标原点
    num=len(word)+1 # 多加一个点数
    index =np.arange(num) # 利用NumPy的生成值为0~ num-1的列表,共num个值,用来
作为x坐标值

    # 设置图形基本格式
    plt.close() # 先关闭图板
    plt.rcParams['font.sans-serif'] =['SimHei']
    plt.title(keyword) # 设置图的标题
    plt.xticks(index, xlable)  # x轴标签
    plt.xlim(0, num) # x轴显示的起止范围
```

```
    # 绘制词条频次柱状图
    ax1 =plt
    color ='tab:red'
    ax1.xlabel('图书分类')
    ax1.ylabel('词条频次(次)', color=color)
    ax1.bar(index, tf, color=color)
    ax1.tick_params(axis='y', labelcolor=color) # 设置刻度线格式

    # 绘制累计词频折线图
  ax2 =ax1.twinx()  # instantiate a second axes that shares the same x-axis
    color ='tab:blue'
    ax2.set_ylabel('累计词频(%)', color=color)  # we already handled the x-
label with ax1
    ax2.plot(index, cumtf, 'o-', color=color)  # 实线,圆圈标点
    ax2.tick_params(axis='y', labelcolor=color)
    ax2.set_ylim(top=100, bottom=0)  # y 轴范围
    plt.show()
```

分两次调用 Paretochart(),分别生成“程序设计”和“考试”的词频帕累托图,如图 13-2 所示。可以在图形工具中将生成的图形保存起来。

```
>>>Paretochart('程序设计')
>>>Paretochart('考试')
```

从图 13-2 中可以看到,“程序设计”主要分布在图书分类 TP 中,在其他分类中很少,其可作为 TP 的主题词。“考试”虽然在 H 分类(对应的是语言、文字)中占比最多,但在其他分类中出现的频次也很多,而且出现频次较多的分类有 5 个,因此“考试”不能作为主题词。

通过进一步观察,可以按以下条件之一确定主题词。

(1) 词条出现的分类数≥3,前 3 条词的累计频度大于 85%,且累计频次大于 20。

(2) 词条出现的分类数=2,且词条总频次大于 15。

(3) 词条出现的分类数=1,且词条总频次大于 6。

主题词筛选代码如下。

```
topicWords=words.loc[((words['d_count']>=3) & (words['rank']==3) & (words['
cumtf']>0.85) \
      & (words['cumsum']>20)) \
      | ((words['d_count']==2) & (words['rank']==1) & (words['w_total']>15))
    | ((words['d_count']==1) & (words['w_total']>6))]
# 保存带详细信息的主题词表
topicWords.to_excel(dataPath+'\\topicWords_detail.xls',index=None)
# 保存主题词表
topicWords =topicWords.loc[:,['词条']]
topicWords.to_excel(dataPath+'\\topicWords.xls',index=None)
```

最后将主题词保存起来,供一下步进行热门书籍分析使用,也可以将词条的详细统计量保存到文件中,以做进一步分析。

需要强调的是,受篇幅限制,本节重点强调让读者理解分析过程,因此采用的确定主题

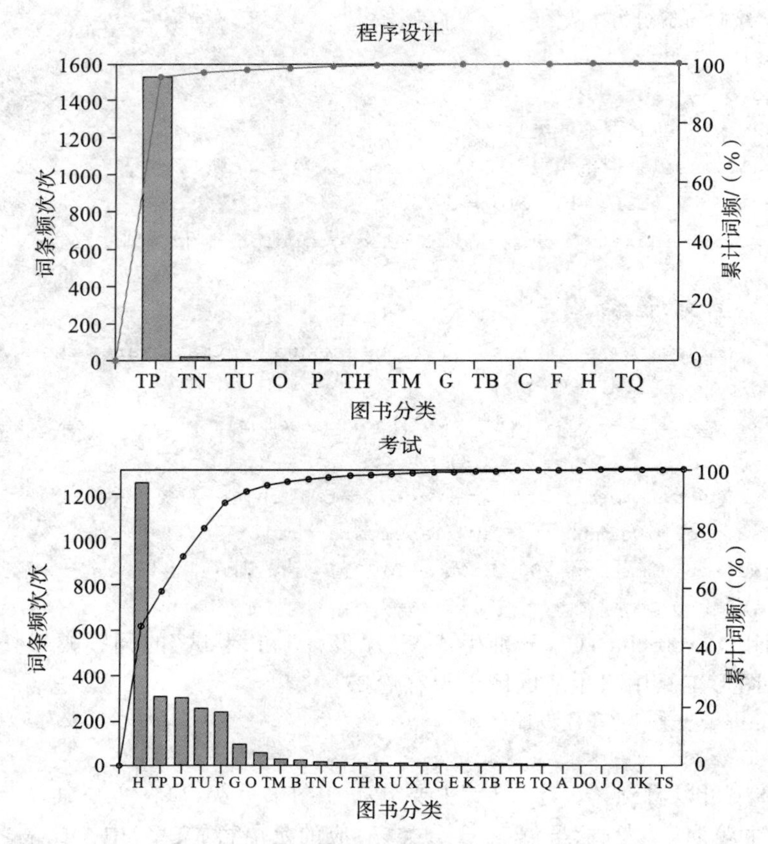

图 13-2　词频帕累托图

词的方法不一定是最佳的，但总体不影响后面对热门书籍的分析。这是因为通过上述简化方法筛选的主题词不一定是最精准的(实际上也没有一个最精准的判断条件)，但对高频词不会遗漏，因此满足对热门书籍的分析。感兴趣的读者，可以根据分析结果对筛选条件进行改进。

13.3.3　热门书籍分析

在试分析的时候，已经得到了借阅操作的数据集，下面把前面分步的代码集中一下。

```
import jieba.analyse
import pandas as pd

dataPath='数据文件保存路径'
jieba.load_userdict(dataPath+"\\library_new_words.txt") # 加载用户词典
topicWords =pd.DataFrame(pd.read_excel(dataPath+'\\topicWords.xls')) # 读入前面生成的主题词文件
book =pd.DataFrame(pd.read_excel(dataPath+'\\图书目录.xlsx')) #
book['书名']=book['书名'].str.strip()

operation =pd.DataFrame(pd.read_excel(dataPath+'\\图书借还 2017.xlsx'))
```

```
borrowed =operation.loc[(operation['操作类型']=='借'),['图书ID']]
borrowed=pd.merge(borrowed,book,how='left').loc[:,['图书分类号','书名']]  # 按图书ID进行关联
borrowed=borrowed[borrowed['书名'].notnull() & borrowed['图书分类号'].notnull()] # 去掉空值行
borrowed=borrowed.reset_index(drop=True)
```

至此，得到两个数据集：借阅书数据集 borrowed 和主题词表 topicWords。

先将文学类的书名直接作为词条，不进行分词处理。这在前面的试分析时已经提到，文学作品的特点是同一内容的书名一般只有一个，即使几十年后再版，《小王子》的书名仍然是《小王子》。

```
words=borrowed.loc[borrowed['图书分类号'].str.startswith('I')]['书名']
words =words.rename(columns={'词条'})
```

再对非文学作品的书籍进行中文分词，方法与主题词中的中文分词方法相同。

```
words_noi =borrowed.loc[~ borrowed['图书分类号'].str.startswith('I'),['书名']]
words_noi =pd.DataFrame(jieba.analyse.extract_tags(x) for x in words_noi['书名']).stack().reset_index(level=1,drop=True).rename('词条')
```

将两组合并在一起。

```
words =pd.DataFrame(words.append(words_noi).rename('词条'))
```

求 words 与 topicWords 的交集，这样只有主题词被保留下来，非主题词则被过滤掉。

```
words=pd.merge(words,topicWords,how='inner')
```

求词条的个数，并进行排序，将排名前300的保留，并将它们作为热门词保存到文件中。

```
words['count']=1
words=words.groupby('词条').sum()
words =words.sort_values(['count'],ascending=[False])[0:300]
words.reset_index(inplace=True)
words.to_excel(dataPath+'\\借书 2017_top300.xls',index=None)
```

至此，完成了对热门书籍的分析。可见热门书的本质是热门主题词。

结果出来了，来看一看排名前20的主题词有哪些。从前300名主题词的文件“借书2017_top300.xls”中摘取排名前20名的主题词，如表13-4所示。

表13-4 排名前20的主题词

名次	词条	频次	名次	词条	频次
1	考研	2921	11	C语言	791
2	数学	1815	12	编程	737
3	英语	1787	13	建筑	736
4	MATLAB	1479	14	经济学	662
5	程序设计	1407	15	ANSYS	661
6	大学	1368	16	英语四级	594
7	词汇	1302	17	单片机	585
8	高等数学	983	18	算法	579

续表

名次	词条	频次	名次	词条	频次
9	中文版	911	19	写作	559
10	Java	877	20	Photoshop	547

从表 13-4 中可以解读出下面的结论。

(1) 考研类的书占据第 1 名，数学、高等数学、英语、词汇也和考研相关。

(2) 因为程序设计语言是公共课，同时，近几年的计算机热也使相关书籍成为热门。从程序语言来看，MATLAB、Java、C 语言是主流。

结合学校的课程设置，还可以做出更多的解读。总体来看，热门书的排名受考试、课程、就业热门的影响比较大。

13.4 数据可视化

数据分析结果已经出来了，但仅仅是用表格的方式发布数据显得很枯燥，可以用更加直观、更加有趣的方式发布分析结果。事实上，数据可视化是发布数据分析结果的非常重要的方式，因为当发布的数据量比较大的时候，只看数据表格不够直观，有的数据非专业人士基本看不懂。但数据可视化可以非常直观地把数据表达出来。

13.4.1 热门书词云

下面用词云来展示前面的分析结果。词云就是对文本中出现频率较高的关键词予以视觉上的突出，形成关键词云层或关键词渲染，从而过滤掉大量的文本信息，使读者只要一眼扫过文本就可以领略文本的主旨。

Python 的包库中有好几个制作词云的包，感兴趣的读者也可以编写自己的词云程序。下面选了一个比较流行的包 WordCloud 进行讲解。

首先，从上节的分析结果中读取热门书词云数据。WordCloud 要求提供的输入数据是一个字典类型，因此需要把读入的 words 转换为字典类型。

```
import pandas as pd
dataPath='数据文件保存路径'
words =pd.DataFrame(pd.read_excel(dataPath+'\\借书 2017_top300.xls'))
words_freq=dict(zip(words['词条'], words['count'])) # 将 DataFrame 的两列转换为
字典
```

然后，调用 WordCloud 绘制词云。

```
from wordcloud import WordCloud
import matplotlib.pyplot as plt
word_cloud =WordCloud(font_path ='C:\Windows\Fonts\simhei.ttf' # 设置字体
    ,width=1024, height=800, background_color='white'  # 背景颜色
```

```
                        , max_words=300  #  词云显示的最多词数
                        , max_font_size=80  #  最大字体的尺寸
                        )
word_cloud.generate_from_frequencies(words_freq)
plt.imshow(word_cloud)
plt.axis("off") # 隐藏图形的坐标轴
plt.show()
word_cloud_img =dataPath+'\\借书 2017_top300.png'
word_cloud.to_file(word_cloud_img) #  保存图片
```

WordCloud 需要指定字体文件，而不是指定字体，因此可以从 C:\Windows\Fonts\ 目录下查找各种字体对应的字体文件，提供给参数 font_path。

显示的结果——热门图书词云如图 13-3 所示，图片被保存到数据目录下。

图 13-3　热门图书词云(1)

如果觉得这个结果有点呆板，还可以把热门图书词云表示成一个特殊的形状，如图 13-4 所示。

```
from PIL import Image
import numpy as np
image =Image.open(dataPath+'\\背景_掩码.png')
graph =np.array(image)
word_cloud =WordCloud(font_path ='C:\Windows\Fonts\simhei.ttf'
,width=1024, height=800, background_color='white'
                        , max_words=300  #  词云显示的最多词数
                        , max_font_size=80  #  最大字体的尺寸
                        ,mask=graph
                        )
word_cloud.generate_from_frequencies(words_freq)
plt.imshow(word_cloud)
plt.axis("off")
plt.show()
word_cloud.to_file(dataPath+'\\借书 2017_top300_2.png') #  保存图片
```

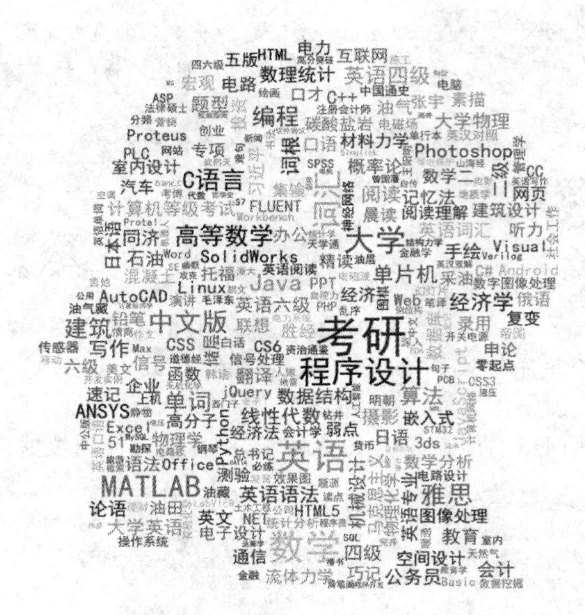

图 13-4　热门图书词云(2)

13.4.2　热门书排名对比

本案例提供了 4 年的图书借阅数据,可以对它们分别进行分析,得到各年度的热门图书。有了 4 年的分析结果,就可以展示一下这 4 年内热门图书的变化情况。下面将采用趋势图(折线图)展示 4 年中 top20 热门图书的变化。为了方便,这里把 4 年的数据集中放在了一个 Excel 文件的 4 个表单中,表单名为年份。

1. 读入数据

```
import pandas as pd
import matplotlib.pyplot as plt
dataPath='数据文件保存路径'
years =['2014','2015','2016','2017']
index=[1,2,3,4]
words_years =pd.DataFrame()
top_words =pd.DataFrame()
for year in range(len(years)):
    words_year =pd.DataFrame(pd.read_excel(dataPath+'\\借书名 top20:2014-2017
排名变化.xlsx',sheet_name=years[year]))
    words_year['year'] =year
    words_year =words_year.reset_index(drop=False).rename(columns={'index': '
rank1'})
    words_years =words_years.append(words_year)
    top_words =top_words.append(words_year.iloc[0:20])
```

reset_index(drop=False)在重建索引前把原来的索引转换为一列,列名为“index”,改名为“rank1”表示当年的排名为 0～299。words_years 为 4 年的全部数据,相比 Excel 中的内容,增加了列 year,用 0～3 表示年份号。top_words 为各年前 20 名的词条。

2. 整理 top20 词条

top_words 为各年前 20 名的词条,合并去重后,得到的是 4 年中进入过前 20 名的词条,称为 top20 词条。只要有一年进入过前 20 名,就是 top20 词条。在后面的展示中,只关注 top20 词条的排名变化。

```
top_words=top_words['词条'].drop_duplicates()
top_words=pd.DataFrame(top_words.reset_index(drop=True))
words_count =top_words.describe()['词条']['count']
words=pd.merge(pd.DataFrame(top_words),words_years,how='inner')
words['rank2'] = (words.groupby('year')['rank1'].rank()-1).astype(int) # 把结果
转换为整型
```

words_count 为 top20 词条数,一般会大于 20。通过 pd.merge()得到 top20 词条在各年的数据 words。words 中增加了一列 rank 2,用来对 rank 1 值进行排名序,结果是 0～words_count-1。rank 2 与 rank 1 的前 20 个值是相同的,后面的不一定相同,rank 2 的作用是显示排名超过 20 名的位置。

3. 绘制排名变化图

下面用折线图表示 top20 词条的结果。横轴表示年份,纵轴表示排名,top_words 中的每一个词对应一条折线。词条在某一年变化较大,落到 20 名外很远的话,会导致折线图纵坐标范围太大,图形会很难看,因此,在 20 名之外的点采用 rank2 的值,并在上面标明实际排名,这样可保证所有的纵坐标的点数不会超过 words_count 个。

```
index=[1,2,3,4]
plt.rcParams['font.sans-serif'] =['SimHei']
plt.figure("图书馆大数据-年度 top20 变化")
plt.title(u"图书馆大数据-年度 top20 变化")
for word in top_words['词条']:
    points=[]
    for year in range(len(years)):
        theWord =words.loc[(words['词条'] ==word) & (words['year'] ==year)]
        rank1 =list(theWord['rank1'])[0]
        rank2 =list(theWord['rank2'])[0]
        rank =rank1
        if rank1>=20:
            rank =rank2
            plt.text(year+0.97, 20-rank2-0.7, str(rank1),fontsize =9)
        points =points+[20-rank]
    plt.plot(index, points, 'o-')
    plt.text(4.1, 20-rank-0.33, word)
plt.plot([0.7,4.7],[0.5,0.5],'--')
plt.xlim(xmax=4.7, xmin=0.7)
plt.xticks(index, years)
plt.xlabel('年度')
```

```
    ylabel =[]
    for i in range(20) :
        ylabel =ylabel +[str(20-i)]
    plt.yticks(range(1,21), ylabel)
    plt.ylabel('排名')
    plt.show()
```

程序运行结果如图 13-5 所示。

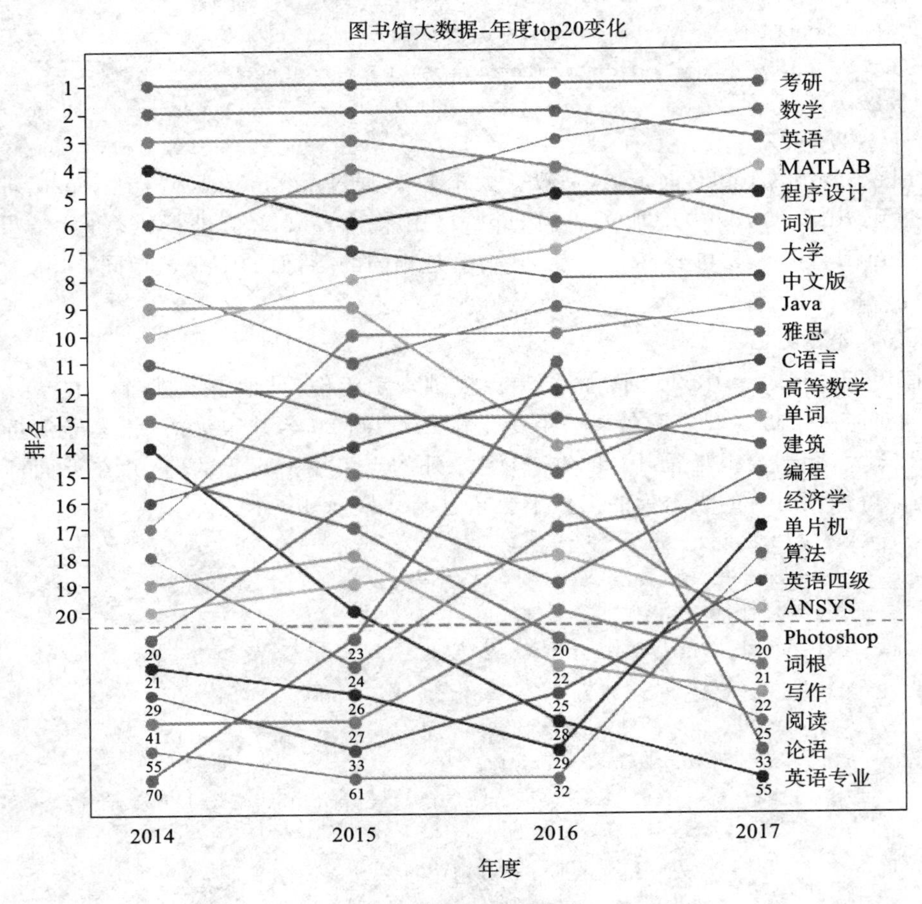

图 13-5 热门图书 top20 的变化情况

本章小结及习题